JN277718

ネットワーク・メディアの経済学

春日教測・宍倉 学・鳥居昭夫
Kasuga Norihiro・Shishikura Manabu・Torii Akio

慶應義塾大学出版会

はじめに

　本書は、ネットワーク・メディア産業に焦点を当て、経済学、特に公共経済学や産業組織論の観点からの分析を企図したものである。ここでネットワーク・メディアとは、テレビやラジオに代表される放送または通信と分類されるインターネットなど、伝送媒体としてのネットワークを経由して情報財を提供するサービスを指している。これらに共通して見られる公共財的な性質・外部効果・規模の経済性といった「市場の失敗」を生じさせる要因を、どのように制御して最適な資源配分を達成するかを解明することが主要な課題である。通信・放送の融合が唱えられて久しいが、2011年の改正放送法施行と地上デジタル化完了（東北3県は2012年3月末）を一大転機として、ネットワーク・メディア融合の動きは一層加速していると言え、今後ますますその重要性が高まる分野だと考えられる。

　ネットワーク・メディアの中心的存在は現時点においてもテレビ放送であり、本書もこれを中心とした分析を展開していくことになるが、テレビ放送を産業的視点から分析した研究には長い歴史があり、ケーブルテレビや衛星放送といった新しい媒体の登場に伴って新たな分析課題が設定され盛り上がりを見せてきた。それだけにとどまらず、近年では、メディアの存在や報道内容が利用者にどのような影響を及ぼすか、といった社会的影響力に着目した研究も海外を中心に盛んに行われてきている。その成果は、例えばAnderson et al. ed., *Handbook of Media Economics*（forthcoming）などに結実しており、ハード面だけでなくソフト面においても分析の興味が尽きない分野となっている。

　このように多面的角度から捉えられる分野を、本書では、以下の7章に分けて考察していくこととする。

　第1章では、メディア産業の現状について概観する。まず、地上波民間放送、ケーブルテレビ、衛星放送、公共放送、番組制作、広告や新聞・雑誌、

コンテンツ等について、制度的規定や市場規模などの具体的な数値について確認する。続いてネットワーク・メディア産業の特徴について経済的観点から整理した後、技術的観点および民主主義や倫理といった観点からも検討し、これらが独立しているわけではなく相互に影響を与えていることを確認する。以上は第2章以降で行う分析の基礎的な視座を提示することとなる。

第2章では、放送などの情報供給サービスをクラブ財供給と見なし、排除可能な等量消費財を供給する主体の利潤最大化行動が、最適な財の供給条件を満たすか、そのための条件はどのようなものかを確認する。ネットワーク・メディア産業の問題は公共財の供給における問題と基本的に同等であることを簡単なモデルによって示し、メディアが提供するサービスを私的供給によって最適化するための条件について論じる。

第3章では、補完性の観点から情報財供給について論じる。通常、放送などの情報財供給サービスについては、情報財という無形の財（ソフト）とそれを伝送するためのインフラや受信するための端末などの有形の財（ハード）が結合した財として最終的に消費される。ソフトとハードは供給サイドが結合して一体供給することもあれば、異なる事業者が別々に供給し利用者が両者を補完的に利用することもある。このような観点から、ハードとソフトの補完関係に由来する市場間の外部効果（金銭的外部効果）が存在する状況で、結合供給と分離供給ではどのような違いが生じるかを検討する。

第4章では、市場の多面性の観点から情報財市場の特徴について論じる。放送サービスなどの情報財の供給は利用者に情報財（コンテンツ）を供給するだけでなく、同時に広告を抱き合わせて提供することで、広告サービスを必要とする企業に対して利用者へのアクセスを提供している。この結果、情報サービスの供給主体は、利用者市場と広告市場の複数の市場に直面することになる。通常、両市場の間には相互依存関係が存在することから、情報財の供給主体は、利用者市場と広告市場の双方の関係を考慮に入れつつ、価格および供給量の決定を行うことになる。このような多面市場における価格戦略や供給行動と、これらが市場の均衡に及ぼす影響について検討を行う。また、市場の多面性のもとでの差別化戦略についても論じることとする。

第5章では、需要側の視点からネットワーク・メディアの利用動向と利用

者への影響について論じる。生活時間のなかで最も視聴時間が長いテレビも若年層では低下傾向にあり、メディアの代替的利用が観察されることから、長期的には別メディアへの利用が大きく増加すると予想されることを確認する。また、メディアが利用者行動に与える影響について経済学的視点から行われた実証的研究を、新メディアが登場したことに伴う影響、メディア報道と政治行動との関係、メディア報道と株式市場との関係、特にテレビ報道が利用者行動に与える影響という、4タイプに分類して検討を行う。

第6章では、今後の制度設計を考える材料としてEU域内のメディア市場を取り上げ、過去30年程度の変遷と主要論点について検討する。またメディア集中排除原則を厳格に審査している事例としてドイツの規制制度に焦点を当て、メディア規制当局と競争当局との役割分担、およびその課題について考察する。さらに公共放送の取り扱いに関する最近の動向を、イギリス、ドイツ、フランスの動向を事例として概観する。

第7章では、前章までの分析に基づきつつ、公共放送の存在意義とその効果について検討する。公共放送に期待される機能について既存の議論をまとめ、放送市場を民間放送事業者が競争する場として捉えたとき、質の高い番組を供給するため十分な投資が行われるかという視点が重要であることを示す。理論モデル分析により、公共放送が十分に高い質の番組を提供し、民間放送では十分な投資ができず番組の質に問題があるという認識があったとしても、それは公共放送の存在意義を直接に証明していることにはならないことを確認する。さらに、公共放送の貢献はその事業効率性に依存することを説明し、非営利事業の事業効率性を維持するための方法について議論している。

本書の一部は、学会誌等で過去に発表した論文を基礎として、データの入れ替えを行ったうえ再推計したり、モデル分析を追加したり、制度改正に伴う変更等について大幅に加筆修正を行ったりしたものである。本書の各章との対応関係については、「初出一覧」に示しておいたので参照されたい。

また該当論文を本書で利用することに快く同意して頂いた共同研究者の方々にも、改めてお礼を申し上げたい。ネットワーク・メディアの課題を正確に抽出して把握し、理論・実証の両面から緻密な分析を行うためには、幅

広い知識と多くの作業量が必要となる。そのため改稿にあたっては、ほとんどすべての章において、3人が制度把握、データ収集、理論の検討などを分担して共同で各章を執筆した。

　論文の執筆にあたっては、(財)放送文化基金、(財)国際コミュニケーション基金、(財)日本証券奨学財団、科学研究費(基盤研究(C)20530237、23530314、24530331)から研究助成を受けている。

　出版にあたり、慶應義塾大学出版会の島﨑勁一氏、喜多村直之氏には出版企画から原稿の校正作業に至るまで、大変お世話になった。また日本民間放送連盟・研究所長の木村幹夫氏には、放送制度に関する記述についてご確認とコメントを頂いた。さらに本書は、(株)KDDI総研からの出版助成を受けている。記して感謝の意を表したい。もちろん、残りうる誤りはすべて筆者たちの責に帰すべきものである。

　2014年6月

春日教測・宍倉　学・鳥居昭夫

目次

はじめに　i

第1章　ネットワーク・メディア産業の実態と特徴　1
1　メディア産業の現状　1
　1-1　放送サービスの分類　1
　1-2　各放送サービスの状況　3
　　（1）地上波民間放送　3
　　（2）ケーブルテレビ　10
　　（3）衛星放送　13
　　（4）公共放送——NHK　17
　　（5）番組制作市場　20
　1-3　市場環境の変化と放送法改正　23
　　（1）放送規制の根拠と内容　23
　　（2）2011年放送法改正とその背景　25
　1-4　関連市場の動向　27
　　（1）広告市場　27
　　（2）新聞　30
　　（3）出版（雑誌・書籍）　31
　　（4）コンテンツおよびサービス　34
　　（5）受像機・端末市場　35
2　ネットワーク・メディアの特徴　38
　2-1　経済的特徴　38
　　（1）ネットワーク効果　38

（2）価値財　39
　　（3）経験財　39
　　（4）市場の多面性　40
　　（5）需要の2面性　41
　　（6）互換性　41
　　（7）規模の経済性および範囲の経済性　42
　　（8）スイッチング・コスト　42
　　（9）即時消費性　43
　　(10）非排除性と非競合性　43
　　(11）ソフトとハード・インフラの補完性　43
　2-2　ネットワーク技術の変化による影響　44
　　（1）無線化の影響――アクセス手段の多様化と競争進展　44
　　（2）IP化の影響――ネットワークの共有・共用の促進　44
　　（3）共有と競争の両立　45
　2-3　ネットワーク・メディアと民主主義・倫理　45
　　（1）メディアと民主主義　45
　　（2）メディアと倫理　47

第2章　等量消費性　49

1　情報財の等量消費性　49
2　独占供給の場合　50
　2-1　消費者の効用が同一の場合　50
　2-2　効用の異なる消費者が存在する場合　53
　2-3　価格差別が可能な場合　55
　2-4　価格差別が不可能な場合　57
　2-5　消費者規模の効果　61
3　複数の供給主体が存在する場合　62
4　情報の非対称性　68
5　情報の複製と移転（フリーライド）　69
6　一律負担と強制加入　70

7 有料放送市場における競争　70
- 7-1　先行研究　72
- 7-2　市場支配力仮説と効率性仮説　73
- 7-3　実証　76
- 7-4　推計結果の含意　79

8 ケーブルテレビと衛星放送の差別化要因　79
- 8-1　分析の方針　80
- 8-2　推計結果　82

9 価格差別と均一価格　85
- 9-1　設定　86
- 9-2　地域別料金の場合　87
- 9-3　一律料金の場合　88
- 9-4　料金設定が異なる場合　89
- 9-5　価格戦略と余剰の分配　92

10 小括　93

第3章　補完性　95

1 情報財と補完財　95
2 補完性とネットワーク効果　95
3 補完財の結合供給　97
- 3-1　設定　97
- 3-2　社会厚生の最大化条件　98
- 3-3　補完財を含む等量消費財の供給　99
- 3-4　補完財の分離供給　100

4 補完財供給の一般的なケース　101
- 4-1　価格決定の場合　102
- 4-2　数量決定の場合　104
- 4-3　分離供給と結合供給の比較　106

5 新技術の導入と補完財の連携　109
- 5-1　デジタルテレビ普及に関する先行研究　110

5-2　デジタル化と受信端末の購入選択　112
　　　5-3　受信端末の購入とネットワーク効果　113
　　　5-4　設定　114
　　　5-5　データ　115
　　　5-6　推計結果　116
　6　補完性とプラットフォーム　120
　7　プラットフォームの戦略　120
　　　7-1　バンドリング戦略　121
　　　7-2　ロックイン戦略　122
　　　7-3　ウインドウ戦略　124
　8　プラットフォーム競争　125
　　　8-1　設定　126
　　　8-2　加入者数の決定　126
　　　8-3　価格の決定　127
　　　8-4　情報財の共有　132
　　　8-5　対称制約下の均衡　135
　　　8-6　情報財の共有インセンティブ　136
　　　8-7　情報財共有の互恵性　139
　9　多様性選好パラメータの推計　140
　　　9-1　放送サービスに対する効用　140
　　　9-2　設定　141
　　　9-3　推計結果　144
　10　小括　146

第4章　市場の多面性　149

　1　多面市場　149
　2　広告に対する効用　150
　3　多面市場下での価格戦略　151
　　　3-1　独占モデル　152
　　　3-2　複占モデル　155

   3-3　収入方式と差別化　158
4　多面市場における市場支配力　159
   4-1　広告放送の利潤　159
   4-2　利潤と集中度　159
   4-3　実証モデル　161
   4-4　分析データ　163
   4-5　推計結果　164
   4-6　多面市場と市場集中度　167
5　収入方式と差別化　168
   5-1　広告収入型と有料収入型の行動　168
   5-2　広告放送の差別化戦略　169
   5-3　有料放送の差別化戦略　172
   5-4　放送事業者の差別化に関する先行研究　175
   5-5　差別化と視聴行動　176
6　小括　177

第5章　メディア需要者の行動　179
1　メディア利用の実態　179
2　情報の受け手に対する影響　186
   2-1　メディアの存在と人々の行動　188
   2-2　メディア報道と政治行動　191
   2-3　メディア報道と株式市場　194
   2-4　テレビ報道と利用者行動　196

第6章　メディア市場の制度設計　203
1　通信・放送の融合と規制制度　204
   1-1　国境のないテレビ指令　204
   1-2　2002年電子通信規制パッケージと放送分野　207
   （1）放送サービス提供の認証と放送目的のための周波数利用　208
   （2）マスト・キャリー（Must-Carry）責務　209

（3）ネットワークと関連設備へのアクセス　209
　1-3　国境のない視聴覚メディアサービス指令　210
　　（1）広告規制の緩和　211
　　（2）発信国主義の維持　212
　　（3）視聴覚メディアサービス提供者にかかる透明性確保義務　212
2　メディア集中排除原則——ドイツの事例　213
　2-1　ドイツにおけるメディア監督制度　215
　2-2　競争当局によるメディア規制　222
　2-3　ケーブルテレビ市場における競争当局の判断　226
　　（1）リバティ・メディア社の地域ケーブル会社買収差し止め　228
　　（2）KDG の他ケーブル事業者買収案撤回　228
　　（3）KDG による Orion の一部買収認可　229
3　公共放送の扱い　231
　3-1　EU における公共放送の扱い　232
　3-2　イギリスの公共放送　235
　3-3　ドイツの公共放送　240
　3-4　フランスの公共放送　243

第7章　公共放送　245

1　放送における「市場の失敗」　249
　1-1　公共財　250
　1-2　不完全競争　252
　　（1）独占的競争　252
　　（2）空間的競争　254
　　（3）番組重複の問題　257
　　（4）公共放送の存在と不完全競争　257
　1-3　外部効果、価値財、不確実性　258
2　多様な番組の供給と無料広告放送・有料放送　260
　2-1　Spence and Owen（1977）のモデル分析　260
　2-2　Peitz and Valletti（2008）のモデル分析　266

（1）2面市場の分配上の特性　266
　　（2）基礎モデル　268
　　（3）有料放送　271
　　（4）無料広告放送　272
　　（5）広告量と番組の多様性　273
　2-3　Armstrong（2005）のモデル分析　274
3　公共放送の存在と民間放送事業者間の競争　278
　3-1　モデル　279
　3-2　民間放送事業者間の競争　282
　3-3　公共放送が存在する場合　288
　3-4　公共放送の存在が民間放送事業者に与える効果　290
4　品質維持の政策　296
　4-1　モデル　297
　4-2　品質に関連づけた料金制度の可能性　300

初出一覧　305
参考文献　306
索引　320
執筆者紹介　326

図表目次

第1章

- 図1-1　放送産業の市場規模の推移　3
- 図1-2　売上高・営業利益のキー局等の構成比率（2012年度）　8
- 図1-3　売上高および費用合計の推移　10
- 図1-4　単年度黒字事業者数および割合の推移　13
- 図1-5　主要な衛星放送契約者数の推移　15
- 図1-6　民間放送事業者の売上高営業利益率の推移　17
- 図1-7　テレビ放送番組の二次利用について（複数回答上位5位）　22
- 図1-8　広告費の推移と対GDP比　28
- 図1-9　4大マスメディア等の広告費割合の推移　29
- 図1-10　主要広告主が目標達成のために最も重視した媒体（2012年度）　30
- 図1-11　業種別広告費のシェア　31
- 図1-12　新聞社総売上高の推移　32
- 図1-13　広告費上位10業種の4大マスメディア別広告費の増減　32
- 図1-14　出版市場主要指標の推移　33
- 図1-15　デジタルコンテンツ市場規模と端末別内訳　35
- 図1-16　主要情報メディア産業の市場規模割合（2012年度）　37
- 表1-1　民間放送事業者数の推移　2
- 表1-2　衛星基幹放送のジャンル別番組数　4
- 表1-3　地上波民間放送局の開局年　5
- 表1-4　テレビニュース・ネットワーク　7
- 表1-5　ケーブルテレビの変遷　11
- 表1-6　放送受信機の出荷台数　15
- 表1-7　NHK各波の編集方針　18
- 表1-8　情報メディア関連機器の普及率と100世帯当たりの保有数量（2012年度末／世帯主年齢階級別）　36

第2章

- 図2-1　独占均衡　54
- 図2-2　独占均衡下の余剰　54
- 図2-3　価格差別のもとでの独占均衡　58
- 図2-4　価格差別のもとでの余剰　58
- 図2-5　ケース①の場合　59
- 図2-6　ケース②の場合　59
- 図2-7　ケース④の場合　60
- 図2-8　消費者規模の増加の影響（$N_1 = N_2 = 2$のケース）　62

図 2-9　競争均衡（1 のみが供給するケース）　65
図 2-10　均衡における余剰　65
図 2-11　2 事業者が併存する場合の均衡　66
図 2-12　2 事業者が併存する場合の余剰　66
図 2-13　ケーブルテレビと衛星放送の加入率　74
表 2-1　推計結果 A　78
表 2-2　分析に用いた変数の作成方法　81
表 2-3　記述統計量　82
表 2-4　推計結果 B　83

第 3 章
図 3-1　加入シェア r_1 と均衡価格 P　131
図 3-2　加入シェア r_1 と均衡利潤 π　131
図 3-3　共有率 θ_1 と均衡価格 p_1^*　134
図 3-4　共有率 θ_1 と均衡価格 p_2^*　134
表 3-1　価格決定の場合　107
表 3-2　数量決定の場合　107
表 3-3　属性とレベル　115
表 3-4　コンジョイント分析の質問例　116
表 3-5　推計結果　118
表 3-6　各属性に対する MWTP　119
表 3-7　チャンネルに対する支払意思額　122
表 3-8　共有状況と利潤（生産者余剰）　137
表 3-9　共有状況と消費者余剰　138
表 3-10　変数の定義　142
表 3-11　質問票の例　143
表 3-12　推計結果　144
表 3-13　限界支払意思額　145

第 4 章
表 4-1　変数一覧　161
表 4-2　変数の記述統計量　162
表 4-3　推計結果 1　165
表 4-4　推計結果 2　166
表 4-5　一様分布の場合の番組ゲーム　171

第 5 章
図 5-1　30 分ごとの平均視聴率（全国・週平均）　183
図 5-2　番組種目別放送時間（6 〜 24 時、年間総放送量）　184
図 5-3　家計の放送サービスに対する支出　185
図 5-4　コンテンツ関連の年間消費支出額　186

図 5-5　都道府県別情報化指標　187
図 5-6　情報流通インデックスの計量結果　198
表 5-1　マスメディア接触時間　180
表 5-2　テレビ視聴の行為者平均時間の推移　182

第6章
図 6-1　ALM の組織図　216
図 6-2　視聴率シェアの推移　217
図 6-3　競争当局とメディア規制機関の役割分担　224

第7章
図 7-1　有料放送と広告無料放送の均衡　264
図 7-2　広告不効用と広告量　274
図 7-3　2 放送局間の競争における支配戦略　286
図 7-4　2 放送局間の競争均衡における総余剰　286
図 7-5　公共放送の投資規模の拡大と支配戦略　293
図 7-6　総余剰に対する公共放送の貢献　294
図 7-7　政府のペイ・オフと反応関数　298
図 7-8　事業会社のペイ・オフと反応関数　299
図 7-9　政府と事業会社の反応関数の位置関係　301
図 7-10　品質に関連付けた料金規制　301
表 7-1　複占モデルのペイ・オフ　285

第1章
ネットワーク・メディア産業の実態と特徴

1 メディア産業の現状

　メディア産業では、情報財（知識財）を生産し、なんらかの媒体（メディア）を通じて消費者（需要者）に供給するサービスを提供していると考えることができる。そのうちネットワーク・メディアとは、テレビやラジオのような放送局または通信に分類されるインターネットなど、伝送媒体としてのネットワークを経由して情報財を提供するサービスのことを指す。本章第1節では、現時点で中心的な役割を果たしている放送サービスを中心としつつ、新聞や雑誌のような伝統的メディア、広告や受像器・端末のような関連市場の実態について概観する。さらに第2節において、ネットワーク・メディア産業の特徴について多面的に検討し、第2章以降で行う分析の基礎的な視座を提示する。

1-1 放送サービスの分類
　放送サービスは複数の基準で分類することが可能である。
　第1は伝送媒体として無線を利用するか、有線を利用するかという区別であり、前者が地上波放送と衛星放送、後者が有線放送（ケーブルテレビ）を指す。現在、放送事業者には、伝送手段に応じて、地上波放送（ラジオ局を含む）、衛星放送（BS放送とCS放送）[1]、ケーブルテレビが存在する。表1-1は、本分類に従った民間放送事業者数の推移を示している。

---

[1] BSは放送衛星（Broadcasting Satellite）を、CSは通信衛星（Communications Satellite）を利用する放送というように、用いられる人工衛星によって区分されている。

表1-1　民間放送事業者数の推移

年度末			2001	2002	2003	2004	2005	2006	2007	2008	2009	2010	2011	2012
地上系	テレビジョン放送（単営）		91	92	92	92	93	93	93	93	93	93	93	93
	ラジオ放送	中波（AM）放送	11	12	12	12	13	13	13	13	13	13	13	13
		超短波（FM）放送	205	216	220	229	242	257	271	280	290	298	307	319
		うちコミュニティ放送	152	163	167	176	189	204	218	227	237	246	255	268
		短波	1	1	1	1	1	1	1	1	1	1	1	1
	テレビジョン・ラジオ放送（兼営）		36	35	35	35	34	34	34	34	34	34	34	34
	文字放送・マルチメディア放送		2	2	2	2	2	2	2	1	1	1	1	1
衛星系	衛星基幹放送	BS放送	19	19	19	17	14	12	12	11	17	21	22	22
		東経110度CS放送	18	18	18	17	16	14	12	12	13	13	13	22
	衛星一般放送		114	105	105	107	107	104	103	96	91	91	83	66
ケーブルテレビ*			516	528	571	548	535	533	536	536	540	528	556	545

注：*登録に係る有線一般放送（自主放送を行う者に限る）。
出所：総務省（2013）『情報通信白書 平成25年版』より作成。

　第2は収入構造の違いである。我が国の放送サービスは、受信料収入による公共放送（日本放送協会、以下「NHK」という）、広告収入を主とする広告放送、サービス利用者（受益者）から直接料金を徴収する有料放送に区分することができる。公共放送の財源は受信料であるが、利用者から直接対価を徴収するという意味では有料放送の特殊例と見なすこともできる。また有料放送には衛星放送、ケーブルテレビが含まれ、広告収入と料金収入両方に依存しているが、これは雑誌や新聞などの他メディア事業者と同様の収入構成となっている。また地上波放送在京キー局系列のBSデジタル放送事業者5社も、衛星放送として同様のビジネスモデルで事業を行っている。図1-1は放送産業の市場規模の推移を示しているが、2011年度の地上系・衛星系・ケーブルテレビ・NHKの構成比はそれぞれ57.5％、11.5％、13.2％、17.8％となっている。衛星系・ケーブルテレビの構成比は2000年度と比較してそれぞれ6.4％、6.6％もシェアを伸ばしており、NHKを含む地上系のシェアが圧倒的に高い日本においても、有料放送が着実に浸透している状況が伺

図 1-1　放送産業の市場規模の推移

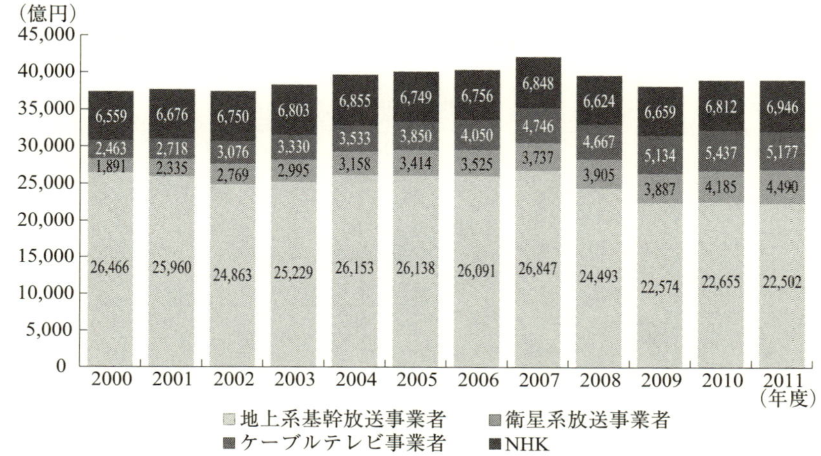

（年度）	地上系基幹放送事業者	衛星系放送事業者	ケーブルテレビ事業者	NHK
2000	26,466	1,891	2,463	6,559
2001	25,960	2,335	2,718	6,676
2002	24,863	2,769	3,076	6,750
2003	25,229	2,995	3,330	6,803
2004	26,153	3,158	3,533	6,855
2005	26,138	3,414	3,850	6,749
2006	26,091	3,525	4,050	6,756
2007	26,847	3,737	4,746	6,848
2008	24,493	3,905	4,667	6,624
2009	22,574	3,887	5,134	6,659
2010	22,655	4,185	5,437	6,812
2011	22,502	4,490	5,177	6,946

出所：総務省（2013）『情報通信白書 平成25年版』より作成。

える。

　第3は配信される情報による区分である。まず映像情報の配信を中心とするテレビ放送と音声情報の配信を中心とするラジオ放送に区分される。さらに配信される情報の内容により、NHKや地上波民間放送局のように教育・教養、報道、娯楽などの様々なタイプの番組を1つのチャンネルで提供する総合放送局と、映画やスポーツといった特定のジャンルの番組に限定し、チャンネルサービスを提供する専門放送局に区分される。表1-2は衛星基幹放送により提供されているジャンル別番組一覧であるが、総合編成とともに専門放送局も数多く用意されていることが読み取れる。

1-2　各放送サービスの状況

（1）地上波民間放送

　地上波民間放送の制度的特徴として本書の文脈で特に指摘しておきたいのは、県単位の免許制度とマスメディア集中排除原則である。以下、順に説明する。

表 1-2　衛星基幹放送のジャンル別番組数

ジャンルなど	チャンネル数	ジャンルなど	チャンネル数
日本放送協会	2	ドキュメンタリー	4
放送大学	2	ニュース	5
無料総合編成	8	娯楽・趣味	2
総合娯楽	18	教育	2
映画	11	公営競技	1
スポーツ	8	ショッピング	2
音楽	6	ガイド	1
アニメ	4	データ放送	1
海外ドラマ・バラエティ	4	暫定的難視聴対策のための放送	7
国内ドラマ・バラエティ・舞台	4	※BS 22 社、東経 110 度 CS 23 社により提供	

出所：総務省（2014）『衛星放送の現状』より作成（2014 年 1 月 1 日現在）。

　放送局は無線局の一種であるため、電波の希少性を根拠として、放送サービスの提供には免許が必要となっている。無線局免許の付与の際には、電波法に基づく技術的事項に加えマスメディアとしての特性に起因する審査項目が付加されており、放送普及基本計画に基づき設定される。

　民間放送は地域に密着した情報を提供する趣旨から、関東・東海・関西の広域圏など特定の地域を除いて、原則として県単位で免許が与えられてきた。現在地上波でテレビ放送を行う局は 127 社あるが、日本で最初に開局したのは日本テレビ（1953 年）で、次に TBS（1955 年）が続き、1960 年までに約 35％ に相当する 44 局が開局されている（表 1-3）。この時期、国民の平均所得水準の向上と個人消費の伸びに歩調をあわせる形で放送産業も成長していったが、同時に放送サービスを通じて提供される放送番組や CM などが消費行動や消費文化を刺激するという相互作用もうまく機能し、当初は順調な発展を遂げていった。1968 年には 1 県 1 置局主義も転換され、UHF（極超短波帯）開放による大量免許交付に踏み切り、その後 8 年間で 43 のテレビ局が誕生した。

　しかし大都市圏には複数の放送局が存在する一方、市場規模が小さいために放送局が少ない地方との間で情報格差が発生するという問題が指摘されるようになり、当時の郵政省は、民間放送テレビに対する電波割り当て計画の

表1-3　地上波民間放送局の開局年

開局年	社　名	略　称
1953	日本テレビ放送網	NTV
1955	東京放送	TBS
1956	中部日本放送	CBC
	朝日放送	ABC
1957	北海道放送	HBC
1958	読売テレビ放送（ほか11社）	YTV
1959	フジテレビジョン（ほか21社）	CX
1960	山形放送（ほか4社）	YBC
1989	テレビ北海道（ほか2社）	TVH
1990	テレビ金沢（ほか2社）	KTK
1991	岩手めんこいテレビ（ほか5社）	MIT
1992	あいテレビ（ほか1社）	ITV
1993	山口朝日放送（ほか1社）	YAB
1994	鹿児島読売テレビ	KYT
1995	愛媛朝日テレビ（ほか2社）	EAT
1996	岩手朝日テレビ	IAT
1997	さくらんぼテレビジョン（ほか1社）	SAY
1999	とちぎテレビ	GYT

出所：日本民間放送連盟編（2013）『日本民間放送年鑑2013』より作成。

なかで1982年制定の初期基本方針を一部修正することとした。具体的には、「全国各地における受信機会平等の実現を図る」という項目に「一般放送事業者による最低4の放送が受信可能となること」という文言を追加し、「全国47都道府県すべての民間放送テレビ局を最低4つにする」という計画を明示した（テレビ東京系列は除く）。

　この計画に沿って年号が平成に変わってからも続々と新局が開局され、1999年のとちぎテレビまで24局（約24%）が開局されている（表1-3）。しかしこの時期は「失われた10年」とも呼ばれる日本経済の停滞期に相当し、放送を取り巻く環境変化とも相俟って、必ずしも当初の計画が順調に達成できたわけではない。また民間放送テレビ事業全体でも、1993年に初めて減収減益の事態に陥ることとなり、なかでも平成新局は厳しい経営環境におかれることとなっている。

　県単位で免許を付与することの本来の趣旨は地域に密着した放送サービス

を提供することであるが、現実の姿は若干の相違が見られる。放送免許制度およびマスメディア集中排除原則という制度のなかで、テレビ放送産業の拡大を支えたものとしてネットワーク化が挙げられるが、このネットワーク化を軸にその機能について見ておきたい。

ネットワーク化は、1958年にラジオ東京（のちのTBS）、中部日本放送、大阪テレビ（現朝日放送）、RKB毎日放送、北海道放送の5局がニュース交換・共同取材の協定を締結したことに始まる[2]。翌59年には民放テレビ局16社によってニュース協定である「ジャパン・ニュース・ネットワーク（JNN）[3]」が締結され、これを機に編成や営業に関するネットワーク協定も整備されネットワーク体制が確立されていくことになる。

放送法第52条の3「放送番組の供給に関する協定の制限」は、「一般放送事業者は、特定の者からのみ放送番組の供給を受けることとなる条項を含む放送番組の供給に関する協定を締結してはならない」としており、いわゆる番組ネットワークは禁止されるものと解されてきた。しかしながら県域免許の民間放送にとって、全国で起こる事件・事故を伝えるために複数の局が提携関係を結ぶことが現実問題として必須であることから、報道でのニュース・ネットワークという形で認められてきたという背景がある。現在は先のJNNの他に、「ニッポン・ニュース・ネットワーク（NNN）」、「フジ・ニュース・ネットワーク（FNN）」、アサヒ・ニュース・ネットワーク（ANN）」、「TX・ネットワーク（TXN）」の5つの系列で構成されている（表1-4）。

ネットワーク化が促された背景には、キー局にとっては迅速なローカル・ニュースの獲得、ローカル局にとっては全国・全世界のタイムリーなニュース獲得とキー局が制作した優良番組の獲得といった双方にとってのメリットがあったことが挙げられる。またキー局にとっては、全国世帯へのリーチを確保しナショナルスポンサーの全国広告ニーズに応えることで広告収入を拡大することが可能になる一方、ローカル局にとっては、キー局で制作された

---

[2] ネットワーク協定とは、ニュース素材の交換を柱とする「ニュース協定」とネットワーク費の分配を柱とする「業務協定」に分かれる。

[3] JNNでは、①他系列には一切ニュース素材を提供しない、②加盟局は他系列のニュースをネットしない、などを内容とする排他協定となっている。

第1章　ネットワーク・メディア産業の実態と特徴　7

表1-4　テレビニュース・ネットワーク

	JNN（28社）	NNN（30社）	FNN（28社）	ANN（26社）	TXN（6社）	独立局（13社）
北海道	北海道放送	札幌テレビ	北海道文化放送	北海道テレビ	テレビ北海道	—
青　森	青森テレビ	青森放送	—	青森朝日放送	—	—
岩　手	IBC岩手放送	テレビ岩手	めんこいテレビ	岩手朝日テレビ	—	—
宮　城	東北放送	宮城テレビ	仙台放送	東日本放送	—	—
秋　田	—	秋田放送	秋田テレビ	秋田朝日放送	—	—
山　形	テレビユー山形	山形放送	さくらんぼテレビ	山形テレビ	—	—
福　島	テレビユー福島	福島中央テレビ	福島テレビ	福島放送	—	—
茨　城	東京放送	日本テレビ	フジテレビ	テレビ朝日	テレビ東京	—
栃　木	東京放送	日本テレビ	フジテレビ	テレビ朝日	テレビ東京	とちぎテレビ
群　馬	東京放送	日本テレビ	フジテレビ	テレビ朝日	テレビ東京	群馬テレビ
埼　玉	東京放送	日本テレビ	フジテレビ	テレビ朝日	テレビ東京	テレビ埼玉
千　葉	東京放送	日本テレビ	フジテレビ	テレビ朝日	テレビ東京	千葉テレビ
東　京	東京放送	日本テレビ	フジテレビ	テレビ朝日	テレビ東京	メトロポリタン
神奈川	東京放送	日本テレビ	フジテレビ	テレビ朝日	テレビ東京	テレビ神奈川
新　潟	新潟放送	テレビ新潟	新潟総合テレビ	新潟テレビ	—	—
長　野	信越放送	テレビ信州	長野放送	長野朝日放送	—	—
山　梨	テレビ山梨	山梨放送	—	—	—	—
静　岡	静岡放送	静岡第一テレビ	テレビ静岡	静岡朝日テレビ	—	—
富　山	チューリップTV	北日本放送	富山テレビ	—	—	—
石　川	北陸放送	テレビ金沢	石川テレビ	北陸朝日放送	—	—
福　井	—	（福井放送）	福井テレビ	（福井放送）	—	—
愛　知	中部日本放送	中京テレビ	東海テレビ	名古屋テレビ	テレビ愛知	—
岐　阜	中部日本放送	中京テレビ	東海テレビ	名古屋テレビ	—	岐阜放送
三　重	中部日本放送	中京テレビ	東海テレビ	名古屋テレビ	—	三重テレビ
滋　賀	毎日放送	よみうりテレビ	関西テレビ	朝日放送	—	びわ湖放送
京　都	毎日放送	よみうりテレビ	関西テレビ	朝日放送	—	京都放送
大　阪	毎日放送	よみうりテレビ	関西テレビ	朝日放送	テレビ大阪	—
兵　庫	毎日放送	よみうりテレビ	関西テレビ	朝日放送	—	サンテレビ
奈　良	毎日放送	よみうりテレビ	関西テレビ	朝日放送	—	奈良テレビ
和歌山	毎日放送	よみうりテレビ	関西テレビ	朝日放送	—	テレビ和歌山
岡　山	山陽放送	西日本放送	岡山放送	瀬戸内海放送	テレビせとうち	—
香　川	山陽放送	西日本放送	岡山放送	瀬戸内海放送	テレビせとうち	—
徳　島	—	四国放送	—	—	—	—
愛　媛	伊予テレビ	南海放送	テレビ愛媛	愛媛朝日テレビ	—	—
高　知	テレビ高知	高知放送	高知さんさんテレビ	—	—	—
鳥　取	山陰放送	日本海テレビ	山陰中央テレビ	—	—	—
島　根	山陰放送	日本海テレビ	山陰中央テレビ	—	—	—
広　島	中国放送	広島テレビ	テレビ新広島	広島ホームテレビ	—	—
山　口	テレビ山口	山口放送	—	山口朝日放送	—	—
福　岡	RKB毎日放送	福岡放送	テレビ西日本	九州朝日放送	TVQ九州	—
佐　賀	—	—	サガテレビ	—	—	—
長　崎	長崎放送	長崎国際テレビ	テレビ長崎	長崎文化放送	—	—
熊　本	熊本放送	熊本県民テレビ	テレビ熊本	熊本朝日放送	—	—
大　分	大分放送	（テレビ大分）	（テレビ大分）	大分朝日放送	—	—
宮　崎	宮崎放送	（テレビ宮崎）	（テレビ宮崎）	（テレビ宮崎）	—	—
鹿児島	南日本放送	鹿児島讀賣テレビ	鹿児島テレビ	鹿児島放送	—	—
沖　縄	琉球放送	—	沖縄テレビ	琉球朝日放送	—	—

注：（　）はクロスネット局を示す。
出所：日本民間放送連盟編（2013）『日本民間放送年鑑2013』より作成。

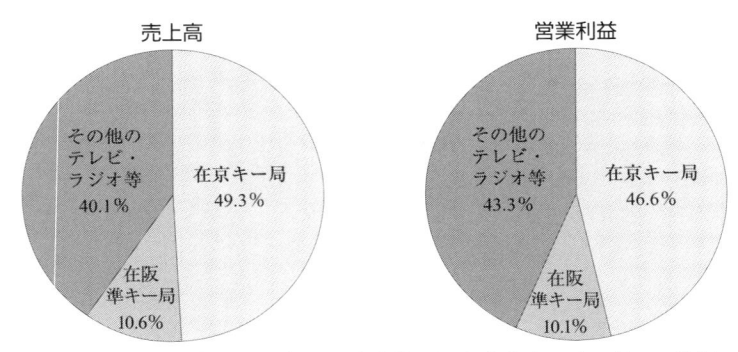

図 1-2 売上高・営業利益のキー局等の構成比率（2012年度）

売上高
- 在京キー局 49.3%
- その他のテレビ・ラジオ等 40.1%
- 在阪準キー局 10.6%

営業利益
- 在京キー局 46.6%
- その他のテレビ・ラジオ等 43.3%
- 在阪準キー局 10.1%

出所：総務省（2013）『民間放送事業者の収支状況』より作成（2013年9月30日現在）。

番組を配信することで番組制作の費用負担を軽減することが可能になり、利潤を確保する点で有利に働く。現在でも、在京キー局制作の番組が系列ローカル局を通じて地方で配信される形で全国放送が行われており、ローカル局は在京キー局が受け取った広告料の配分を受け取る関係が見られる。すなわち、在京キー局とローカル局は組織的には独立した存在であるが、契約によって垂直的に準統合された関係となっている。図1-2は売上高と営業利益のシェアを示しているが、在京キー局5社でシェアの5割弱を占めている一極集中の状況が伺える。ネットワーク協定のなかには電波料と分担金に関する規定があるのが一般的であり、電波料を販売担当社が広告会社から一括して受け取り、加盟社に分配する場合について記されている。

なお民間放送の4局化は未達成の状況であるため、地域によってはキー局とローカル局の垂直的関係は1対1対応しておらず、1つのローカル局が2つの在京キー局の系列となるクロスネット局が存在する[4]。現在では、5つのネットワーク系列114局と広域圏内にある県域局13局（独立U局）の全127局が、地上波テレビ放送サービスを提供している。

またマスメディア集中排除原則は、一のものによって支配される放送局数

---

[4] クロスネット局の場合、ローカル局は複数局から番組を購入できる余地があるため、キー局とローカル局が1対1の通常ネットワークの場合よりもローカル局側の交渉力が高まると考えられる。

を制限することで、放送の「多元性」「多様性」「地域性」を実現することを政策目的とするものである。

地上波民間放送の文脈では、まず新聞社とのクロスオーナーシップ関係が問題となる。先述のネットワークを形成する過程で資本関係が複雑化していったが、1975年にTBS──毎日放送、NET（現テレビ朝日）──朝日放送という在阪局のネット・チェンジを代表例として整理が行われ、新聞社との関係が固定化していった。マスメディア集中排除原則が存在するため放送局への出資割合は一定の限度内に抑えられているが、系列の新聞社・キー局・準キー局がそれぞれ出資し合うことにより、合計では高いシェアを持つことも可能な状態になっている[5]。

また近年、多メディア化・多チャンネル化の進展といったメディア環境の変化を踏まえつつ規定の見直しが行われてきているが、2004年3月には隣接地域（7地域まで）の地上波民間放送局の合併などを認める条文が加わり、より経営の自由度が増すこととなった。さらに認定放送持株会社を解禁したことによる影響も見逃せない。この背景には、地上デジタル放送の開始に伴い多額な設備投資を迫られており、特に資金調達に苦しむ地方局の経営基盤強化が必要であったこともあるが、同時に放送局という公共性の高いメディア企業が特定の株主から受ける影響をできる限り排除し言論の多様性を確保するという目的もあったとされている[6]。認定放送持株会社の子会社には特例が定められており、最大12局まで子会社化できることとなったため[7]、この部分については実質的な緩和が行われたことになる。

以上のように、県単位の免許制度とマスメディア集中排除原則の趣旨はメディア本来の機能を重視した制度であるが、放送局の経営状況とも密接に関

---

5 JNN系列と毎日新聞社、NNN系列と読売新聞社、FNN系列と産経新聞社、ANN系列と朝日新聞社、TXN系列と日本経済新聞社、という形で結びつきを強めている。現在、地上波127社のうち約3割の筆頭株主が新聞社となっている。

6 ライブドアによるニッポン放送株式の35%取得（2005年4月）、楽天によるTBS株式の大量取得（同年9月）は当時大きなニュースとなった。

7 ただし局数の計算方法として「放送対象地域の都道府県1つにつき1局」と計算するため、例えば東京のキー局（7局に換算）と大阪の準キー局（6局に換算）を同時に保有することはできない。

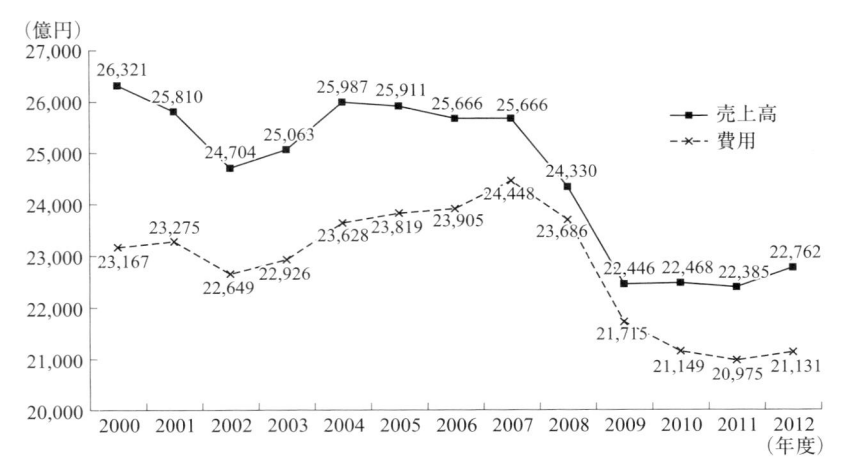

図1-3 売上高および費用合計の推移

年度	売上高	費用
2000	26,321	23,167
2001	25,810	23,275
2002	24,704	22,649
2003	25,063	22,926
2004	25,987	23,628
2005	25,911	23,819
2006	25,666	23,905
2007	25,666	24,448
2008	24,330	23,686
2009	22,446	21,715
2010	22,468	21,149
2011	22,385	20,975
2012	22,762	21,131

(単位：億円)

出所：総務省（2013）『民間放送事業者の収支状況』より作成。

係しており、設計次第で大きな影響を与える仕組みであることに留意しておきたい。

　最後に近年の地上波民間放送の経営動向を確認しておこう。ラジオを含む地上波民間放送の売上高はここ4年ほどやや落ち込んでいるが、2012年度の売上高合計は2兆2,762億円と前年度と比べて1.7％増加している。また営業損益も2008年度を底として上昇傾向にあり前年度比で15.6％増と、厳しいながらも回復基調を示している。図1-3で2007年頃から費用割合が上昇し経常利益が圧迫されたのは、2011年に実施された地上波をアナログからデジタルに変換するために中継局や局内放送設備などへのコストが必要であったためだと考えられ、特に山間部や離島を含むエリアでサービス提供を行い、多くの中継局を保有しているローカル局の経営を大きく圧迫したであろうことが推測できる。

　(2) ケーブルテレビ

　地上波放送に遅れること2年、1955年に群馬県伊香保で日本初のケーブルテレビが誕生した。当初は地上波放送の難視聴を解消するためのメディア

表1-5　ケーブルテレビの変遷

年	主な出来事
1955	初のケーブルテレビ誕生
1963	わが国初の自主放送開始
1972	有線テレビジョン放送法制定
1986	初の電気通信事業との兼業
1987	初の都市型ケーブルテレビ開局
1989	スペース・ケーブルネット開始
1996	初のケーブルインターネット開始
1997	初のCATV電話開始
1998	初のデジタルケーブルテレビ
2001	電気通信役務利用放送法制定
2003	初のIPマルチキャスト放送開始
2006	初のモバイルサービス開始
2008	初の地上波放送のIP同時再送信開始

出所：総務省（2013）『ケーブルテレビの現状』より作成。

としての意味合いが強く、地上波番組の再送信を中心に行う補完的役割を担ってサービスが開始された[8]。しかし1963年には岐阜県の郡上八幡テレビ共同視聴施設で初の自主放送が開始され、その後も地上波放送局の中継局の設置が進むことで難視聴が解消されるにしたがいその意義も薄れていき、一部のケーブルテレビ局では、その役割も次第に変わっていくこととなる（表1-5）。

　まず1987年に初の都市型ケーブルテレビとして多摩ケーブルネットワーク株式会社が開局し、これ以降、営利を目的とするケーブルテレビ事業者の大規模化が進むこととなる。もともとケーブルテレビには、その設立経緯から①サービスエリアを市町村単位に限定する放送区域制限、②地場資本中心とする地元密着要件、③ケーブルテレビ事業者同士の合併を制限する資本交流制限、④海外資本の出資比率を規制する外資規制、が存在し、大手資本の参入が制限されてきたが、1993年に①～③が、1998年に④が撤廃され、経営の自由度が増していくこととなる。

8　ケーブルテレビがCATVと記されることがあるが、これは「コミュニティ・アンテナ・テレビジョン（Community Antenna Television、共同受信施設）」の略である。

次の転機は1989年で、大規模化し映像ソフトの需要が急増していたケーブル局に通信衛星を経由した番組を配信することにより、ケーブルテレビの多チャンネル化が急速に進展することとなる。それまで映像ソフトの供給はパッケージ輸送で行われており、輸送に要する時間とコストが割高となっていたが、「スペース・ケーブルネット構想」と呼ばれるこの施策によって効率的な配送を行うことが可能となった。この構想を実現するにあたり、長期低利融資制度や無利子融資制度の適用、税制面での優遇措置を認めるなどして政府も大きく貢献しており、ケーブル局を地域の情報通信基盤施設として一層発展させる意図も汲み取ることができる。BS放送やCS放送番組の再送信を行うことで、数十チャンネルを有するケーブルテレビ局も増加し多様な番組を提供することが可能になるとともに、契約者数も次第に伸長していった。

　1996年10月からケーブル事業者による第1種電気通信事業の兼営が許可され、通信サービスの提供が可能となった。その結果、1996年には武蔵野三鷹ケーブルテレビ株式会社がインターネット接続サービスを、1997年には株式会社タイタス・コミュニケーションズや杉並ケーブルテレビ株式会社が電話サービスを開始するなどフル・サービス化が進展し、さらに規制緩和によって番組制作やノウハウの共有化をはかる多施設所有事業者（Multiple System Operator: MSO）の活動が可能となった。MSOによるケーブル局の統合によりサービスの広域化・多様化が可能となり、個別ケーブルテレビ事業者にとってはMSO傘下となることで番組調達に関する事務手続きや経済的負担が軽減され認知度も向上するなど、双方にとっての利点があり、都市部では今後もこのような動きが加速すると予想される。

　図1-4は、単年度黒字事業者数とその割合の推移を示している。ケーブルテレビ事業のみの収支状況は2002年度からようやく黒字に転換したが、上記の発展経緯と呼応する形で8割以上の事業者が黒字という堅調な結果を残していることが読み取れる。ただしこの図は、自主放送を行う許可施設のケーブル事業者のうちケーブルテレビ事業を主たる事業とする「営利法人」を調査対象としており、フル・サービス化を進める事業者の一方で再送信のみに従事する事業者も多数存在しており、規模や内容についての格差は拡大

図 1-4　単年度黒字事業者数および割合の推移

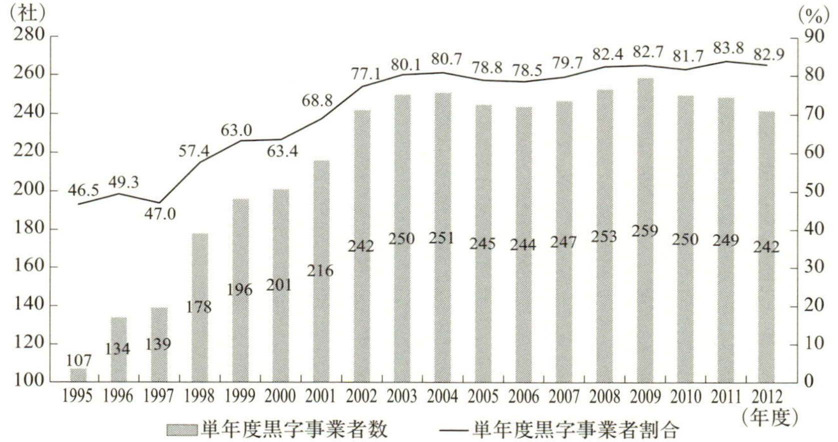

年度	単年度黒字事業者数（社）	単年度黒字事業者割合（%）
1995	107	46.5
1996	134	49.3
1997	139	47.0
1998	178	57.4
1999	196	63.0
2000	201	63.4
2001	216	68.8
2002	242	77.1
2003	250	80.1
2004	251	80.7
2005	245	78.8
2006	244	78.5
2007	247	79.7
2008	253	82.4
2009	259	82.7
2010	250	81.7
2011	249	83.8
2012	242	82.9

出所：総務省『ケーブルテレビ事業者の経営状況について』各年度版より作成。

している点に留意が必要である。なおケーブルテレビ契約数は2012年度末で約2,707万件、普及率は約51.8%となっている。

(3) 衛星放送

　衛星放送には、使用する衛星の違い（具体的には搭載する中継器数の相違）によりBS放送とCS放送がある。BS放送に利用される放送衛星は放送を目的とした衛星であるため、多くの人が受信可能となるよう強い電波で送信することが想定されており、搭載する中継器の数はあまり多くはない。この結果、放送可能なチャンネル数もある程度制限される。一方、CS放送に利用される通信衛星は出力が弱いため多くの中継器を搭載可能で、多チャンネル化も容易である。半面、電波の出力が弱いため、受信に際してはBS放送よりも大きなアンテナが必要となる。いずれも地上にある番組送出局から、静止衛星軌道上にある人工衛星に向かって番組の電波を打ち上げ、それを衛星の中継器で増幅させて送り返し、各家庭に取りつけられた専用アンテナで受信する仕組みは同様である。衛星放送は、地上波放送のように全国放送を行う際に中継局を複数用意する必要がなく、山岳部やビルの谷間でも難視聴

が起こる心配はない。全国を対象に放送が可能という意味で広域性を有しており、多チャンネルで番組を配信することが可能、かつ災害に強いといったメリットがある。

1984年、NHKは世界に先駆けて放送衛星による試験放送を開始し、その5年後の1989年にはBS1、BS2の2チャンネルで本放送に移行した。同年には通信衛星を経由してケーブルテレビへの番組配信が開始され、ケーブルテレビの多チャンネル化が急速に進展することとなる。その意味で1989年は、衛星の役割が大きく発揮された記念碑的な年だと言える。また2年後の1991年4月には、スクランブル放送により受信契約者にのみ放送を提供する日本衛星放送（現WOWOW）が本放送を開始し、民間企業としては初めて放送衛星を用いた有料放送事業への参入を果たした。さらにこれらのアナログ放送に加え、CS放送が先行してデジタル化に取り組んだ事情もあり、BS放送でも2000年12月からデジタル本放送が開始されることとなった。この計画では、テレビ・ラジオ放送を行う7社[9]、ラジオ放送を行う3社、データ放送を提供する独立系の放送事業者8社と主要事業者が顔を揃えており、当初「1,000日1,000万」という普及目標を掲げてスタートを切った。

一方CS放送は、ケーブルテレビ向けにサービスを行ってきた番組供給会社が1992年にアナログ放送を、1996年には伊藤忠商事などが出資するパーフェクTVがデジタル放送を開始している。CSデジタル放送には他にもディレクTVやJスカイBが名乗りを上げたが、その後事業開始前のJスカイBとパーフェクTVが合併しスカイパーフェクTVとなり、1997年よりサービスを開始したディレクTVも顧客獲得に苦戦して、2000年3月、同社に吸収合併される形となり現在に至っている。その後、東経124度と東経128度の2つのCS衛星に加え、2000年10月には東経110度に新たにCS衛星が打ち上げられ、現在に至っている。

図1-1で見たように衛星系放送事業者の市場規模は拡大傾向にあるが、その道のりは必ずしも順調ではなかった。放送受信機の出荷台数推移を見る

9　地上波民間放送系のBS日本、BS朝日、BS-i、BSフジ、BSジャパンと、WOWOW、スターチャンネルを加えた計7社。

表1-6 放送受信機の出荷台数

(万台)

年度	2004	2005	2006	2007	2008	2009	2010	2011
地上デジタル放送	403.9	991.4	1,971.5	3,370.1	4,969.0	7,374.1	11,130.9	13,992.8
BSデジタル放送	655.3	1,242.5	2,221.1	3,492.5	5,010.0	7,254.0	10,609.0	12,637.7

出所:総務省(2013)『情報通信白書 平成25年版』より作成。

図1-5 主要な衛星放送契約者数の推移

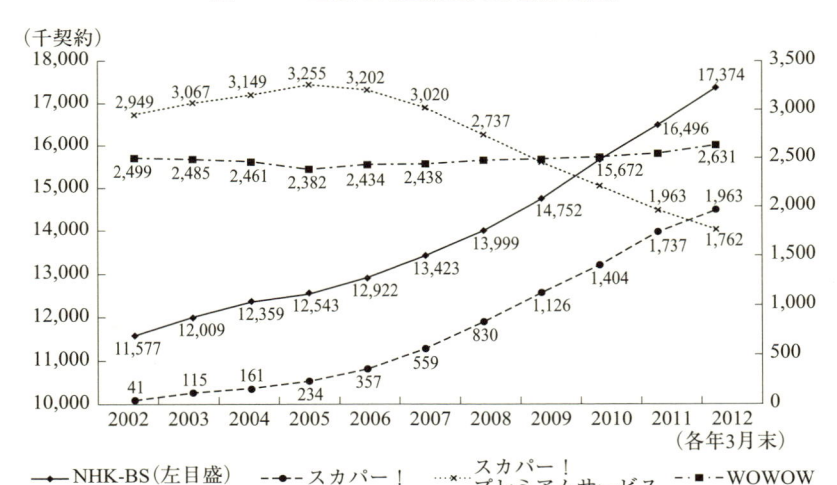

出所:社団法人衛星放送協会HPより作成(http://www.eiseihoso.org/data/past_ydata.html)。

と、BSデジタル放送開始時から1,000日の2003年9月時点で約450万台と目標の半分にも到達していなかったが、地上波放送がデジタルへ移行する際の放送受信機普及とともにようやく軌道に乗り始めたことが読み取れる(表1-6)。またNHK-BSの契約者数が突出しており、CSデジタル放送であるスカパー!の契約数は上昇傾向にあるとはいえNHK-BSの約11%程度にすぎない。またWOWOWの契約数はほぼ横ばい状態であり、スカパー!プレミアムサービスも2005年をピークに減少傾向を示しており苦戦している状況にある(図1-5)。

しかし衛星放送、特にCSデジタル放送の開始時には、日本の放送事業に

おいてそれまでにない新しい枠組みが提示された点で画期的だったと言える。

　第一に、それまで技術的に新しいサービスはNHKが最初に立ち上げ、その後民間放送が参入するという前例が踏襲されてきたが、CSデジタル放送開始時にはNHKの関与はなかった。またパーフェクTV以外の2社は外資系資本であり、事業開始時に積極的に関与してきたこともこれまで見られなかった事象である。さらに放送番組を提供する委託放送事業者をパッケージ化して視聴者に提供し、契約者からの加入手続きや料金徴収代行、受信契約データの管理を行うプラットフォーム事業者の存在が、日本の放送制度では見られなかった新しい仕組みであり特筆すべき点であった。

　委託放送事業者とは1989年の放送法改正によって制度化されたもので、個々の番組（ソフト）を制作する事業者のことを指す。1994年改正により委託放送事業者の認定を受けるためには無線局免許を受けなればならないこととなり、一般放送事業者同様の規制を受けることとなった[10]。一方プラットフォーム事業者は、人工衛星というハードを所有・運用する事業者が該当する。すなわちCSデジタル放送では、これまで一体であった放送番組の制作と放送設備所有者（配信）が分離されて運営される仕組みがとられた。

　番組制作自体は小規模事業者でも携わることができ比較的参入・退出が容易であるが、料金請求や顧客管理を行うことは大きな負担となり参入障壁になりうるものであった。この業務をプラットフォーム事業者が代行することで取引費用が削減でき、参入による競争を活性化することが可能となった。委託放送事業者は市場競争のもとで自己責任を負うこととなり、実際にもCSデジタル放送開始直後から撤退を余儀なくされる事例も見られた。

　図1-6は、これまで説明してきた民間放送事業者3種類の、近年の売上高営業利益率の推移を示している。衛星系事業者はサービス開始が遅かったこともあり、利益率がプラスになったのは2007年度になってからである。また地上波についても、利益率はそれなりの水準を保っているが、売上高の水準そのものが下がっている点に注意が必要である。またケーブルテレビ事

10　2011年施行の新放送法において、委託放送事業者の制度は廃止された。

図1-6 民間放送事業者の売上高営業利益率の推移

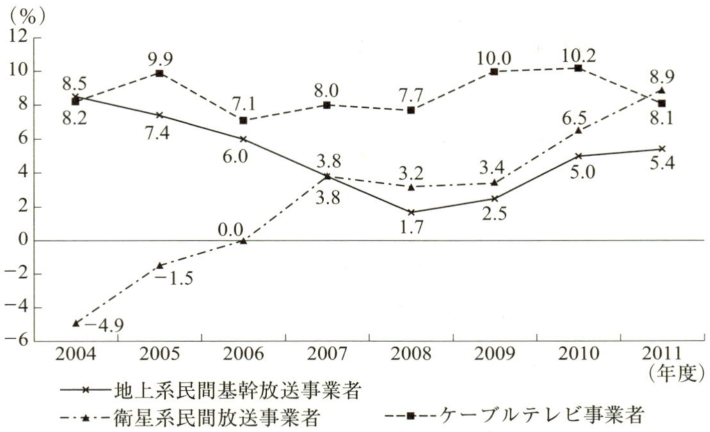

(%)
年度	地上系民間基幹放送事業者	衛星系民間放送事業者	ケーブルテレビ事業者
2004	8.5	−4.9	8.2
2005	9.9	−1.5	7.4
2006	7.1	0.0	6.0
2007	8.0	3.8	3.8
2008	7.7	3.2	1.7
2009	10.0	3.4	2.5
2010	10.2	6.5	5.0
2011	8.1	8.9	5.4

出所：総務省（2013）『情報通信白書 平成25年版』より作成。

業者も、営利を目的とする事業者と自治体系事業者との規模・内容についての格差が拡大している点も重要なポイントであろう。

(4) 公共放送——NHK

　NHKの前身は戦前にラジオ放送を実施していた社団法人にまで遡ることができるが、1950年の放送法制定によって受信料を事業運営の財源とする特殊法人に改組された。放送法第15条では、NHKの目的を、「公共の福祉のために、あまねく日本全国において受信できるように豊かで、かつ、良い放送番組による国内基幹放送を行うとともに、放送及びその受信の進歩発達に必要な業務を行い、あわせて国際放送及び協会国際衛星放送を行うこと」と定めている。運営は、最高意思決定機関としての経営委員会と会長以下の執行機関があたり、受信料額および予算額を国会が承認する形式をとっている。業務としては必須業務、任意業務、目的外法定業務の3種が定められており（放送法第20条）、このうち必須業務、すなわち目的を達成するため実施しなければならない業務として、①AM・FM・テレビの国内放送、②BSデジタル放送による委託国内放送業務、③放送その他に関する調査研究、

表 1-7　NHK 各波の編集方針

放送波	主な編集方針	放送番組の部門別編成比率
総合テレビジョン	国民生活に必要不可欠なニュース・情報番組や創造的な文化、教養、娯楽番組などの調和ある編成を行う。	報道番組 20% 以上、教育番組 10% 以上、教養番組 20% 以上、娯楽番組 20% 以上を編成。
教育テレビジョン（Eテレ）	"未来を志向する"チャンネルとして、主に"未来を生きる子どもたち""明日を担う若者"を対象とした番組を強化する。	教育番組 75% 以上、教養番組 15% 以上、報道番組若干を編成。
ラジオ第 1 放送（AM）	ニュース・報道番組の一層の充実・強化に取り組み、災害など緊急時には機動的な編成を行うなど、「安心ラジオ」としての役割を果たす。	報道番組 35% 以上、教育・教養番組合わせて 25% 以上、娯楽番組 20% 以上を編成。
ラジオ第 2 放送（AM）	"生涯学習波"としてさらなる質の向上を図る。中核となっている語学番組や文化・教養番組のさらなる充実を図り、聴取者との接点を増やす。	教育番組 65% 以上、報道番組 10% 以上、教養番組 15% 以上を編成。
FM	"総合音楽波"として、優れた音質を生かした多彩な音楽番組や、幅広い聴取者が楽しめる様々な分野の長時間特集を編成し、音楽ファンの期待に応える。災害など緊急時には、地域情報波としてラジオ第 1 放送と連携して機動的な編成を行うなど、きめ細かな情報を提供する。	報道番組 10% 以上、教育・教養番組あわせて 40% 以上。娯楽番組 25% 以上を編成。
BS1	"いま"の国際情報、"ナマ"のスポーツを中心に、ライブ感あふれる波としての魅力を訴える。	教育番組 10% 以上、教養番組 20% 以上を編成。
BS プレミアム	40〜50 代を中心とした視聴者に向け「紀行」「自然」「美術」「歴史」「宇宙」「音楽」「シアター」という 7 分野の良質な番組を核に、映画やドラマなども含めた多彩な番組で、新しい BS 波への期待に応える。	特に定めない。

出所：NHK 編（2013）『NHK 年鑑 2013』より作成。

④国際放送・委託協会国際放送業務、の 4 つが挙げられている。このうち①、②に関する主要な編集方針を表 1-7 に示す。また関連団体として子会社 13 社、関連会社 5 社、関連公益法人など 9 社を擁し（2013 年 4 月現在）、世界でも有数のメディアグループを形成している。

　NHK の在り方については、民間放送事業者の相次ぐ参入と多チャンネル市場の充実、また技術進歩によるインターネットなどの新サービス普及、さらに NHK 職員による不祥事とも相まって、多方面で議論されている。しかしこれは、後の章で詳述するように欧州各国でも同様の議論を確認することができ、世界的な潮流と言える。ここでは、受信料制度および番組内容や業

務範囲の見直しについて、簡単に見ておこう。

　放送法第64条は、NHKの放送を受信することができる受信設備の設置者に対し、NHKとの間に受信契約を結ばなければならないと定めている（契約強制）。また第83条では広告放送の禁止を規定しており、毎年事業収入の95％以上を受信料が占めている。これにより事業運営の自主性・自立性が保障され、特定の利害関係者や視聴率に左右されることなく多様で良質な番組づくりができるとされている。この意味で受信料の性格は「特殊な公的負担金」と解されており、過去の国会答弁などでも確認することができる。受信料についてはその水準や支払義務化について検討が行われてきたが、特に有料受信支払率の格差が著しいことから、不公平感の解消を目的とした支払義務化や罰則化がたびたび政策課題として俎上に上ってきた[11]。なお2012年10月から受信料が引き下げられるなど、経営改革の動きも並行して観察される。

　放送する番組内容については、財源が受信料であることを根拠に報道系番組に限定すべきで、娯楽・音楽・スポーツなどの番組を分離するなど保有チャンネル数や業務範囲の見直しを迫られたことがある[12]。これに対しNHKは、娯楽番組を含む総合編成の社会的意義や役割を強く主張して対抗した。またインターネットや携帯電話利用など他メディアへの進出についても、民業圧迫でありNHKの肥大化につながるとして反対意見も根強い一方、コンテンツ流通の促進に寄与するという国の政策目標と整合的であるという側面もあり、一致した見解が見出せていない。イギリス・ドイツ・フランス・韓国など諸外国では、見逃し視聴やアーカイブ視聴、双方向サービスなどにすでに進出している事例もあり、日本だけ限定的な運用を強制すれば重要なメ

---

[11] 2012年度末時点では、受信料支払率は全国平均で73.4％であったが、都道府県別に見ると1位の秋田県が95.7％、47位の沖縄県が44.3％と2倍以上の開きがあった。沖縄県は1972年の返還後に受信料制度が適用されたため制度の理解・浸透に時間がかかるとNHKは説明しているが、視聴者の不公平感を刺激する格差となっている。また東京都が61.6％、大阪府が58.0％と都市部で低い傾向も見られる。

[12] 総理大臣の諮問機関である「規制改革・民間開放推進会議（当時）」が、2005年度答申のなかで、「視聴者に与える放送」から「視聴者の満足を得る放送」への転換が必要とした上で、このような見直しを求めた。

ディアであるNHK本体が環境変化の波に乗り遅れることにもなりかねない。

　以上のように、産業的視点を強調すれば限定的に、公共放送としての役割を強調すれば民間放送の手薄な領域を積極的にカバーできるよう制度を設計するという方向へ向かうこととなる。現在の制度そのものについても、例えばNHK予算が国会承認を必要とすること、そして経営委員会委員は衆参両院の同意を得て総理大臣が任命することは、政府や政党の意向に必要以上に配慮する要因になるとの考え方もありうる。その意味で、NHKのみならず日本における今後のメディア全般の在り方を見渡す視点が必要であり、慎重な検討を行うことが必要な問題だと言えよう。

（5）番組制作市場

　放送番組制作の現場において独立系の番組制作会社が登場したのは1970年代以降のことで、元TBS社員らによって設立されたテレビマン・ユニオンが嚆矢と言われる。背景には、テレビ放送の普及と視聴者ニーズの多様化によって番組制作を質・量ともに増やす状況に放送局の内部資源だけでは対応できなくなってきたこと、ENG[13]の普及などにより番組制作システムの小型化・低価格化が図られ小規模でも番組制作可能なプロダクションを設立できる環境が整ったこと、という要因があったと言われている。もともと放送事業者の枠内から飛び出して、より自由な制作を志した事情もあり、制作能力の高い制作会社へ番組制作を外部発注する手法が広く用いられるようになるとともに、番組制作過程が細分化され、その一部だけを小規模制作会社が担当するといった分業も行われるようになってきた。2014年現在、大手番組制作会社を中心に構成される社団法人全日本テレビ番組制作社連盟の正会員社は126社、『日本民間放送年鑑 2013』記載の番組制作会社は約1,300社もあり、番組制作の外部発注は日常的な形態となっている。

13　Electronic News Gatheringの省略で、番組素材の収集システムとしてビデオカメラとビデオテープレコーダ（VTR）の組み合わせ（一体型を含む）などにより、番組素材となる映像や音声を記録するシステムを指す。ENGの導入により、テレビ番組制作の機動性・速報性が格段に高まったと言われている。

一方、放送局と番組制作会社との取引にあたっては、いわゆる「下請け問題」が表面化してきた。両者の契約関係は、大別して請負契約と労働者派遣契約に分けられる。請負契約とは、放送局の発注に基づいて制作会社が番組をすべて制作し、完成させた後に放送局に納入する方式を指し、ドラマなど録画を主体とした番組を中心に採用される契約である。一方、労働者派遣契約とは、制作会社のスタッフを放送局に送り込み、プロデューサーらの指示に従って番組制作に従事する方式を指し、ニュースやワイドショーなど生放送を主体とした番組を中心に採用される契約である。しかし、もともと買い手側の放送局は資本規模が大きく数も少ないため、数も多く競争が激しい売り手側の制作会社より有利な状態であることに加え、番組の「品質」、具体的には好評価を獲得できる番組は事後的にしか判明しないという、製造業以上に厄介な性質を備えた取引となっている点も重要である。そのため、放送事業者が制作会社に対し、様々な優越的地位の濫用にあたる行為を行うことがあると主張されてきた。

　具体的には、著作権が制作会社に帰属すると解される場合でも無償で放送事業者を著作権者とする契約を強制する、制作委託費が番組制作費用を賄えない水準に止まる、放送事業者の費用削減という一方的な事情で従来と同品質のものの委託費を一定比率減とする（買いたたき）、いったん完成し検品・納入した後で放送事業者の都合でやり直しを無料で要求する（不当なやり直し）、契約が欲しいなら制作協力金を別途出して欲しいと要請する（不当な経済上の利益の提供要請）、などが指摘されてきた。

　こうした観点から、下請代金支払遅延等防止法の改正（2003）や総務省の「放送番組の制作委託に係る契約見本」のとりまとめ（2004）、公正取引委員会による放送番組の制作委託取引に関する特別調査（2007）、さらには総務省による「放送コンテンツの製作取引適正化に関するガイドライン」策定（2009）など、種々の措置がとられてきており、取引の適正化に向けた制度整備が少しずつ進んできている。

　テレビのデジタル化やブロードバンドによる映像ソフト流通手段の多様化が進むと、番組制作会社は放送局以外の買い手を探すことができるためホールド・アップ問題を回避することも可能なため、著作権の帰属や二次利用の

22

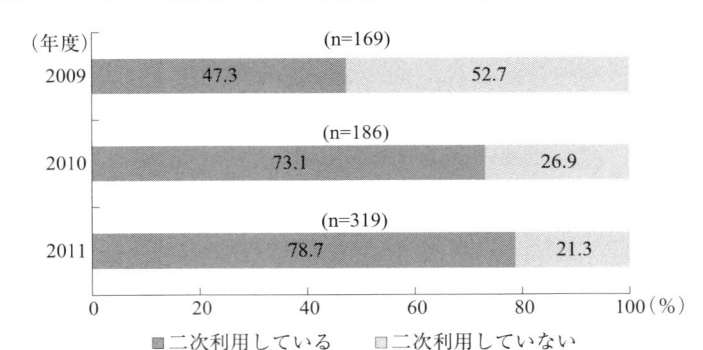

図 1-7 テレビ放送番組の二次利用について（複数回答上位 5 位）

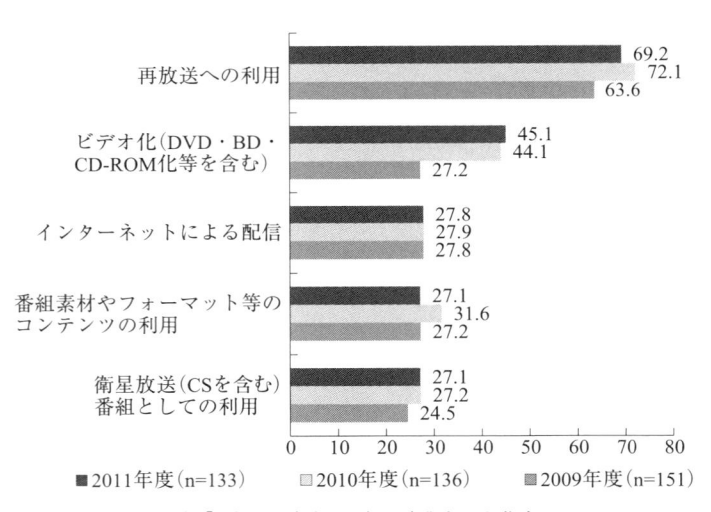

(年度)
2009 (n=169) 47.3 / 52.7
2010 (n=186) 73.1 / 26.9
2011 (n=319) 78.7 / 21.3

■二次利用している　□二次利用していない

再放送への利用　69.2 / 72.1 / 63.6
ビデオ化(DVD・BD・CD-ROM化等を含む)　45.1 / 44.1 / 27.2
インターネットによる配信　27.8 / 27.9 / 27.8
番組素材やフォーマット等のコンテンツの利用　27.1 / 31.6 / 27.2
衛星放送(CSを含む)番組としての利用　27.1 / 27.2 / 24.5

■2011年度(n=133)　□2010年度(n=136)　■2009年度(n=151)

出所：総務省（2013）『情報通信白書　平成 25 年版』より作成。

収益配分方法の適正化を図ることは、制作会社やクリエーターのインセンティブ向上に資するという点で重要である。

　放送番組制作業の 2011 年度売上高は 2,927 億円（前年度比 0.8％減）であり、ここ 3 年ほどほぼ同様の水準で推移している。またテレビ放送番組の二次利用を行っている企業の割合も拡大しており、「再放送への利用」のほか、「ビデオ化」「インターネットによる配信」も進んできている状況が伺える（図

1−7)。さらに番組の輸出も63.6億円（2011年度）と一定程度進んでおり、一層の活性化が望まれる。

1−3 市場環境の変化と放送法改正
（1）放送規制の根拠と内容

日本でラジオ放送が開始されたのは1925年のことであり、その開局のため種々の放送関係法規の整備が進んだが、現在の放送法の基礎ができたのは第二次世界大戦後のことである。1950年4月に電波三法案（放送法、電波法、電波監理委員会設置法）が可決、同年6月から施行され、あまねく全国で受信できるように放送を行うことを目的とする「特殊法人」としてNHKが設立された。放送法はその目的や組織、運営について規定するとともに、番組編集準則についても定められた。また一般放送事業者（民間事業者）の規定についても若干設けられ、民間放送局の開設が国内で初めて法的に承認されたことにより、以降ラジオ放送のための無線局開設の免許が相次いで申請されることとなった。

放送は新聞に代表される印刷メディアと異なり、特有の規制がいくつか課されている。その主たる根拠は、メディアの意見形成機能が一部の者に独占されないようにし、放送によって提供される情報の多様性を確保する点にあると考えられており、これを端的に表す言葉として「周波数の希少性」や「放送の社会的影響力」が用いられてきた[14]。具体的には、免許制のもとで、番組編集準則、公共放送と民放の併存体制、マスメディア集中排除原則などが課されており、放送が健全な民主主義の発達に貢献できるような規定となっている。

まず放送には5年ごとに更新が必要な免許制がとられており、新聞とは異なり新規参入それ自体に規制が課されている。地上波放送を行うためには無線局開設のために総務大臣の免許を受けなければならず（電波法4条）、無線局としての放送局に対する行政監督が行われている。放送免許を受けるためには、このほかに「放送局の開設の根本基準」や「放送局に係る表現の自由共

---

14 鈴木・山田・砂川編（2009）第2編Ⅰ。

有基準」に合致することが必要となる。総務大臣には、電波法72条、75条、76条に基づき、一定の構成要件に該当した場合に無線局の免許の取消し、電波の発射の停止、無線局の運用停止の権限がある。これらの規定により放送法、電波法ともに行政による事実上の介入の余地が生じることから欠陥だとの指摘もあり、政治から一定の距離をとることが可能な独立行政委員会に委ねるべきだとの議論も聞かれるが、現状では総務省がこれら2つの法律の所管官庁となっている。

また放送法第3条では「放送番組は、法律に定める権限に基づく場合でなければ、何人からも干渉され、又は規律されることがない」と規定して、放送番組編集の自由を保障している。ただし「公序良俗」「政治的公平」「事実をまげない報道」「多角的論点の提示」という番組編集準則（第4条1項）により、内容規制を課されている。さらに基幹放送事業者については、テレビ放送の編集にあたって「教養番組又は教育番組並びに報道番組及び娯楽番組を設け、放送番組の相互の間の調和を保つ」ことを求めている（第106条1項）。番組編集準則も番組調和原則も内容規制であり、新聞にこのような規制を課すことは憲法上許されないものと解されているため、特に番組編集準則については、違反を理由に運用停止や免許取り消しは行えず総務省は行政指導を控えるべき、とするのが通説とされている。しかし1993年の椿発言事件[15]に関連して、郵政省（当時）はそれまでの見解とは異なり、放送法に違反する事実があれば無線局運用停止を放送事業者に命じることができるとし、以降「厳重注意」や「注意」などの行政指導が繰り返された。この点については、放送行政が合議制ではなく独任制の大臣の権限とされており不当な介入を招く恐れがあるという問題もあるため、総務省による自制的運用を求める意見も多い[16]。

放送法第15条以下は、NHKの設立と目的などについて規定している。受信料収入に依存するため広告収入を獲得するための競合は避けられるもの

---

15 テレビ朝日の椿貞良報道局長（当時）が、民放連の会議で「非自民政権が生まれるよう報道せよ、と指示した」「55年体制を崩壊させる役割をわれわれは果たした」などと発言したとされる問題。
16 鈴木（2012）参照。

の、視聴者市場においては民間放送事業者の直接的な競争相手となる NHK を法的に担保している点で、新聞などのメディアとは大きく様相を異にする規定となっている。さらにインターネットの登場は、ニュース報道の分野で NHK と新聞との競争関係を刺激しているとの指摘もあり、「民業圧迫」という批判がなされることもある。

放送は経済的・技術的側面だけでなく文化や社会状況と密接な関係にあり、その変化に応じて放送制度の在り方は何度となく再検討を迫られてきた。ここでは 2011 年の放送法改正について、その背景と内容を確認しておこう。

(2) 2011 年放送法改正とその背景

2011 年 6 月に施行された「放送法等の一部を改正する法律」では、それまでの「放送法」「有線テレビジョン放送法」「有線ラジオ放送業務の運用の規正に関する法律」「電気通信役務利用放送法」の 4 つの法律が「放送法」に一本化された[17]。その発端は、小泉純一郎首相が「構造改革」を進めていた 2005 年頃の規制改革・民間開放推進会議にまで遡ることができ、そこでは通信と放送の融合に対応するため放送分野に新規参入を促すための諸施策が提言された。続いて竹中平蔵総務大臣主宰の「通信・放送の在り方に関する懇談会」が 2006 年 6 月に報告書を公表し、その後の政府与党合意において法体系の再編が 2010 年を期限として行われることが示され、紆余曲折の末に新放送法が成立することとなる[18]。なお同時に、NHK のガバナンス強化（経営委員会の権限強化）、マスメディア集中排除規制の緩和（認定放送持株会社制度の導入）などが盛り込まれ、これらは 2008 年の放送法改正で実現している。

新放送法では、「放送」の定義が「公衆によって直接受信されることを目的とする電気通信の送信（2 条 1 号）」と改正され、従来「無線通信」とされていたものが「電気通信」と変更されることにより、放送の範囲が有線を含むものにまで拡大された。また無線系と有線系のメディアを「放送」に統合

---

[17] 以下、「新放送法」と呼ぶ。
[18] この間の経緯については堀木（2012）が詳しい。

した上で、「基幹放送」と「一般放送」の区分が設けられた。具体的に基幹放送にあたるのは、地上テレビ、BS、東経110度CS[19]、AM、FM、短波による放送など、一般放送にあたるのは、その他のCS放送（通信衛星を使った放送）やケーブルテレビなどである。基幹放送は、放送の社会的な役割を確実かつ適正に果たすために規律されるという点で従来通りの規定であり、一般放送は、柔軟な周波数利用などを可能にすることによりサービス提供が市場原理に委ねられることが原則となる。

新放送法が1950年に制定されて以来60年ぶりの大改正といわれる原因の1つは、放送制度の原則が「ハード・ソフト分離」に転換されたことにある。具体的には、基幹放送の場合、放送局の「免許」（電波法4条）と放送業務の「認定」（放送法第93条）というハード・ソフト分離の事業形態をとることが制度上の原則となり、一方だけもしくは両方を手掛けるかを事業者が選択できるようになった[20]。

また、今まで省令で規定されていたマスメディア集中排除原則の基本的な事項が法定され、ある放送局を支配している者が放送局に出資する場合の2局目以降の議決権保有比率上限として、省令で定めることができる上限を「3分の1未満」と法律で定めた。旧制度で認められていた「ラジオ・テレビ兼営」や「認定放送持株会社の子会社放送局（12局相当まで可）」といった従来からの特例は継続された。その際、放送エリアに関係なく1事業者が支配・所有できるラジオ局数の上限は「4」とする、異なるエリアの放送局に対する議決権保有比率上限を従来の「20％未満」から「33.33333％」に引き上げる、などの規制緩和を行った。また一般放送に関するマスメディア集中排除原則が全廃され、地域におけるメディアの統合・再編も可能になった。他方、マスメディア集中排除原則の常時遵守を義務づけ、違反に対して総務大臣による行政処分を科すことを可能にするなどの規制強化も行われた[21]。

19　東経110度CSはBSと同じ東経110度に位置しており、受信のためにBSとアンテナを共用することができるため基幹放送に分類されている。
20　茨城放送（中波ラジオ局）が最初の分離型事業者で、2011年7月に総務省への申請を行い認可された。
21　なお、同じ資本が新聞やテレビなど複数のメディアを支配する「クロスメディア所有」規制の見直しに言及した付則については、国会審議の過程で削除された。

さらに従来からの番組調和原則に加え、総合編成によるテレビ放送について、放送番組の種別や種別ごとの放送時間量の公表を義務づけ、原則が遵守されているか否かを客観的に確認できるようにした。背景には近年の通販番組の増加があり、本規定は通販番組に総量規制を課すのではなく、公表義務を通じて番組選択を視聴者に委ねる際の判断基準を示し、放送事業者に自己抑制させることを期待しているとされる。いわば倫理的規定であり、その限りにおいては、放送事業者の表現の自由や営業の自由を直接的に制約することはない。しかしその運用によっては行政の関与を増すことにもなりかねず、今後その合理性や必要性を見直す必要があるとの指摘が憲法学者を中心になされている[22]。

新放送法に対しては、旧放送法の対象の「放送」を「基幹放送」とし残り3法の対象を「一般放送」としただけで、現行法の整理と技術進歩などの新たな事態に対処するための最低限の制度整備にとどまったとの批判もある。法改正を巡る一連の論議のなかでNTTとNHKの在り方についても除外されており、さらなる充実が今後の課題として残されている。

1-4 関連市場の動向

本項では放送市場に隣接する市場に焦点を当て、その動向を種々のデータに基づき確認することで、放送市場の相対的な位置づけと、メディア市場全般の近年の環境変化について確認することとしたい。

(1) 広告市場

メディア市場の規模を測定する際、供給側の視点から売上高や収益額を基準として用いる方法が一般的であるが、もう1つ、需要側である視聴者または利用者に対してどの程度インパクトを与えるか、という尺度を基準に測定する方法も考えられる。後者の代表的な市場として広告市場がある。

図1-8は2000年代の総広告費の推移と対GDP比を示している。一般に

---

22 時系列的に見ると種別ごとのテレビ番組放送時間は変動しているが、本規定に基づいて安易に規制を求める動きは極めて危険だと考えられる。

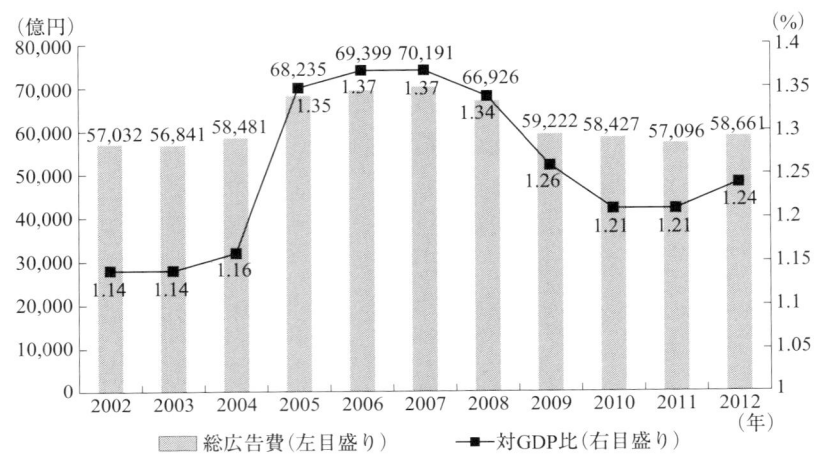

図1-8 広告費の推移と対GDP比

年	総広告費（億円）	対GDP比（%）
2002	57,032	1.14
2003	56,841	1.14
2004	58,481	1.16
2005	68,235	1.35
2006	69,399	1.37
2007	70,191	1.37
2008	66,926	1.34
2009	59,222	1.26
2010	58,427	1.21
2011	57,096	1.21
2012	58,661	1.24

出所：電通（2014）『日本の広告費』より作成。

広告費はその国の商慣習に強く依存しており、対GDP比は一定の範囲内で推移すると言われているが、この図では日本の広告費が対GDP比1.1～1.4%の間で推移していることを確認できる。2000年代は「小泉景気（2002年1月～2009年3月）」と大きく重なっているが、2008年2月の戦後最長の景気回復期（73カ月）まで対GDP比が上昇しており、その後低下している。一般に企業が景気後退期に最初に削減される費用として3K（交際費、広告費、交通費）が挙げられるが、図からはその様子を読み取ることができる。

図1-9は媒体別広告費の推移を示しているが、4大マスメディア（新聞・雑誌・ラジオ・テレビ）に衛星メディア関連、インターネットを合わせた広告費は全体の6割超を占めており、広告媒体として重要な位置を占めていることが分かる。また近年よく指摘されるように、インターネット広告費の伸びが著しいことも改めて指摘しておきたい。ただし新聞、雑誌、ラジオがシェアを落とす一方で、テレビの広告費シェアが依然として30%代を維持していることには注目したい。若者を中心としたテレビ離れが指摘されているが、少なくとも広告媒体としてのテレビはまだ有効な手段だと解されているようである。図1-10は、主要広告主に異なる目標を達成するのにどの広

図 1-9　4大マスメディア等の広告費割合の推移

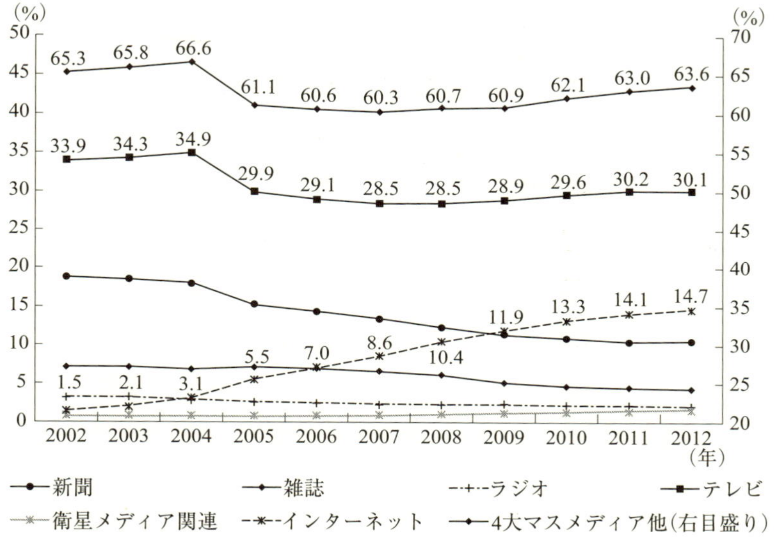

年	新聞	雑誌	ラジオ	テレビ	衛星メディア関連	インターネット	4大マスメディア他（右目盛り）
2002						1.5	65.3
2003						2.1	65.8
2004						3.1	66.6
2005				29.9		5.5	61.1
2006				29.1		7.0	60.6
2007				28.5		8.6	60.3
2008				28.5		10.4	60.7
2009				28.9		11.9	60.9
2010				29.6		13.3	62.1
2011				30.2		14.1	63.0
2012				30.1		14.7	63.6

（2002年 新聞33.9、2003年 34.3、2004年 34.9）

出所：電通（2014）『日本の広告費』より作成。

告媒体を重視するかを問うたものであるが、消費者に商品・ブランドや企業を広く認知してもらうためにはテレビを、理解を深めてもらうためにはインターネットを用いるというように、使い分けが行われている実態を伺い知ることができる。

　また「プロモーションメディア」が4割弱を占めつつ安定的に推移しており、近年でも広告媒体として重要な地位を占めている点にも着目したい。プロモーションメディアとは、ネオンサインやポスターボード等の屋外広告、チラシ等の折込広告、個々人あるいは法人宛に商品案内やカタログを送付するダイレクト・メールなどを指す。これらは伝統的手法であり、購買行動との因果関係を分析できるハイテクなものではないが、依然として重要な広告手段だと見なされている。特に広告の対GDP比が1.3％を超えた2005～2008年度はむしろ4大マスメディア他の割合が若干低下しており、プロモーションメディアの広告費割合が底上げしている点は興味深い点だと言えよう。

　図1-11は2012年度の広告費上位10業種のシェアを示したものであるが、

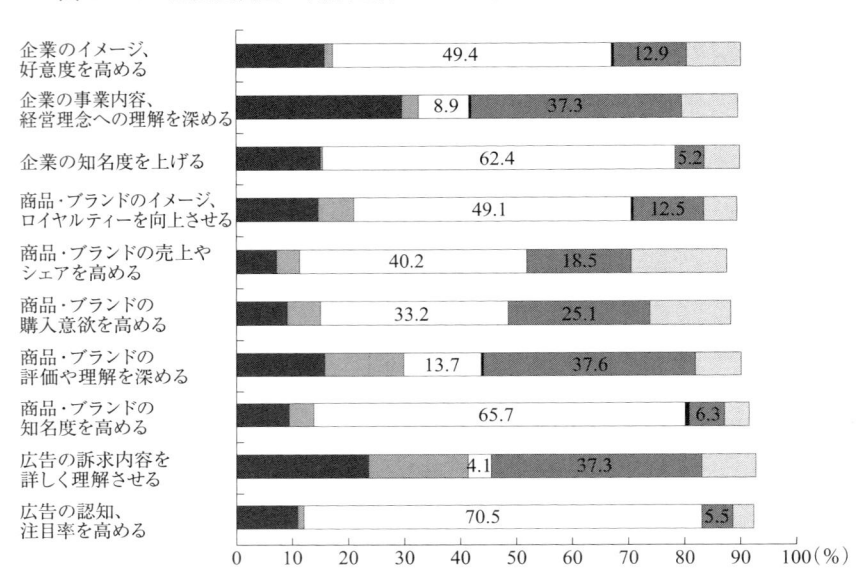

図 1-10　主要広告主が目標達成のために最も重視した媒体（2012 年度）

目的	新聞	雑誌	テレビ	ラジオ	インターネット	その他
企業のイメージ、好意度を高める			49.4		12.9	
企業の事業内容、経営理念への理解を深める			8.9		37.3	
企業の知名度を上げる			62.4		5.2	
商品・ブランドのイメージ、ロイヤルティーを向上させる			49.1		12.5	
商品・ブランドの売上やシェアを高める			40.2		18.5	
商品・ブランドの購入意欲を高める			33.2		25.1	
商品・ブランドの評価や理解を深める			13.7		37.6	
商品・ブランドの知名度を高める			65.7		6.3	
広告の訴求内容を詳しく理解させる			4.1		37.3	
広告の認知、注目率を高める			70.5		5.5	

出所：日経広告研究所編（2013）『広告白書 2013』より作成。

B to C（Business to Customer）と呼ばれる消費者向けの消費財を扱う業種やサービス業が多く含まれていることが分かる。この順位は最近 10 年では大きく変動していないが、4 大マスメディア別の広告費割合しか公表されておらず、インターネットへの支出額が不明なため正確な状況を把握することは難しい。広告費の統計区分は過去にも何度か見直しが行われているが、インターネットを主要な媒体として区分した上で、業種別の支出額公表を行うなど一層の充実が望まれる。

（2）新聞

　2012 年の日刊紙の総発行部数は 4,778 万部（前年比 98.8％）と、全国紙／地方紙、一般紙／専門誌の別を問わずほぼ減少を続けており、販売収入も出版や事業、受託印刷などのその他収入とともに微減傾向が続いている。なかでも深刻なのは広告収入の減少で、直近は 2005 年以降はじめて増加に転じ

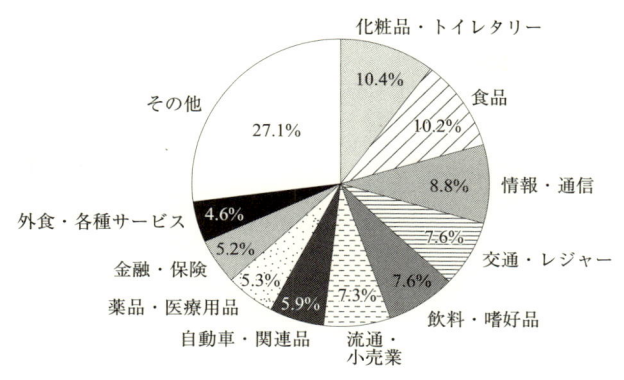

図1-11　業種別広告費のシェア

- 化粧品・トイレタリー 10.4%
- 食品 10.2%
- 情報・通信 8.8%
- 交通・レジャー 7.6%
- 飲料・嗜好品 7.6%
- 流通・小売業 7.3%
- 自動車・関連品 5.9%
- 薬品・医療用品 5.3%
- 金融・保険 5.2%
- 外食・各種サービス 4.6%
- その他 27.1%

出所：電通（2014）『日本の広告費』より作成。

たものの、2001年と比べて約5割強の水準まで落ち込んでいる（図1-12）。広告費上位10業種の媒体別広告費を、2000年度と比較して増減額を見てみると、雑誌とともに新聞の減少幅は顕著で、金融・保険業を筆頭に深刻な状況を読み取ることができる（図1-13）。なお2013年8月には約60年の歴史を誇る茨城県の常陽新聞社が準自己破産を申請のうえ廃刊し、現在では別会社が同名で発刊を行っている。発行形態別では夕刊単独の減少傾向が続いており、読者のライフスタイルの変化や配達の難しさなどから夕刊の休刊が増加している。1世帯当たり部数は0.88部となり、初めて0.9部を切った。新聞販売店の売上高および店数も、同様に減少傾向にある。

こうしたなか、インターネットを利用した電子新聞発行や紙面イメージの提供、携帯電話などへのコンテンツの外部提供を進めている。現時点ではそれほど大きな収入源とはなっていないが、諸外国の状況も鑑み、他メディアへの進出と連携は今後重要なカギになると考えられる。

(3) 出版（雑誌・書籍）

2012年の出版市場も減少を続けており、取次経由の販売金額は前年比96.4%となる1兆7,398億円であった。内訳を見ると、雑誌は9,385億円（前年比95.3%）と大きく減少し、書籍も8,013億円（前年比97.7%）と緩やかに

図1-12　新聞社総売上高の推移

年度	販売収入	広告収入	その他収入
2002	12,858	8,687	3,345
2003	12,747	7,709	3,265
2004	12,640	7,544	3,392
2005	12,573	7,550	3,674
2006	12,560	7,438	4,191
2007	12,428	6,646	3,416
2008	12,317	5,674	3,396
2009	12,087	4,785	3,152
2010	11,841	4,505	3,029
2011	11,642	4,405	3,487
2012	11,526	4,452	3,176

出所：電通総研編（2014）『情報メディア白書2014』より作成。

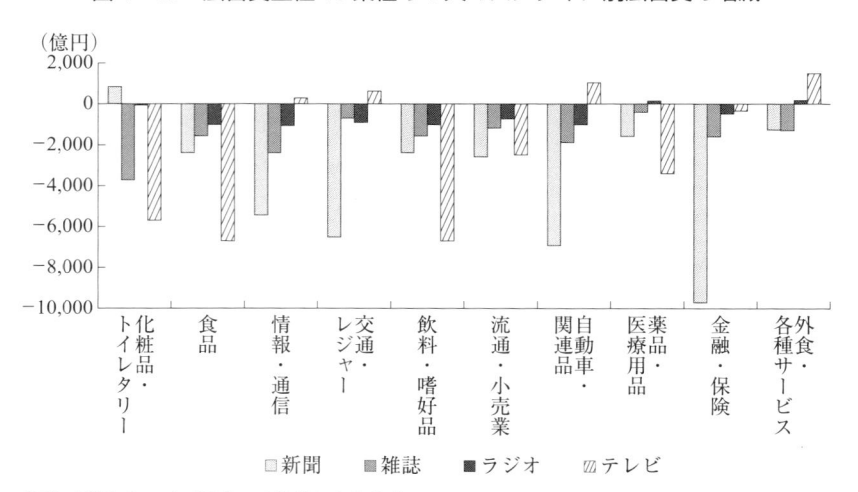

図1-13　広告費上位10業種の4大マスメディア別広告費の増減

（業種：化粧品・トイレタリー、食品、情報・通信、交通・レジャー、飲料・嗜好品、流通・小売業、自動車・関連品、医薬品・医療用品、金融・保険、外食・各種サービス／凡例：新聞、雑誌、ラジオ、テレビ）

出所：電通（2014）『日本の広告費』より作成。

図1-14　出版市場主要指標の推移

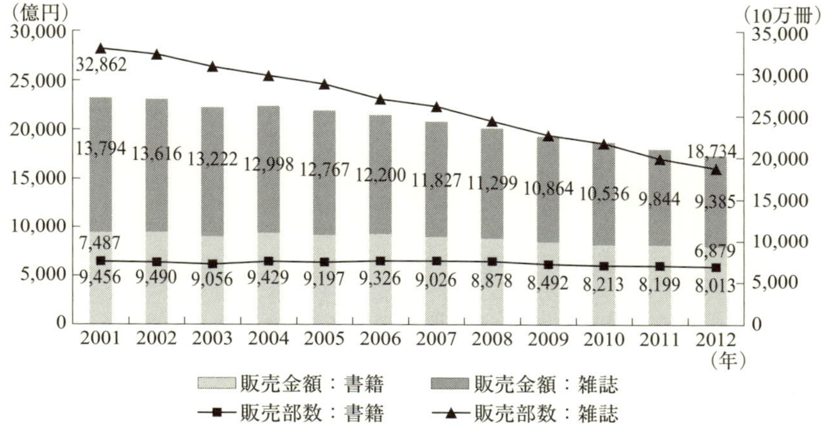

年	販売金額:書籍	販売金額:雑誌	販売部数:書籍	販売部数:雑誌
2001	9,456	13,794	7,487	32,862
2002	9,490	13,616		
2003	9,056	13,222		
2004	9,429	12,998		
2005	9,197	12,767		
2006	9,326	12,200		
2007	9,026	11,827		
2008	8,878	11,299		
2009	8,492	10,864		
2010	8,213	10,536		
2011	8,199	9,844		
2012	8,013	9,385	6,879	18,734

（億円）／（10万冊）

出所：電通総研編（2014）『情報メディア白書2014』より作成。

減少している。映像や版権、不動産収入まで含めた出版社の総売上高も減少傾向にあり、25,459億円と2001年と比べて62.1%まで落ち込んでいる（図1-14）。

　書籍・雑誌は新聞などとともに独占禁止法第2条第9項「不公正な取引方法」の適用除外として再販売価格維持制度が認められており、小売業者が消費者へ販売する際その価格が維持されている。仮に売れ残りが発生した場合は出版社に返品されることとなるが、2012年の返品率は、書籍が0.2%増の37.8%、雑誌が1.5%増の37.6%となった。書籍返品率は2009年の40.6%をピークに改善傾向となっていたが、これ以上の改善には至らなかった。一方雑誌の返品率は増加傾向にあり、2001年の29.4%と比べ8.2%も増加するなど不振が読み取れる。このように紙媒体の出版が縮小するなか電子書籍への期待が高まっており、政府支援による制作・流通両面での普及促進策も一部実施されインフラ面での整備は進んでいるが、電子化した書籍がすべて収益化に成功するわけではなく、必ずしも順調とは言えない状況にある。また電子書籍で購入できるのは「電子データを閲覧できる権利」であり、サービス終了に伴って購入した書籍は読めなくなるという問題も発生するおそれ

がある[23]。著作権保護のためにハードウェア・キー導入などの対策が当初からとられているが、特定の機器に縛られて可搬性が制限され、閲覧キーが損壊してしまえばまったく再生できず最悪では再購入する以外に手段がないなど、今後の利便性の面での課題も多く残されている。

　(4) コンテンツおよびサービス

　本項と次項で、ネットワーク・メディア時代に重要な意味を持つソフトとハードに関する市場動向を確認しておこう。

　ソフト、ここではコンテンツおよびサービスと呼ぶが、具体的には音楽・映像配信、電子書籍、オンラインゲームなどのデジタルコンテンツ、電子商取引、広告／クラウドサービス、電子マネー、SNSなど、インターネット上のコンテンツ・アプリ、サービス、プラットフォームを指す[24]。

　近年、スマートフォン、タブレットなど新たな情報通信端末の普及により、コンテンツ・サービス市場に変化が見られるようになっている。デジタルコンテンツの端末別売上構成では2012年にスマートフォン、タブレットを含むインターネット経由の売上が53.6%となり、初めてフィーチャーフォン経由の売り上げを上回った（図1-15）。また、モバイルコンテンツ市場においても、2012年にフィーチャーフォン経由市場が縮小傾向に転じる一方で、スマートフォン経由市場が前年比461.2%と急拡大している。内訳で見るとゲーム市場の成長が著しく、金額・シェアの両面で市場規模を拡大させる牽引役となっている。消費者向け電子商取引市場も順調に拡大を続け、2012年は9兆5,130億円と2005年の約2.75倍になり、利用率も92.1%と今後ますます拡大していくことが予想されている[25]。

23　1つの事例として、ローソンが運営するAndroid向け電子書籍配信サービス「エルパカBOOKS」が2014年2月24日にサービス終了となったが、購入済みの書籍がそれ以降読めなくなるという問題が発生した。今回はユーザーに購入代金相当の「Pontaポイント」で返金するという補償策がとられたが、すべての電子書籍配信サービスについて同様の措置がとられるとは限らず、問題となっている。
24　電通総研編（2014）の定義に基づいている。
25　経済産業省（2013）『平成24年度我が国情報経済社会における基盤整備（電子商取引に関する市場調査）報告書』。

第1章　ネットワーク・メディア産業の実態と特徴　35

図1-15　デジタルコンテンツ市場規模と端末別内訳

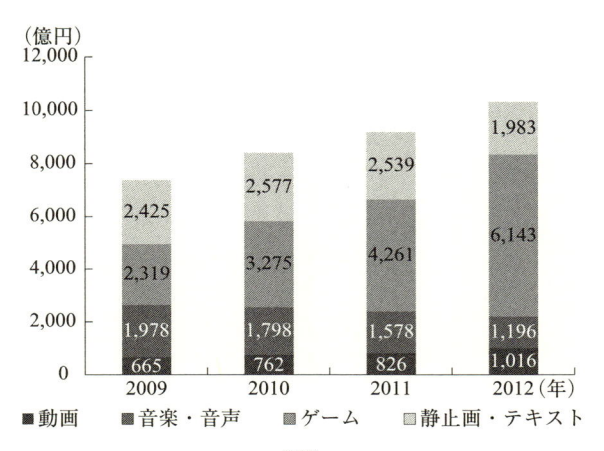

(億円)

年	動画	音楽・音声	ゲーム	静止画・テキスト
2009	665	1,978	2,319	2,425
2010	762	1,798	3,275	2,577
2011	826	1,578	4,261	2,539
2012	1,016	1,196	6,143	1,983

(2012年)

	金額(億円)	割合(%)	端末	金額(億円)	割合(%)
動画	1,016	9.8	インターネット	923	8.9
			フィーチャーフォン	93	0.9
音楽・音声	1,196	11.6	インターネット	348	3.4
			フィーチャーフォン	848	8.2
ゲーム	6,143	59.4	インターネット	3,857	37.3
			フィーチャーフォン	2,286	22.1
静止画・テキスト	1,983	19.2	インターネット	417	4.0
			フィーチャーフォン	1,566	15.1
合計	10,338	100.0		10,338	100.0

出所：デジタルコンテンツ協会編著（2013）『デジタルコンテンツ白書2013』より作成。

(5) 受像機・端末市場

　一方、ハード面の普及状況を示したのが表1-8である。

　2012年度末の一般世帯におけるテレビの世帯普及率は99%台とほぼ横ばいで推移しているが、ブラウン管の普及率、保有数量は減少しており、特に普及率は20%を切っている。

　光ディスクプレイヤー・レコーダーは普及率、保有数量ともに上昇してい

表 1-8 情報メディア関連機器の普及率と 100 世帯当たりの保有数量
（2012 年度末／世帯主年齢階級別）

一般世帯

	29 歳以下		30 ～ 59 歳		60 歳以上	
	普及率(%)	100世帯当たり保有台数	普及率(%)	100世帯当たり保有台数	普及率(%)	100世帯当たり保有台数
カラーテレビ	95.2	121.4	99.1	210.1	99.5	240.0
ブラウン管	7.1	7.1	17.9	23.9	20.1	27.4
薄型（液晶、プラズマなど）	95.2	114.3	96.1	186.2	96.7	212.6
光ディスクプレーヤー・レコーダー	73.8	119.0	91.5	169.9	67.5	125.5
DVD プレーヤー（再生機）	28.6	35.7	39.3	46.8	31.7	37.9
DVD プレーヤー（録再機）	33.3	40.5	50.5	63.6	41.3	51.5
ブルーレイプレーヤー・レコーダー	38.1	42.9	51.6	59.6	29.6	36.0
ビデオカメラ	42.9	42.9	61.2	67.1	26.8	29.7
デジタルカメラ	85.7	109.5	89.5	139.5	67.4	99.9
パソコン	73.8	97.6	91.6	160.3	68.0	104.8
携帯電話	100.0	207.1	99.2	278.0	91.7	203.4
ファクシミリ	16.7	16.7	60.9	62.4	56.4	58.0

単身世帯

	29 歳以下		30 ～ 59 歳		60 歳以上	
	普及率(%)	100世帯当たり保有台数	普及率(%)	100世帯当たり保有台数	普及率(%)	100世帯当たり保有台数
カラーテレビ	89.3	93.8	93.9	125.2	98.8	150.0
ブラウン管	8.0	8.0	20.7	24.3	17.2	21.5
薄型（液晶、プラズマなど）	83.9	85.7	81.7	100.9	89.1	128.2
光ディスクプレーヤー・レコーダー	57.1	69.6	73.0	106.3	39.5	59.6
DVD プレーヤー（再生機）	20.5	20.5	36.1	40.0	19.0	20.5
DVD プレーヤー（録再機）	22.3	22.3	30.0	32.6	22.2	25.4
ブルーレイプレーヤー・レコーダー	26.8	26.8	28.5	33.7	13.0	13.8
ビデオカメラ	3.6	3.6	10.7	12.2	9.4	10.4
デジタルカメラ	49.1	52.7	53.3	67.2	32.1	39.7
パソコン	81.3	102.7	66.3	92.2	26.7	32.6
携帯電話	99.1	109.8	96.1	108.7	70.5	73.6
ファクシミリ	1.8	1.8	25.4	26.1	27.5	27.9

出所：内閣府（2014）『消費動向調査（平成 25 年 3 月）』より作成。

図 1-16　主要情報メディア産業の市場規模割合（2012 年度）

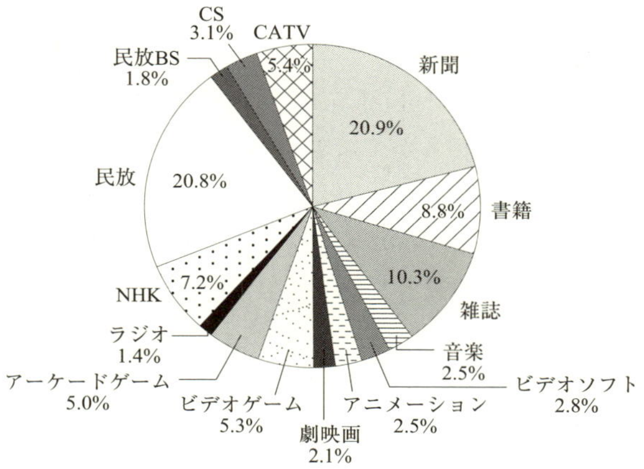

- CS 3.1%
- CATV 5.4%
- 民放BS 1.8%
- 民放 20.8%
- NHK 7.2%
- ラジオ 1.4%
- アーケードゲーム 5.0%
- ビデオゲーム 5.3%
- 劇映画 2.1%
- アニメーション 2.5%
- 音楽 2.5%
- ビデオソフト 2.8%
- 雑誌 10.3%
- 書籍 8.8%
- 新聞 20.9%

出所：電通総研編（2014）『情報メディア白書 2014』より作成。

る。内訳を見るとDVDプレイヤーの普及率および保有数量は減少傾向にあり、DVDレコーダーの普及率および保有数量は微増しているものの、利用者がブルーレイに移行しつつあることが伺える。一方で29歳以下の世帯におけるテレビの普及率は前年度末の100%から95.2%に減少しており、デジタルカメラ、パソコンの普及率がいずれも5%以上増えている。

　以上、主要情報メディア産業の金額ベースの市場規模を、電通総研編（2014）『情報メディア白書 2013』の表に基づいてまとめると図1-16のようになる。依然としてテレビメディアの市場規模が大きいものの、他メディアの割合も大きくなりつつあることが読み取れる。メディア産業自体の市場規模拡大は今後も続くと予想されるが、デジタル化やネットワーク化が進展すればソフトとハードの対応が崩れ、メディア産業内部でのパイの奪い合いも激しくなっていくことが予想される。その際どのメディアや企業が主導権を握るのか、また米国のように多くのメディアを保有する巨大なコングロマリットは日本でも成立するのか、今後大きな変化が予想される産業としてネットワーク・メディア産業は非常に興味深い対象だといえる。

2 ネットワーク・メディアの特徴

2-1 経済的特徴

　第1節でも述べたとおり、経済学的視点から見た場合、メディア産業は、情報財（知識財）を生産し何らかの媒体（メディア）を通じて消費者（需要者）に供給するサービスを提供していると考えることができる。そのうちネットワーク・メディアとは、情報の伝送に何らかのネットワークが利用されることが特徴であり、伝送サービスと情報財がセットとして提供（供給）されていると考えることができる。

　一般にネットワーク産業として通信や電力、郵便、交通、上下水道、金融などが挙げられるが、ネットワーク・メディアもこれらと同様の経済的性質を有することとなる。具体的には、コンテンツという「ソフト」に加え、受け手側が利用する端末といった「ハード」と対になって初めて利用可能になる。そして、それらがネットワークという「インフラ」を通じて提供されることから、これらの要素が個々に持つ経済的な諸性質が補完的に作用することとなり、「市場の失敗」をもたらす要因となる。以下で、ネットワーク・メディアの主な性質について検討していく。

（1）ネットワーク効果

　ネットワーク効果は外部効果の一種であり、正の効果と負の効果が存在する。いずれも「市場の失敗」の原因となるが、正の効果の場合にはネットワーク効果が存在しない場合の市場均衡に比べて過小に、負の効果の場合には過大になる。また、ネットワーク効果には直接ネットワーク効果と間接ネットワーク効果が存在する。いずれも利用者数の増加によって主体の効用が変化するという点では同様の効果であるが、直接ネットワーク効果は、主体の効用が財サービスの利用量以外に同サービスを利用する主体数に依存するのに対して、間接ネットワーク効果は、主体の効用は直接には補完的な財・サービスから影響を受けるものとされており、利用者数の変化が補完財数を変化させることで当該財・サービスの効用を変化させる、というプロセスをとる点で異なっている。

(2) 価値財

　情報財には知識財としての外部効果が存在しており、利用者の私的便益を集計しただけでは社会的便益を測定できないという考え方がある。そもそも情報や知識は、共有されることでさらに新たな情報財の生産に貢献するという側面が存在する。このような情報財の共有による再生産効果（教育効果）もしくは正の外部効果があることを考慮する場合、情報財は過小な水準しか供給されないことが知られている。このような「価値財」としての特性は、強制加入型と捉えることができる受信料に依存する公共放送を容認する根拠の1つと考えられてきた。

　ただし、情報財が私的供給では十分供給されないとしても、このことのみを根拠として公共放送の存在を肯定できるわけではない。また強制加入と一律負担によって価値財が抱える問題を解消することができるわけでもない。特に、公共放送が商業放送と併存する市場構造の場合、受信料という形で強制的に支払いを求めることに利用者の理解を得ることが困難であると考えられる。価値財的側面よりも費用負担に対応した便益の有無が強く意識されるようになれば、公共放送が供給するサービスは商業放送のそれに近づくことになる。しかしサービス内容が商業放送に近づくほど両者の相違が不明確となり、強制的な一律負担によってサービスを維持することの是非が問われる事態を招くというジレンマに陥ることになる。また、両者の内容が類似して視聴者獲得競争が激しくなると、民業圧迫との批判を招くこととともなる。

(3) 経験財

　放送事業者によって供給される財は無形の情報財もしくは知識財であり、技術などと同様に知識生産活動によって生産される財である。情報財もしくは知識財は、物理的な形を有する財とは異なる性格を持っていることが知られている。

　例えば、利用者は情報財を消費するまでその価値を把握することができないという意味で、「経験財」の性質を有している。情報財の利用にあたって、消費者は事前に財の価値を確認した上で行動を決定することが困難であり、消費後に初めてその内容および価値を確認することができる。逆に言うと、

消費者が価値の高い情報を事前に選択することは困難であり、情報財の需要には絶えず不確実性が伴うことになる。

　供給側の視点に立つと、生産した情報財がどれだけ需要されるか予想が立てにくく、一般的な財よりも販売面での不確実性が高くなる。このような不確実性を克服し一定の需要を確保するため、印刷、音楽、映画業界などのメディアでは予告などの広告宣伝活動に資源を大量に投入することとなる。また、単独のコンテンツだけでなく、放送局やアーティスト、映画制作会社全体に対するイメージが消費者行動に重要な役割を果たすことも多いことから、供給主体は「ブランド」や「評判」を確立するための活動にも注力することとなる。競合する供給主体が増加するにつれ消費者の関心が分散することから、このような活動のウェイトを費やす傾向はより顕著になると考えられる。

（4）市場の多面性
　メディア産業の特性として、「市場の2面性」が挙げられる。市場の2面性とは、供給主体が1つの財・サービスを提供するために複数の市場に直面することを意味する。例えば放送事業者は、そのサービスを提供するにあたり広告市場と利用者市場という2つの市場に直面することになるが、広告市場においては利用者が多くなるほど広告効果が高まるため、広告収入は視聴率やカバーしている利用者数といった利用者市場の状況と正の相関関係を有すると考えられる。一方利用者側にとっても、放送事業者の広告収入が多くなるほど利用者に対して低価格[26]でサービスを供給することが可能になるため、利用者の増加は広告収入の増加をもたらし、広告収入の増加は利用者料金の引き下げを通じて利用者の増加をもたらすという正の外部効果（間接ネットワーク効果）が存在することを意味しており、このような市場では、特定事業者に利用者の需要が集中する可能性があることを示唆している。

26　地上波民間放送のように視聴者から対価を徴収していない場合でも、番組の質の改善という形で利用者に便益をもたらすことが可能である。

(5) 需要の2面性

　メディア・サービスから得られる効用は量（時間）と質（多様性）の2つに依存するとともに、その利用については予算と時間の二重の制約が存在することが一般的である。「質」に対する考え方は必ずしも一様ではないが、ここでは選択可能な数（ラインナップ）が多いほど自己の選好に近い（マッチした）内容の番組を利用できる確率が高くなり期待効用水準が高まると考えられるため、チャンネル数など数の多さを想定することとする。従って利用者は、予算制約と時間制約のもと、サービスの利用時間と選択数を自ら効用を最大化するよう選択していると想定される。このような需要特性は他の財と当該サービスの需要構造を異なったものにしており、いわゆるコンテンツの充実が今後の課題となっているメディア産業全般にあてはまる興味深い性質となっている。

(6) 互換性

　互換性とは、ある部品や構成要素などを置き換えても同様に動作させることができる性質のことをいい、メディア・サービスの文脈では、あるメディアで流通しているコンテンツを別のメディアでどの程度利用可能かという性質のことを意味する。ネットワーク上のコンテンツ流通が容易になることにより、これまで以上に互換性を考慮に入れることが重要になってきている。

　互換性は利用者数、もしくは補完財の数に影響をもたらすことで、間接ネットワーク効果を生じさせる。互換性が達成されるか否かはネットワーク効果を含めて追加的に獲得される利潤により決定される。例えば、有料放送プラットフォームに見られるように、チャンネルのラインナップ数が多いほど加入者が増加し、加入者が多いほどラインナップが増加するという間接ネットワーク効果が存在する場合、均衡価格はそれが存在しない場合に比べて低下する可能性があるため、加入者獲得競争が激しくなる可能性がある。また、これら互換性の確保を行うインセンティブは、ネットワークの初期規模に依存することが知られており、それらを考慮に入れた場合の市場の状況について考察する必要がある。

(7) 規模の経済性および範囲の経済性

　ネットワーク・メディアで提供されるコンテンツは、規格品の量産とは異なり、制作にあたって人的資源が重要な役割を果たす労働集約的な財であるため、人件費を含む固定費が高い割合を示す傾向がある。一方、コンテンツは情報財であり消費の「非競合性」を有しており、ネットワーク上で流通するものは複製も比較的容易であることから限界費用は限りなくゼロに近くなる。従って利用者数増加に対して単位あたりコストが低下するという規模の経済性が強く働く産業となる。

　また範囲の経済性とは、企業が自らの持つ経営資源を共有しつつ複数の事業活動を行うことにより1事業単独で操業するよりも効率的な運営が可能になることを指す。ただしネットワーク・メディア産業においては事情がもう少し複雑で、放送や新聞・出版などに加え、インターネットや映画・音楽・ゲームなどを所有するメディア・コングロマリットの登場は、補完的関係にある複数の財・サービス市場に直面する課金や顧客管理などの業務を行うプラットフォーム事業者が、市場間のネットワーク効果を内部化する現象として捉えた方が正確だと考えられる。このような外部効果の内部化は社会厚生全体を大幅に増加させることにつながる可能性を持っているが、一方で超過利潤の存在を前提としており、独占力が維持されてしまうという短所も存在するため、競争環境確保との両立が問われることになる[27]。

(8) スイッチング・コスト

　現在使っている製品やサービスを別の代替財に乗り換える際にかかる総コストであるスイッチング・コストが存在すると、利用者が代替財に対してとる行動に影響を及ぼす。具体的には、2つの類似した財があった場合、スイッチングコストは両者の代替の弾力性をより低下させる効果をもつため、価格競争が弱められる。そのような状況下では、供給者が高い価格を設定できるため超過利潤をもたらすことになる。

---

[27] 現在、世界を代表するメディア・コングロマリットとして、タイム・ワーナー、ウォルト・ディズニー・カンパニー、ニューズ・コーポレーション、コムキャスト・NBCユニバーサル、バイアコム・CBS コーポレーショングループの5社が挙げられる。

(9) 即時消費性

ネットワーク・メディアで提供されるコンテンツは、生産と消費が同時に発生する「即時消費性」という特徴を有する。このような財・サービスにおいては、消費者が確度の高い情報を事前に獲得することは難しく、消費時にはじめてその内容や品質を知ることになるため、たえず不確実性が伴うことになる。

一方、利用者はメディア・サービスをいつ必要とするかを事前に計画しないことが多い。従って、必要なときに利用できるかという利用可能性も問われることとなる。消費者は今すぐ消費をしなくとも、将来消費するかもしれない可能性を考慮してオプションを残しておくことが必要になってくるため、サービス提供者としては多くの選択肢を提供することが重要な課題となり、メディア産業の競争上の性質の1つを形成していると考えられる。

(10) 非排除性と非競合性

メディア産業において提供される情報という財・サービスの場合、ある主体が消費したことによって他の主体の消費が妨げられないという消費の「非競合性」と、他の利用者が対価を支払うことなく消費することを妨げることが困難という消費の「非排除性」を有していると考えらえる。その意味で公共財と同様の経済的特性を備えており、効率性を達成するためには限界便益の和が限界費用と等しくなるという条件が成立しなくてはならないと考えられる。仮に純粋公共財と同様の性質を有する財の場合、市場メカニズムを通じた資源配分では供給が過小となることが知られており、需要者が多くなるほどこの問題は深刻となる。このような性質を有することが、放送サービスの供給が受信料や広告収入に依存している根拠の1つともなっている。

(11) ソフトとハード・インフラの補完性

情報財はそれ自体単独で利用者に供給可能となるわけではなく、受信端末などのハードやアクセス網などのインフラが伝送手段として必要になる場合が多い。ここで伝送や端末などの補完財は、情報財とは異なり等量消費が可能ではなく、利用者数の増加に対する社会的限界費用は正であると考えられ

る。このため、メディア産業のサービスは、クラブ財の側面を有していると考えられる。クラブ財の供給においては、利用者数と情報財の利用量を同時に制御する必要が生じるが、ハードの供給主体とソフトの供給主体が同一ではなく分離している場合は、各供給主体の利潤最大化の解が互いに整合的である保証はない。

2-2　ネットワーク技術の変化による影響

　ネットワーク・メディアは、ネットワーク技術の変化によってもその経済的性質に影響を受ける。特にインターネットの普及と高速化によってメディア産業への進出が可能となり、情報伝送手段の希少性が緩和されるとともに、メディアの双方向化も進んでいることがもたらした変化は大きいと考えられる。

（1）無線化の影響——アクセス手段の多様化と競争進展

　有線伝送路はアクセス網の自然独占問題を生じさせやすいのに対して、無線アクセス網については比較的小規模の事業者でもサービス提供が可能であるため、多数事業者による競争が促進され、ボトルネック独占問題の深刻度を緩和した。さらに利用者に対してはモビリティという付加価値を提供することとなり、移動時間をより有効に活用できるようにして時間制約を緩和したことで、メディア・サービス利用量拡大の一助となっていると考えられる。

（2）IP化の影響——ネットワークの共有・共用の促進

　従来の回線交換網はネットワークリソースの占有を前提としていたため、利用者はネットワークの占有に対して対価を支払う必要があり、占有時間が増すほど（利用量が増えるほど）料金支払いが上昇するという従量料金を課すのが一般的であった。一方IPネットワークでは、複数の主体がリソースを共有することを可能とし、ネットワーク利用の費用を低下させることに貢献した。またネットワークリソースの共同利用は、ネットワーク利用の排除性・競合性を根拠とした従量料金体系から、資源の共有（非排除性・非競合性）を前提とする定額料金制への移行を促すことにもなった。このように、

IP化はネットワークの共有を可能とすることで利用費用を大幅に低下させ、ネットワークの公共財的な性質を強化することになった。

(3) 共有と競争の両立

ネットワークリソースの共有化・公共財化はネットワーク利用の費用を大幅に低下させることに貢献したが、当該資源の配分と費用負担に関して改めて問題を提起することになった。具体的には、ネットワーク投資のための固定費用の回収方法（フリーライド問題の解決）、ネットワークリソースの利用（配分）条件（料金徴収問題）などである。

ネットワークスのオープン化・共有化は社会厚生の最大化を可能にするが、非排除性の性質を持つことから過剰消費などのいわゆる「共有地の悲劇」をもたらす可能性があるとともに、インフラ構築費用（投資）の負担を巡って「ただ乗り」の誘因も存在し、資源の構築維持にかかる固定費用の回収を困難にもする。このため利用者の適切な費用負担ルールを構築する必要がある。また、ネットワークサービスは外部効果を有することから、これら外部効果による市場の失敗問題についても検討が必要となる。

2-3 ネットワーク・メディアと民主主義・倫理

メディアは情報財を生産し消費者に広く伝える機能を有していることから、主要なメディアは社会的影響力も大きく、また公共性や倫理的判断も重視されてきた。ネットワーク・メディアに分類されるものすべてが現時点でそれらに該当するわけではないが、今後の社会における位置づけによっては容易に変わりうるものである。またこうした公共性や倫理的判断を重視した行動はメディア企業の活動そのものにも影響を及ぼし、結果的に利潤獲得に代表される経済活動にまで影響が及ぶことにもなる。本節の最後に、メディア本来の役割について簡単に触れておこう。

(1) メディアと民主主義

健全な民主主義社会の発展もしくは世論形成にあたり、メディアが重要な役割を担うことは言うまでもない。過去の歴史を振り返れば明らかであるよ

うに、メディアによって供給される情報や知識の内容次第で、「世論」と呼ばれる社会総体の意向が大きく影響を受ける。メディアによって提供される情報が恣意的に歪められるという積極的な操作はもとより、メディアによる情報の取捨選択によって消極的にその内容が操作されることもありうる。このようにして形成された「世論」と呼ばれる社会総体の意向が、必ずしも適切な内容として形成されるとは限らない。4大メディアと呼ばれるテレビ・新聞・ラジオ・雑誌については、このような指摘が特にあてはまるメディアだと言えよう。

一方でメディアの社会的な役割を強調するあまり、ジャーナリズム的精神や報道・言論の自由といった精神論に基づく議論が優先され、メディア産業の経済的構造と民主主義の発展や世論形成の関係について十分な検討が行われてこなかったことも否定できない。仮に、情報の供給方法や情報提供主体が独占的であれば、世論は特定の意図的選択を反映しかねない。憲法上の表現の自由に基づき、基本的にはメディアは自由な情報提供を行うべきであり、情報の選択は最終的には個人に委ねられる。情報の偏在の懸念を除くには、可能な限り多くの情報流通経路と情報供給主体が存在することが重要となる。

さらに、多数のメディアが存在することだけでは十分ではない。ホテリングの最小差別化定理が指摘するように、広告放送のような利用者数の最大化を行う企業によって提供される情報の内容は、その違いが最小化され、いずれも類似した内容となってしまう可能性が指摘されている[28]。また先述のように、情報という消費の非競合性が成立する財を取り扱うこと、ネットワークという費用逓減性を有するインフラサービスが必要となることなどから、複数の異なるメディア間で連携や統合、共用という動きも見られるようになる。

28　これは二大政党制において、得票を最大化しようとする政党の政策が類似してしまうというといった事実などの説明にも利用される。具体的には、利用者（需要者）が直接対価を支出することなく選択を行う場合、供給者は利用者数最大化のためには、競合相手と類似したサービスの供給することが最も望ましい戦略となるというものである。ただし、これら最小差別化定理については、利用者が一定の対価を支払う場合や供給主体が多数となる場合には必ずしも当てはまるわけではなく、一般化された状況下では明確な結論は得られていない。

多数のメディアが多様な情報を供給するためには、情報やネットワークインフラが共有・共用され、社会に開放（オープン化）されなければならない。このような共用・共有もしくは開放とは、極めて経済的な問題であり、私的所有権を前提とする市場主義経済メカニズムにより自発的に解決することが困難な問題である。この意味で、ネットワーク・メディア産業の問題は、市場メカニズムと公共性の両立という古くて新しい論点を改めて問い直しているとも言える。

(2) メディアと倫理

報道の自由や言論の自由を含む政府からの表現の自由は民主主義の基本原則の1つであり、近代憲法のなかで共通の権利として保障されているが、記事を入手するための行動については道義的制約が課せられている。またジャーナリズムの主要な役割に「権力の監視」があり、監視の対象である国家権力にルールの制定・運用を委ねることは不適切なことから、できる限り法律ではなく自主的に決めた倫理基準によって行われるべきだと考えられている。代表的なものとして日本新聞協会が定める新聞倫理綱領、新聞販売綱領、新聞広告倫理綱領および新聞広告掲載基準、日本民間放送連盟（民放連）とNHKが共同で作成した放送倫理基本綱領、第三者機関である放送倫理・番組向上機構[29]、民放連による放送基準、報道指針などが挙げられる。新聞・放送局というメディアも民間企業であり、販売や広告といった本来自由競争に委ねるべき経済分野の事項についてまで、自主的に規制している点に着目したい。

さらにネットワーク・メディアのなかで主要な役割を担っている放送に関しては、放送法において「放送による言論・表現の自由」と「放送の自律」を国が保障する一方で、主に「公共の福祉」のもと、放送事業者に対して「自主的に放送番組の適性を図る責務」を負わせており、新聞や雑誌などの活字

29　英語表記は Broadcasting Ethics & Program Improvement Organization で、一般に「BPO」として知られている。委員はNHKや民放連からの推薦などで選ばれているため、独立機関であるものの馴れ合いの温床になる恐れが指摘されており、法的拘束力がないなどの問題もある。

媒体とは大きく異なる点となっている。また後述する番組編集準則・番組調和原則といった規定も設けられており、放送が言論・報道機関であることから「自律的倫理規定」と解されるのが通説であるが、「行政指導」の名目で番組内容に対する干渉も多々行われてきている。この点、すでに述べたインターネットなどの普及と高速化によって情報伝送手段の希少性が緩和されつつあることは、このような倫理規定の適用範囲や強度を再考する契機ともなりうる出来事であり、ネットワーク・メディア産業全般の自由度を増す可能性もあると言えるだろう。

第2章
等量消費性

1 情報財の等量消費性

　第1章で述べたように、放送サービスによって提供されるコンテンツなどの情報財（information goods）は「消費の非競合性」を有している。このことは、情報財が公共財と同じ経済的特性を備えていることを意味する。
　通常、等量消費性（消費の非競合性）を有する財は、利用者の限界効用（便益）の和が財の限界費用と等しくなる水準に決定されることが資源配分上望ましい。また、利用者が増加するほど、財の社会的限界効用は増加するため、利用者数の増加に伴う限界費用がゼロであれば[1]、正の限界効用を有するすべての主体が財を消費できることが望ましいことになる。
　一方、利用者が情報財に対して感じる効用（支払意思）は多様であり、差も大きいことが一般的である。効用が高い主体が存在する一方で、効用の低い（場合によってはゼロ）主体も存在する。また、効用は高いが利用者の数は少数の場合もあれば、効用は低いが利用者の数は多数の場合もある。効用の高低と利用者の数は必ずしも連動しない。このように利用者の効用に差が存在する状況で、排除を避けつつ課金を行うには、効用に応じて異なる価格を課す必要がある。具体的には、利用者の限界効用に応じて価格差別を行う必要がある。
　一方、限界効用に応じた価格差別を行うには、供給主体が消費者の効用について十分な情報を有するとともに、価格差別を維持できる環境が整備されている必要がある。供給主体が消費者の効用についての情報を有していない

1　これは情報財の追加的供給のための生産費用がゼロであるということではない。

状況で課金を行う場合は、利用者の効用と負担の間に乖離が生じる。効用に対応しない課金は排除をもたらすことになり、社会厚生上望ましくはない[2]。

また、仮に利用者の限界効用に関する情報欠如の問題を回避できたとしても、価格差別が維持されるためには、有償無償を問わず利用者間で情報財を転売できないことが必要となる。しかしながら、デジタル化やインターネットの発展によって情報財の複製による転売が容易となっており、これを阻止することは難しい。このような状況では、情報財の供給量もしくは利用者数について、社会的に望ましい水準を確保できない（過小となる）可能性がある。特に利用者が多くなるほどこの問題は深刻となる。

このように、情報財などの等量消費可能な財の供給については、市場の失敗の可能性があることが古くから指摘されてきた。しかしながら、消費の強制性がなく対価を支払った利用者にのみ供給が行われる場合は、望ましい資源配分が達成される余地はある。排除が可能な等量消費財は通常「クラブ財（Club Goods）」と呼ばれる。有料放送はクラブ財の一種と考えることができる。以下では、クラブ財として情報財が供給される場合の特徴について検討する。

2　独占供給の場合

2-1　消費者の効用が同一の場合

はじめに、情報財の供給主体（クラブ）が1つで、情報財に対する効用に関して消費者間で差がないケースを検討する。

情報財の量をSとし、すべての利用者は同一の効用関数$U(S)$を有していると仮定する。サービスの潜在的な利用者の数を$\overline{N}$とし、情報財はクラブの加入者にのみ供給されるとする。情報財の供給費用を$C(S, N)$とし、費用は情報財の供給量と利用者数に依存するとする。ただし、当面は利用者数の増加に伴う限界費用はゼロとし、また情報財の供給費用は固定費用ゼ

---

[2]　一方、一律価格によって強制的に費用を回収する場合は、課税による公共財の供給費用の回収と同じ問題が生じることになる。

ロ、限界費用は一定と仮定する。このとき社会余剰は

$$W = U(S)N - C(S, N)$$

社会余剰最大化の一階条件は

$$\frac{\partial U}{\partial S}N = \frac{\partial C}{\partial S} \qquad (2-1)$$

$$U(S) = \frac{\partial C(S, N)}{\partial N} \qquad (2-2)$$

となる。(2-1) 式より、社会余剰を最大にする情報財の供給水準 S^W は、全ての利用者の限界効用の合計が情報財の限界費用と等しくなるという条件を満たす必要があることが示されている。これはサミュエルソン条件と呼ばれるものである。一方、(2-2) 式は最適な利用者数に関する条件を示している。利用者数の増加に対して追加的な費用が発生しないのであれば、$\partial C/\partial N = 0$ となるため、(2-2) 式はすべての消費者が情報財を利用可能な状況（排除がない状況）が望ましいことを意味する。なお、(2-2) 式が等号で成立するためには、利用者の効用が異なることを仮定するか、もしくは利用者の増加に対する限界費用が正でかつ増加すると仮定する必要がある。

次に、上記の条件が、私的供給によって満たされるかを確認する。まず、利用者は効用が支出額 E を超過するのであればクラブに加入するとする。すなわち

$$V = U(S) - E \geq 0 \quad \text{クラブに加入して情報財を利用}$$
$$V = U(S) - E < 0 \quad \text{クラブに加入しない}$$

とする。なお、支出額 E は

$$E = pS + F$$

であり、p は限界料金、F は固定料金とする。

一方、情報財供給者の利潤は

$$\pi = EN - C(S, N) = (pS + F)N - C(S, N)$$

とする。この場合、利潤最大化の一階条件は

$$\frac{\partial \pi}{\partial S} = \left[\frac{\Delta p}{\Delta S}S + p\right]N - \frac{\partial C}{\partial S} = 0 \qquad (2-3)$$

$$\frac{\partial \pi}{\partial N} = (pS + F) - \frac{\partial C}{\partial N} = 0 \qquad (2-4)$$

となる。供給主体が独占環境にある状況で、利用者の効用について情報を有しているのであれば、

$$V = U(S) - E = U(S) - (pS + F) = 0$$

が成立するため

$$p = \frac{U(S) - F}{S} \qquad (2-5)$$

となる。このため

$$\frac{\Delta p}{\Delta S} = \frac{\frac{\Delta U(S)}{\Delta S}S - U(S) + F}{S^2} \qquad (2-6)$$

となる。(2-5)式と(2-6)式を一階条件(2-3)式に代入すると

$$\frac{\partial \pi}{\partial S} = \left[\frac{\frac{\Delta U(S)}{\Delta S}S - U(S) + F}{S^2}S + \frac{U(S) - F}{S}\right]N - \frac{\partial C}{\partial S} = 0$$

すなわち

$$\frac{\partial \pi}{\partial S} = \frac{\Delta U(S)}{\Delta S}N - \frac{\partial C}{\partial S} = 0 \qquad (2-7)$$

となる。

(2-7)式はサミュエルソン条件であり、独占供給であったとしても、情報財の資源配分上の効率性は確保されることを意味する。すなわち

$$S^{M*} = S^W$$

となる。また利用者数の増加に対して費用が発生しない以上、$\partial C/\partial N = 0$ であるから、(2-4) 式の限界利潤は常に正となるため

$$N^* = \overline{N}$$

が満たされる。すなわち私的供給であっても、すべての消費者が情報財を利用可能な状況となる。

なお、独占均衡における限界価格は

$$p^{M*} = \frac{1}{\overline{N}} \frac{\partial C}{\partial S}$$

消費者の総支出額 E^{M*} は

$$E^{M*} = p^{M*} S^{M*} + F^*$$

となるため（図 2-1）、余剰は全て生産者余剰となり、消費者余剰はゼロとなる（図 2-2）。

上記のモデルでは、供給主体が消費者の効用を把握していれば、たとえ独占環境であっても、社会余剰を最大にする供給水準 S^* が達成可能であることが示されている。なお、情報財に対する消費者の効用に差異を仮定していない以上、価格差別は必要ではないが、供給主体と消費者の間に情報の非対称性がないことが、情報財の最適な供給のために必要であることを意味する。

2-2 効用の異なる消費者が存在する場合

次に、消費者間で効用に差異が存在するという一般的な状況で、情報財の私的供給がどのような課題を抱えるかを確認する。情報財に対して消費者が感じる効用が異なる状況を前提として、価格差別可能なケースと価格差別が不可能（一律価格）なケースに分けて検討する。

仮に、供給主体と消費者の間に情報の非対称性が存在せず、供給主体が消費者の効用を把握し、かつ情報財の転売が不可能であれば、価格差別を行うことが可能となる。このとき、独占環境であっても、利潤最大化行動の結果は、社会余剰を最大にする資源配分条件と整合的となる。

図2-1　独占均衡

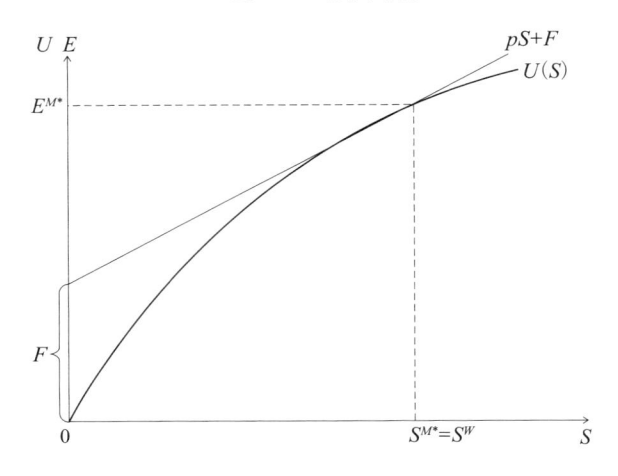

図2-2　独占均衡下の余剰

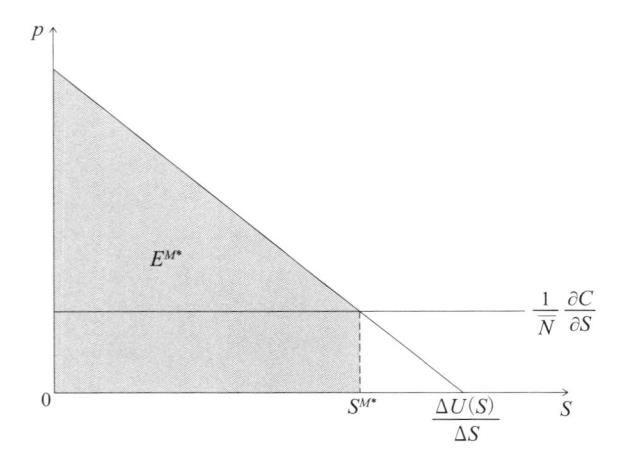

消費者間に効用の差異が存在する場合の社会余剰は

$$W = \sum_{i=1}^{N} U_i(S) - C(S, N)$$

社会余剰最大化の一階条件は

$$\frac{\partial W}{\partial S} = \sum_{i=1}^{N} \frac{\Delta U_i}{\Delta S} - \frac{\partial C}{\partial S} = 0$$

$$U_N(S) = \frac{\partial C}{\partial N}$$

となる。なお、一般的に

$$U_1(S) > U_2(S) > \cdots\cdots > U_{\overline{N}}(S) > 0$$
$$MU_1(S) > MU_2(S) > \cdots\cdots > MU_{\overline{N}}(S) > 0$$

が成立するものとする。以下では、単純化のために異なる効用を有する消費者が2人存在するとする（$N=2$）。

$$U_1(S) > U_2(S) > 0$$
$$MU_1(S) > MU_2(S) > 0$$

また消費者は

$$V_i = U_i(S) - E_i(S) = U_i(S) - (p_i S + F_i) \geq 0 \qquad i=1,\ 2$$

の場合に、クラブに加入して情報財を消費するとする。

2-3 価格差別が可能な場合

供給事業者は独占環境にあり、かつ、それぞれの消費者に対して価格差別を行うことが可能であるとする。この場合の利潤は、

$$\pi = E_1 + E_2 - C(S) = (p_1 S + F_1) + (p_2 S + F_2) - C(S, N)$$

となる。利潤最大化の一階条件は

$$\frac{\partial \pi}{\partial S} = \left[\frac{\Delta p_1}{\Delta S} S + p_1\right] + \left[\frac{\Delta p_2}{\Delta S} S + p_2\right] - \frac{\partial C}{\partial S} = 0 \qquad (2-8)$$

$$\frac{\partial \pi}{\partial N} = E_2 - \frac{\partial C}{\partial N} = 0 \qquad (2-9)$$

となる。独占環境のもとでは

$$V_i = U_i(S) - (p_i S + F_i) = 0$$

を満たすように価格が設定されるため

$$p_i = \frac{U_i(S) - F_i}{S} \qquad (2-10)$$

となる。このため

$$\frac{\Delta p_i}{\Delta S} = \frac{\frac{\Delta U_i(S)}{\Delta S} S - U_i(S) + F_i}{S^2} \qquad (2-11)$$

となる。(2-10) 式と (2-11) 式より、(2-8) 式の各項は

$$\left[\frac{\Delta p_i}{\Delta S} S + p_i\right] = \left[\frac{\frac{\Delta U_i(S)}{\Delta S} S - U_i(S) + F_i}{S^2}\right] S + \frac{U_i(S) - F_i}{S} = \frac{\Delta U_i(S)}{\Delta S}$$

となるため、これを考慮すると、(2-8) 式の利潤の一階条件は

$$\frac{\partial \pi}{\partial S} = \frac{\Delta U_1(S)}{\Delta S} + \frac{\Delta U_2(S)}{\Delta S} - \frac{\partial C}{\partial S} = 0$$

となる。これは限界効用の和が限界費用に等しいことを示しており、消費者の選好が異なる場合のサミュエルソン条件である。

一方、先ほどと同様、利用者の増加に対して追加的な費用が発生しない以上、(2-9) 式の限界利潤は常に正となるため、

$$N^* = \overline{N} = 2$$

となる。

なお、均衡における限界価格は

$$p_1^* = \frac{MU_1}{MU_1 + MU_2} \frac{\partial C}{\partial S}$$

$$p_2^* = \frac{MU_2}{MU_1 + MU_2} \frac{\partial C}{\partial S}$$

各消費者の固定価格は

$$F_i^* = U_i(S^*) - p_i^* S^*$$

となる。結果として、各消費者の総支出額は

$$E_1^* = p_1^* S^* + F_1^*$$
$$E_2^* = p_2^* S^* + F_2^*$$

となり、いずれも $V_1^* = V_2^* = 0$ となる（図2-3、図2-4）。

以上のように、消費者の効用に差異が存在しても、供給主体が消費者の効用について十分な情報を有し、価格差別を行うことが可能であれば、独占供給でも社会余剰を最大にする供給水準 S^* が確保されることが期待できる。ただし、先ほどと同様に、消費者の純余剰はゼロとなり、すべての余剰は生産者余剰となる。

2-4 価格差別が不可能な場合

次に価格差別を行うことができず、すべての利用者に同一の価格しか課すことができないケースを検討する。価格差別ができないことは、情報財の供給に係る費用を効用に応じて利用者間で分担できないことを意味する。供給主体は消費者1および消費者2のいずれか一方の効用に対応した価格を設定するとする。この場合、以下のようなケースが考えられる。

　　ケース①　　$MC_s > MU_1 \geq 2MU_2$ の場合
　　ケース②　　$MU_1 > MC_s > 2MU_2$ の場合
　　ケース③　　$MU_1 > 2MU_2 > MC_s > MU_2$ の場合
　　ケース④　　$2MU_2 > MU_1 > MC_s > MU_2$ の場合

各ケースを図で示すとケース①は図2-5、ケース②は図2-6、ケース④は図2-7のようになる。いずれのケースでも、$E = U_1$ とした場合は、消費者1は加入を選択するが、消費者2は未加入を選択する。一方、$E = U_2$ とした場合は、消費者1、消費者2ともに加入を選択することになる。

　ケース①の場合、$E = U_1$、$E = U_2$ のいずれのケースでも利潤は負となるた

図 2-3　価格差別のもとでの独占均衡

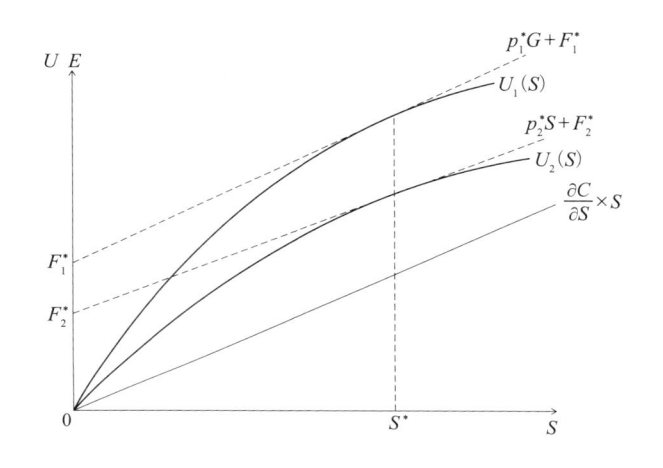

(図：縦軸 U, E、横軸 S。曲線 $U_1(S)$, $U_2(S)$、直線 $p_1^* G + F_1^*$, $p_2^* S + F_2^*$, $\frac{\partial C}{\partial S} \times S$、点 F_1^*, F_2^*, S^* を表示)

図 2-4　価格差別のもとでの余剰

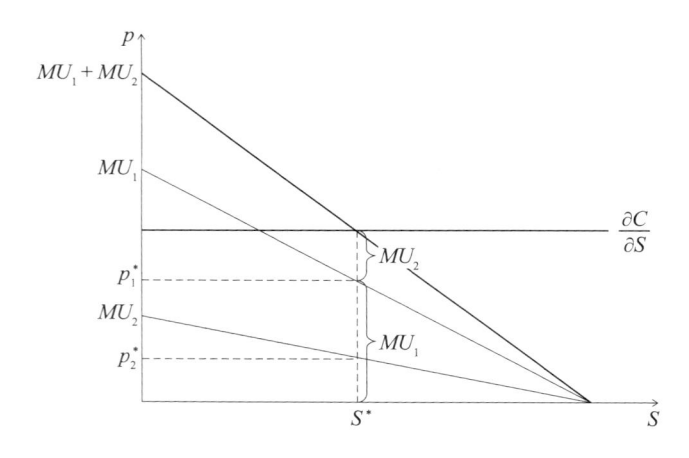

(図：縦軸 p、横軸 S。$MU_1 + MU_2$, MU_1, MU_2, $\frac{\partial C}{\partial S}$, p_1^*, p_2^*, S^* を表示)

め、社会余剰は正であるにもかかわらず、私的供給では情報財の供給は行われない。

ケース②の場合、$E = U_1$ とした場合は、私的供給によって情報財の供給は行われるが、消費者 2 は情報財を利用することができず、排除が生じる。また、財の供給水準は S^{1*} となり S^* を下回ることになる。一方、$E = U_2$ とし

図 2-5　ケース①の場合

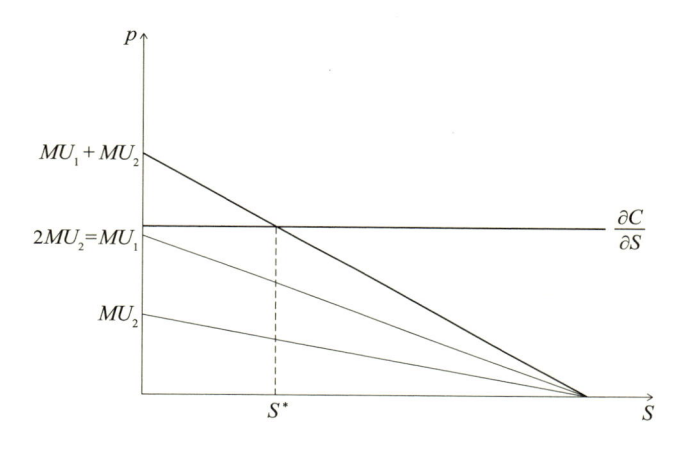

図 2-6　ケース②の場合

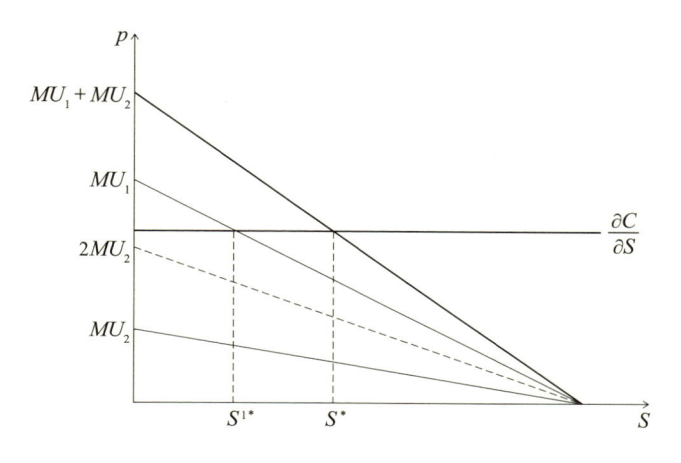

た場合は、利潤が負となるため、情報財の供給は行われない。ケース③の場合は、$E=U_2$ の場合でも、情報財の供給は可能となるが、供給水準 S^{2*} は S^* だけでなく、$E=U_1$ の場合の供給水準 S^{1*} も下回ることになる。なお、利潤は $E=U_1$ の方が高い水準となるため、独占供給のもとでは $E=U_1$ となる。

　ケース④の場合、$E=U_1$ とした場合は、情報財の供給水準は S^{1*}、$E=U_2$

図2-7 ケース④の場合

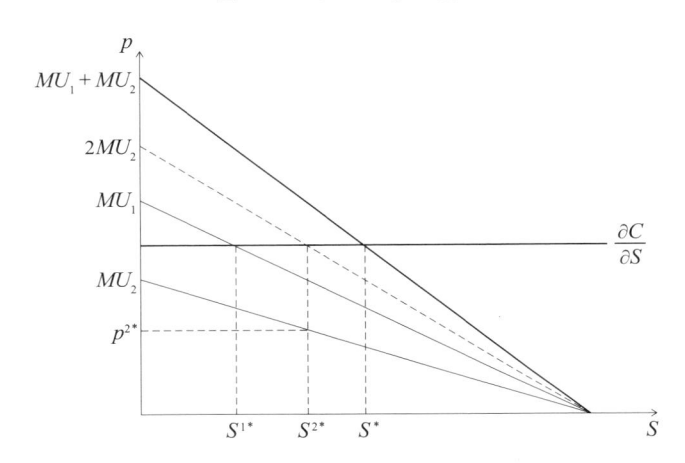

とした場合は、情報財の供給水準は S^{2*} となる。いずれも私的供給によって供給することが可能であるが、$E=U_2$ の方が利潤は高い値となるため、独占のもとでは $E=U_2$ となり、すべての利用者に対して情報財が供給されることになる（排除は生じない）。また、S^{1*}、S^{2*} のいずれも S^* を下回るが、$S^{1*}<S^{2*}$ となっている。

以上のように、価格差別を行うことができない状況でも、私的供給は可能であるが、いずれのケースも供給水準は S^* と比べて過小となる。また、各ケースの比較からわかるように、消費者1と消費者2の効用の差異が大きいほど、市場を通じた供給水準の S^* からの乖離は大きくなり、効用の低い利用者が消費から排除される可能性は高まる。逆に、両消費者の効用の差が小さければ、市場を通じた供給量は最適な水準 S^* に近づき、利用者の排除が生じる可能性も低くなる。

なお、一律価格のもとで利用者数および供給水準が過小となるのは、一般的な財の独占供給において供給量が過小になることと基本的に同じ理由による。すなわち、利用者を追加すると利用者1人当たりの収入が低下するため、私的供給では利用者数、供給水準ともに過小となる。ただし、等量消費可能な情報財の場合は、複数の供給主体が市場に存在したとしても、この問題を

解消できるとは限らない。この点については3節で改めて検討する。

2-5 消費者規模の効果

これまでは、各タイプの消費者の数は1人と仮定した。以下では消費者の規模（数）が増加することで、どのような影響が生じるかを確認しておく。タイプ1の消費者の数をN_1、タイプ2の消費者の数をN_2とする。この場合、社会余剰を最大にするための情報財の資源配分条件は

$$N_1 \times MU_1 + N_2 \times MU_2 = \frac{\partial C}{\partial S}$$

仮に、両タイプの消費者の数は同じ、すなわち$N_1 = N_2 = N$とすると

$$N \times [MU_1 + MU_2] = \frac{\partial C}{\partial S}$$

$$MU_1 + MU_2 = \frac{1}{N} \frac{\partial C}{\partial S}$$

となる。

一方、図2-8には、先のケース②の場合に、消費者規模（$N=2$）の増加が私的供給における均衡に与える影響が示されている。消費者の規模が増加したことによって、効用の低い消費者に対応した価格$E=U_2$でも、正の利潤を得ることが可能となっている。これは、等量消費可能な財が需要面で規模の効果を有していることを反映している。また、$E=U_1$の場合の情報財の供給水準S^{1*}、$E=U_2$の場合の情報財の供給水準S^{2*}のいずれも、$N=1$の場合よりも増加している。ただし、価格差別を行うことができず、いずれか一方の効用に合わせた価格を設定せざるえない場合は、利潤を最大にする独占的な供給主体は、価格を$E=U_1$に設定するという点に変わりがなく、結果、消費者2が情報財の消費から排除される点も同じとなっている。

消費者規模が増加することで、私的供給による情報財の供給量は増加し、利用者が情報財の消費から排除される問題も部分的に解消する可能性があるが（ケース①において消費者規模が2倍となった場合など）、異なる効用を有する消費者が存在するにもかかわらず価格差別を行うことができない以上、過小供給と排除の可能性は依然として残ることになる。

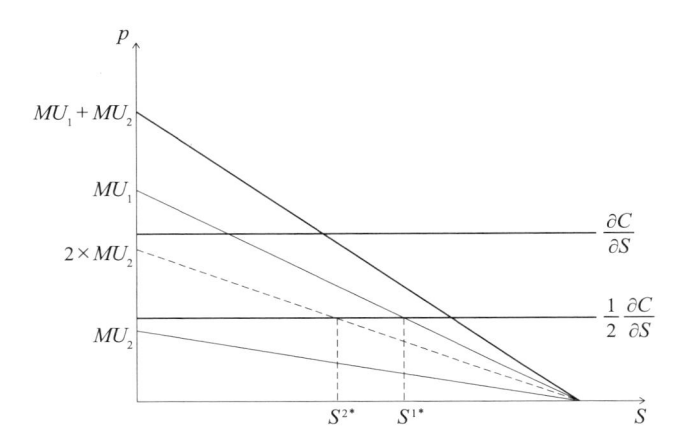

図 2-8　消費者規模の増加の影響（$N_1 = N_2 = 2$ のケース）

3　複数の供給主体が存在する場合

次に、等量消費可能な情報財の供給について、複数の供給主体が存在する場合を検討する。具体的には、供給事業者が2つ存在するとする。なお、複数の供給主体が等量消費可能な財を供給する状況としては、

A　複数の供給主体が、同一の情報財を生産して供給する
B　複数の供給主体が、情報財を互いに共有しつつ、同じ情報財を供給する
C　複数の供給主体が、異なる情報財を生産し、同一市場で供給する

の3つケースが考えられるが、以下では、各供給主体が生産する情報財が同一（完全代替）で、差別化されてないAの状況を検討する。

各供給主体の利潤を

$$\pi_i = E_i N_i - C(S_i) \qquad i = 1, 2$$

価格（支払額）を

$$E_i = p_i S_i + F_i$$

とする。一方、消費者は $\overline{N}$ 人存在するが、消費者間で効用に差はなく、同

じ効用関数を有しているとする。消費者の効用を

$$V = U(S_i) - E_i \quad i = 1, 2$$

とし、消費者は最も高い効用を得られるクラブに加入するとする。この場合、以下の3つの可能性が存在する。

ケース①　$V_1 > V_2$ の場合　$N_1 = \overline{N}$　$N_2 = 0$
ケース②　$V_1 < V_2$ の場合　$N_1 = 0$　$N_2 = \overline{N}$
ケース③　$V_1 = V_2$ の場合　$N_1 = \frac{1}{2}\overline{N}$　$N_2 = \frac{1}{2}\overline{N}$

ケース①とケース②は、いずれか一方の供給主体に利用者が集中する場合であり、ケース③は2つのクラブに利用者が均等に分散して加入する場合である。いずれのケースについても以下の利潤最大化条件

$$\frac{\Delta \pi_i}{\Delta S_i} = p_i N_i - \frac{\Delta C}{\Delta S_i} = 0 \qquad (2-12)$$

が成立する。一方、利用者は加入先を自由に選択することができるため

$$\frac{\Delta V_i}{\Delta S_i} = \frac{\Delta U(S_i)}{\Delta S_i} - \frac{\Delta E_i}{\Delta S_i} = \frac{\Delta U(S_i)}{\Delta S_i} - p_i = 0 \qquad (2-13)$$

が成立する。これを（2-12）式の一階条件に代入すると

$$\frac{\Delta U(S_i)}{\Delta S_i} N_i = \frac{\Delta C(S_i)}{\Delta S_i} \qquad (2-14)$$

が成立する。仮にケース①の場合は、$N_1 = \overline{N}$、$N_2 = 0$ となるため

$$\frac{\Delta U(S_1)}{\Delta S_1} = \frac{1}{\overline{N}} \frac{\Delta C(S_1)}{\Delta S_1}$$

を満たす供給量は

$$S_1^* = S^W \qquad S_2^* = 0$$

となる。

ただし、同一費用の事業者が競争している状況では、支出 E が高い供給主体の加入者はゼロとなるため、事業者1の利潤は

を満たす必要がある。情報財の供給に係る固定費用はゼロ、限界費用は一定であれば、(2-15) 式は

$$E_1^* = \frac{C(S_1^*)}{\overline{N}} = \frac{1}{\overline{N}} \frac{\Delta C(S_1^*)}{\Delta S_1^*} S_1^*$$

となるため、(2-14) 式と (2-15) 式を同時に満たすには、固定価格は $F_1^* = 0$ となる必要がある。図2-9および図2-10に示されるように、独占の場合と異なり、潜在的参入の脅威のため固定価格はゼロとなり、消費者の効用は正になる。すなわち、生産者から消費者に余剰の移転が生じる。ただし、財の供給量は独占の場合と同じ水準となる。

一方、ケース③の場合は、事業者1と事業者2で加入者が折半されるため、

$$\frac{\Delta U(S_i)}{\Delta S_i} = \frac{2}{\overline{N}} \frac{\Delta C(S_i)}{\Delta S_i} \qquad (2-16)$$

となる。すなわち、1人当たりの限界費用は2倍となり、均衡における限界価格も2倍となる。このため、図2-11および図2-12に示されるように、上記条件を満たす供給量 S^{**} は

$$S^{**} = S_1^{**} = S_2^{**} < S^W$$

と、ケース①、ケース②と比べて低い水準となる。

ケース③では、加入者が複数のクラブに分散したことで、1人当たりの限界費用が上昇するため、各事業者による情報財の供給量が減少している。各事業者が供給する情報財に差異を想定しない以上、このケースは複数の供給主体によって同じ情報財が生産、供給されている状況であり、情報財の等量消費性を考慮すれば、このような状況は重複投資であり資源配分上効率的でないことは明らかである。また、利用者数の増加による追加費用がゼロである以上、利用者数が多くなるほど低価格でサービスを供給することが可能であるから、複数事業者が加入者を折半している状況は安定的でもない。このことは、等量消費可能な情報財は自然独占性を有することを意味する。消費が競合する財であれば、複数の主体が市場で供給を行うことは競争を通じた

図2-9 競争均衡（1のみが供給するケース）

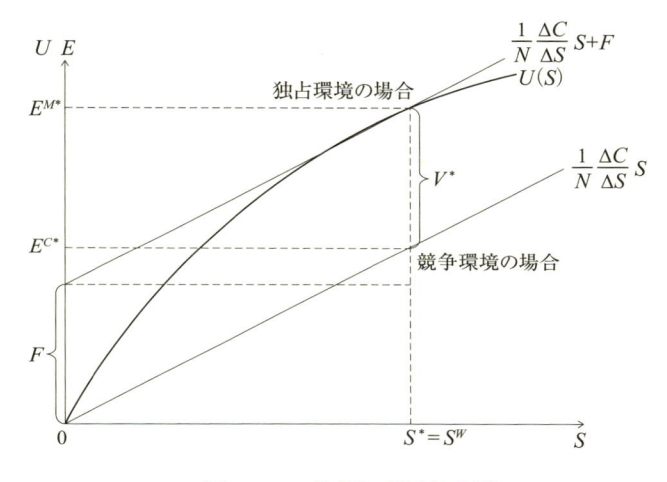

図2-10 均衡における余剰

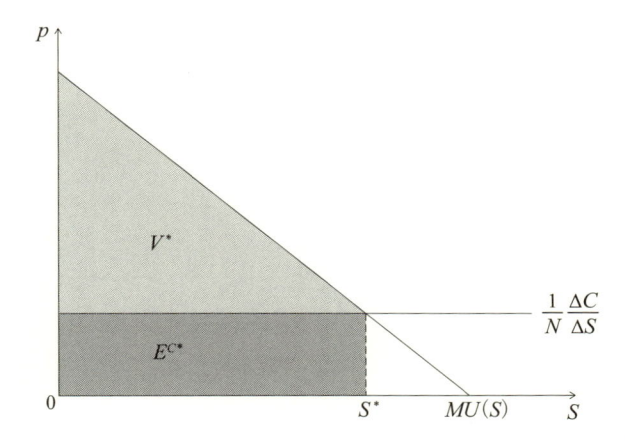

効率的な資源配分の達成に貢献することが期待される。しかし、等量消費が可能な財については、複数事業者が同一の財を生産して、これを供給する状況は資源配分上効率的ではなく、独占的に供給を行った方が、低価格で財を供給することができ、資源配分上も望ましいことになる。

しかし、複数の供給主体が、同一の情報財を生産するという状況は現実的

図2-11　2事業者が併存する場合の均衡

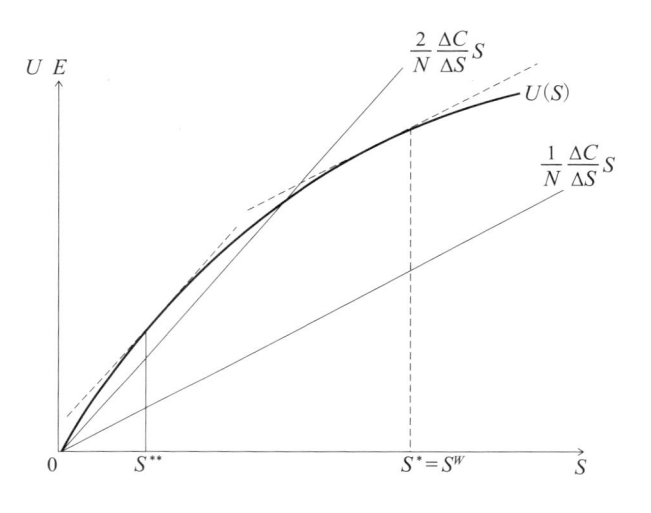

$$\frac{2}{N}\frac{\Delta C}{\Delta S}S$$

$U(S)$

$$\frac{1}{N}\frac{\Delta C}{\Delta S}S$$

S^{**}　　$S^{*}=S^{W}$

図2-12　2事業者が併存する場合の余剰

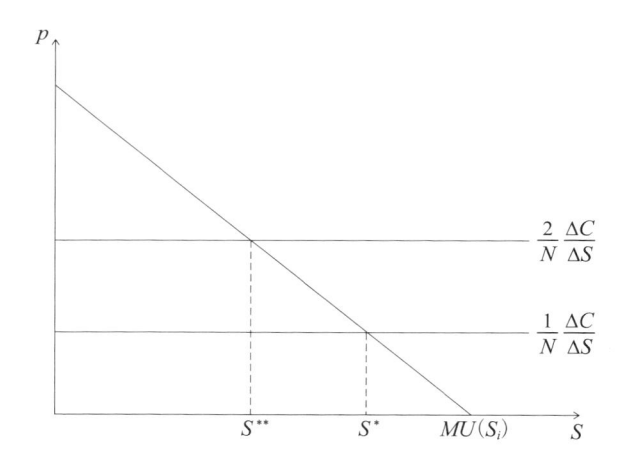

$$\frac{2}{N}\frac{\Delta C}{\Delta S}$$

$$\frac{1}{N}\frac{\Delta C}{\Delta S}$$

S^{**}　S^{*}　$MU(S_i)$

ではない。通常、同じ情報財を供給する供給主体が複数存在する場合は、情報財は供給者間で共有され費用がシェアされる。冒頭で示したBのケースは、このような状況に対応している。この場合、複数の供給主体が存在したとしても二重投資の問題は生じない。また、同じ情報財を供給する以上、加

入者の獲得を巡って価格競争が生じる。

　なお、情報の非対称性の問題がなければ、このケースは資源配分の点で独占供給と違いはないが、余剰の分配結果は異なることになる。すなわち市場環境の違いは、余剰の分配との関係で意義を持つことになる。一方、複数の供給主体が市場に存在することが資源配分上の意義を持つには、各主体が供給する情報財が差別化されている必要がある。情報財を差別化する要因としては、立地などによる空間的差別化と、情報財の内容に基づく質的差別化がある。

　通常、複数の供給主体の間で情報財が共有される場合は、地上波民間放送の系列やケーブルテレビなどに見られるように、価格競争を避けるために、立地などの点で供給主体の市場が重複しないよう調整が行われることが一般的である。すなわち、立地などによって市場が差別化される。ただし、この場合は、複数の供給企業が存在しても、事実上単一の主体によって供給が行われていることと同じである。

　一方、各主体が供給する情報財が質的に差別化されることもある。Cのケースはこのような状況に対応している。なお、複数主体によって質的に差別化された情報財が供給されることは、情報財の供給量が増加することと同じである。このため、情報財の供給水準は、情報財の供給主体の差別化行動によって決まることになる。ただし、供給主体の数が増加することが、必ずしも質的に異なる情報財が供給されることにつながるわけではない。すなわち情報財の供給量は、情報財の差別化の程度に依存するため、供給主体の数のみから判断することはできない。この点については第4章で論じる。

　また、利用者が複数のクラブに分散して加入し、同クラブで供給される財以外は消費することができなければ、利用者の排除が生じることになる。このため、情報財の最適な資源配分条件のうち、利用者数についての条件が満たされないことになる。仮に、各供給主体の間で互いに情報財が共有されるのであれば、情報財からの利用者の排除を回避することが可能になるが、各供給主体に共有を進めるインセンティブが必ずしもあるわけではない。この点については、第3章で改めて検討を行う。なお、すべての情報財が相互に完全に共有されるのであれば、これはBのケースと同じ状況となる。

4　情報の非対称性

　情報財に対する評価は、消費者によって異なることが一般的である。このことは、特に情報財に限った話ではないが、一般的な財と異なり、消費が競合しない情報財では、排除が可能であったとしても、利用者が効用に応じて消費量を調整することができないし、また調整することに意味がない。このため、利用者の効用に応じて異なる価格を設定することが、効率的な資源配分を達成するための条件となる。

　利用者の効用に応じて異なる価格を設定すること、すなわち価格差別が可能となるには、2つの条件が満たされる必要がある。1つは供給者と需要者の間の情報の非対称性が解消され、供給者は需要者の選好（効用）について情報を完全に把握していることである[3]。もう1つは転売などにより価格差別が妨げられないことである[4]。これらの条件が成立するならば、たとえ市場が独占環境でも望ましい資源配分を達成することは可能であり、市場の競争環境の違いは余剰の分配に影響を及ぼすものの、資源配分の問題とは直接関係するわけではない。

　しかしながら、情報の欠如によって価格差別を行うことができないのであれば、望ましい資源配分を達成することは期待はできない。そもそも市場メカニズムは、価格をシグナルとして需給量を調整することで、生産者と消費者間の情報の非対称性を処理しているが、主体ごとに需要量を調整することができない等量消費財については、このような機能が発揮されることは期待できない。

　利用者が効用に応じて異なる需要量を選択することができない以上、望ましい資源配分を達成するためには価格を調整する必要が生じるが、情報の非対称性の問題を解消できない場合は、過小供給と利用者の排除が生じることになり、資源配分上望ましい条件が満たされると期待することはできなくな

---

[3]　一般的な独占の場合についても、このような転売の可能性から、供給者は価格差別を維持することができず、一律の価格設定を余儀なくされる結果、独占の非効率が生じることになる。
[4]　なお、複製（コピー）による他の消費者への譲渡は、無料での転売の一種と考えられる。

る。情報財の供給について、現時点でもこのような問題が解決されたわけではない。しかし、情報財の供給主体は古くから、様々な形で情報非対称性の解決に取り組んできた。例えば、映像コンテンツを時間に応じて映画館、有料放送、レンタル、広告放送といった形で供給するマルチユースやこれに伴う価格差別は、このような取組の例として捉えることができる。また、マーケティング技術やIT化によって需要者の購買行動の情報蓄積や分析技術が進歩しており、需要者と供給者の間の情報の非対称性は、解消されつつある。

5　情報の複製と移転（フリーライド）

　仮に情報の非対称性が解消され、供給側が需要側の効用を把握できたとしても、それだけで価格差別を維持することはできない。価格差別が維持されるには、異なる価格で供給された財を他の利用者に移転（転売）できないことも必要となる。一般的な公共財サービスと異なり、情報財は他の利用者への財の移転が容易である。すでに見たように、価格差別を維持できず均一価格を設定せざるをえない場合は、利用者追加の限界費用がゼロであっても、利用者数、供給水準のいずれか、もしくは両者とも過小となる可能性が高い。このため情報の非対称性の問題を解消しても、転売などによって価格差別を維持することができなければ、市場を通じた供給が情報財の効率的な資源配分を達成することは難しい。

　特に、情報財については、複製（コピー）によって購入者が財を保持したまま、無数の他の利用者に対して財を移転することが可能となる。情報財の複製は、それが購入者に留まる限りにおいては、情報財の価値を高めることに貢献することになる。また、複製による移転は、すべての利用者に情報財の利用を可能にするという点で、利用者数の条件は達成するものの、有償無償を問わず他の利用者へ移転される場合は、価格差別の維持を困難にするだけでなく、場合によっては供給自体を困難にするなど、転売以上に問題を深刻なものにする。複製は、情報財の私的供給において古くからある最も難しい問題であるが、しかしながら、デジタル技術を用いた複製の制御技術の発展や補完財との結合供給などによって、情報財の複製が抱える問題について

も解決に向けた取り組みが進展している。

6　一律負担と強制加入

　情報非対称性や転売、複製によって価格差別を行うことができない場合は、私的供給では利用者の排除や情報財の過小な供給が生じるなど、望ましい供給状況が必ずしも達成されるとは期待できないため[5]、一般的な公共財と同様、強制加入と一律に費用負担を求める公共放送のような供給形態が許容されることがある[6]。

　しかしながら、利用者の支払意思が異なるにもかかわらず、一律の費用負担を強制すれば、多くの主体について効用と負担の不一致が生じる。費用負担が便益を超過する利用者にとっては、一律負担、強制加入のもとで決定される情報財の供給水準は過剰となる一方で、効用が費用負担を超過する利用者にとっては、情報財は過小となる。また、一律負担、強制加入であることから、効用の低い利用者から効用の高い利用者に余剰の移転が生じる。このため、効用の低い利用者を中心にサービスから離脱するインセンティブが存在しつづけることになる。

　公共放送のような供給方法が望ましいかは、すべての利用者が加入することで1人当たりの費用負担が減少するというメリットと、利用者間の余剰の移転、もしくは公的供給に伴う非効率性がもたらす損失との相対的な関係によって判断されることになる。

7　有料放送市場における競争

　第3節で述べたように、複数の供給主体が同じ情報財を供給しつつ、加入者を巡って競争的な関係にある例として、有料放送市場におけるケーブルテレビと衛星放送の競争を挙げることができる。両者はいずれも多チャンネル

---

[5] 価値財の供給なども公共財の存在理由として挙げられる。
[6] 公共放送の形態を用いたところで、情報非対称性に起因する問題を解消することができるわけではない。

サービスを供給しており、提供する情報財（番組やチャンネル）の多くが共通している。このため、利用者にとって両サービスは代替的な関係にあるように思われる。ただし、設立経緯や技術、事業を取り巻く環境などの点で、両者には異なる部分も存在する。

ケーブルテレビは、当初難視聴地域に対する地上波放送の再送信を目的として事業が開始された。このため、税制面での優遇措置や補助金の支給などの各種行政支援策や地域における独占的経営権が政策的に与えられてきた[7]。しかしながら、難視聴地域の縮減、1985年の通信自由化後のケーブルテレビ事業に関する規制緩和のなかで[8]、都市型ケーブルテレビを中心に多チャンネル化が進展した。また複数のケーブル事業者を統合し規模の経済性を追求するMSO（Multiple Systems Operator）の登場により、多チャンネルサービスを供給するためのプラットフォームに変化しつつある。

一方、衛星放送は、設立当初より、地上波放送ではカバーしきれない多チャンネルサービスの供給を目的として事業が開始された[9]。衛星放送では、受託委託放送制度が導入され、番組を制作・編成する事業と設備管理・運営を行う事業が分離された。なお、番組の制作・編成を行う事業者は委託放送事業者、衛星などの放送設備管理・運営を行う事業者は受託放送事業者と呼ばれる。ソフトとハードを分離することで、ソフト供給事業者の新規参入を促し、多チャンネルサービスの提供が可能となっている。

このように、ケーブルテレビと衛星放送は、多チャンネルサービスという

---

[7] 2004年度末時点のケーブルテレビ事業者の経営状況を経過年数別に見ると、開局後5年未満事業者の約43%は単年度・累積ともに赤字であるが、5年以上10年未満の事業者の約82%は単年度黒字を計上するようになり、10年以上になると約46%が単年度・累積ともに黒字を計上している（総務省（2006））。

[8] 主要なものとしては、①有線テレビジョン放送事業の地元事業者要件の廃止、②外資規制等の緩和・撤廃、③有線テレビジョン放送施設の設置許可等の申請書等の簡素化、④複数事業計画者間における一本化調整指導の廃止、⑤ヘッドエンド共用の実現、⑥ケーブルテレビ補完型無線システムの実用化、⑦合併・分割等の場合の手続きの簡素化、⑧電気通信事業者が提供する電気通信設備等の電気通信役務利用、⑨FTTHを用いた有線テレビジョン放送施設に関する規定整備、などが挙げられる。

[9] 1992年よりCSアナログ放送が開始され、1996年よりCSデジタル放送が開始された。さらに2002年からは家計の受信施設の共用化を目的として、BS放送と同じ東経110度に打ち上げられた衛星を用いた110度CSデジタル放送が開始された。

点で、次第に競争的な関係になりつつあるものの、もともとは提供サービスや事業エリアなどの点で異なるサービスと考えられてきたという側面もある。以下では、有料放送市場において、ケーブルテレビと衛星放送の競争関係をどのように捉えることが妥当であるかを検討する。

7-1 先行研究

　ケーブルテレビは、事業エリアが地域的に限定される一方で、それぞれの事業エリアは重複せず地域独占となっている。日本では、行政的な支援によって料金が低い水準に抑えられてきたことから、料金の高騰は問題とならなかったが、アメリカではケーブルテレビの料金の高騰と低いサービス水準が古くから問題とされてきた。このような状況を反映して、アメリカではケーブルテレビの市場の競争状況評価に焦点をあてた分析が実施されてきた。特に、料金規制を中心とした政策介入の是非に関するものが多く存在する[10]。

　一方、近年では、衛星放送の普及とケーブルテレビの主要サービスが多チャンネルサービスへとシフトするのに伴い、両者の間で競争が有効に機能しているかという点から分析が行われている。このような観点から分析を行っている先行研究として、Karikari, Brown and Abramowitz（2003）、Goolsbee and Petrin（2004）などが挙げられる。

　Karikari, Brown and Abramowitz（2003）は、有料放送市場における競争進展を踏まえ、両者の普及要因および規制政策との関連について分析を行っている。その結果、規制によりケーブルテレビの料金が高い水準にあるエリアでは衛星放送の普及が進展しているのに対して、ケーブルテレビや地域電話会社の新規参入によって競争が激しいエリアでは、衛星放送の普及が進ん

---

[10] アメリカではケーブルテレビの料金に対する規制もしくは規制緩和に関する分析が行われている。料金規制との関連を分析した先行研究としては、Carroll and Lamdin（1993）、Hazlett（1996, 1997）、Hazlett and Spitzer（1997）、Jaffe and Kanter（1990）、Noam（1985）、Prager（1992）などが挙げられる。一方、規制緩和によるケーブルテレビ事業者の市場支配力の増加（料金の上昇、サービスの品質低下）を検討している先行研究として、Waterman and Weiss（1996）、Hoekyun and Litman（1997）、Chipty（1995）などが挙げられる。

でいないことを示している。すなわち、既存のケーブル事業者との競争の程度によって、衛星放送の普及が異なることを示している。また、データ通信やデジタル放送など、システムの高度化による付加サービスの提供は、衛星放送の普及を制約することを示している。

Goolsbee and Petrin（2004）は、離散選択モデルを利用して、ケーブルテレビ（ベーシックとプレミアム）と衛星放送、地上波放送に対する価格弾力性を推計した結果、ケーブルテレビのプレミアムサービスや衛星放送に対する需要は、ケーブルテレビのベーシックサービスに比べて非常に弾力的であり、加入者は衛星放送とケーブルテレビのプレミアムサービスを代替的と見なしているとの結果を示している。また、シミュレーションにより、衛星放送事業者が参入しなかったならば、ケーブルテレビの加入料金が約15%も高く、サービスの質も低下していたであろうことを示している。

現在、日本の有料放送もケーブルテレビと衛星放送の複占市場となっていると考えられる。以下では、有料放送市場における両者の競争関係について検討する。

7-2　市場支配力仮説と効率性仮説

ケーブルテレビの市場環境が問題とされる背景には、同市場が地域独占であることから、ケーブルテレビ事業者が市場支配力を用いて、高価格と高利益を得ているのではないかという考えが背景にある。しかし、衛星放送やインターネットによる映像配信の普及が進んでいる多チャンネルサービスに限定すれば[11]、ケーブルテレビが独占的環境にあると考えることは妥当ではない。図2-13は、ケーブルテレビの事業エリアごとにケーブルテレビと衛星放送の加入率の組み合わせをプロットしたものである。なお、ケーブルテレビの加入率にはかなり大きな差異があるが、これは、ケーブルテレビが難視聴地域での地上波の再送信を目的として、政策的支援のもとでスタートしたという経緯を反映していると考えられる。

11　インターネットなどの代替的供給手段まで考慮すると、法律的にはともかく、経済的には放送という区分のなかで市場の競争環境を考えること自体がもはや適切ではないであろう。

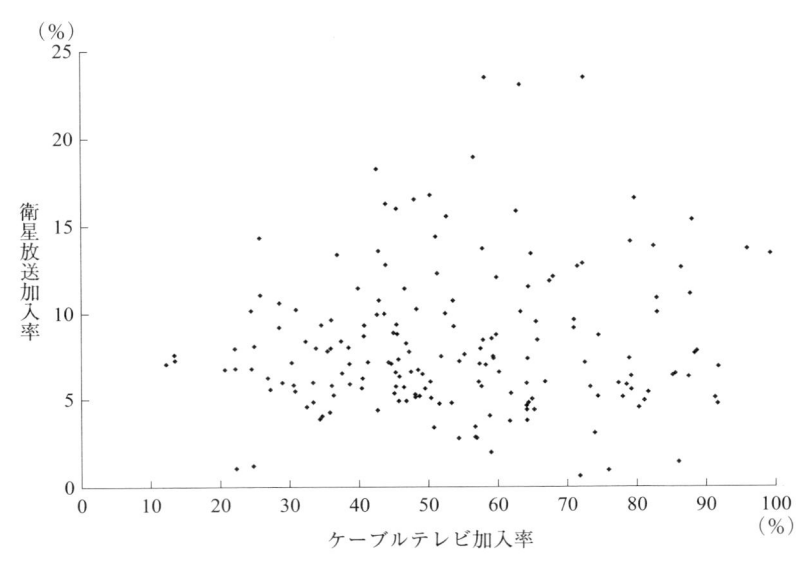

図2-13 ケーブルテレビと衛星放送の加入率

出所:『ケーブル年鑑』などのデータをもとに作成。

　仮にケーブルテレビの市場シェアが高いとしても、情報財の等量消費性や伝送設備の費用逓減性による自然独占性を考えれば、そのことが直ちに問題となるわけではない。通常、市場シェアとPCM（プライスコストマージン）[12]の間には以下の関係が成り立つことが知られている。

$$\frac{p-c_i}{p} = \frac{r_i(1+\lambda_i)}{\varepsilon}$$

c_iは限界費用、r_iはマーケットシェア、εは需要の価格弾力性である。この式は、PCMが市場シェアと正の相関があることを示している[13]。ただし、両者は因果関係を示しているわけではなく、またPCMと市場シェアの関係については、相反する異なる解釈が成り立つ。

---

[12] 正確には限界PCMと呼ばれ、限界費用が一定であれば固定費用控除前の売上高利益率に等しくなる。
[13] 需要の価格弾力性とは負の相関がある。

1つは、「高い集中度が企業に市場支配力をもたらしたり、企業間の共謀を容易にするため、高利益率をもたらしている」という解釈である。このような考え方は市場支配力仮説（market power hypothesis）と呼ばれる。もう1つは、効率的な企業ほど低費用での供給が可能であるため、高い市場シェアを持つと同時に高い利潤を獲得することができるという解釈である。このような考え方は効率性仮説（efficiency hypothesis）と呼ばれる。市場支配力仮説は伝統的な産業組織論の考え方に沿った解釈であるのに対して、効率性仮説は基本的に寡占モデルに基づいた推論となっている。いずれの解釈でも市場シェアと利潤率の間に正の相関が生じることになるが、相関が生じる原因は異なるものであり、その含意は大きく異なることになる。

　なお、市場支配力仮説と効率性仮説では、価格と市場シェアの関係が異なることから、両者の相関関係を見ることで、有料放送市場の競争関係に関していずれの仮説が妥当であるかを判断することが可能となる。

　以下では、効率性仮説が根拠とする寡占モデルにおける市場シェアと価格の関係を確認する。利潤関数を

$$\pi_i = (p_i - c_i)x_i \qquad i=1,\ 2$$

需要関数を

$$x_i = \alpha - \beta p_i + \gamma p_j \qquad i=1,\ 2$$

とする。ベルトラン競争を想定すると、反応関数は

$$p_i = \frac{\alpha + \gamma p_j + \beta c_i}{2\beta}$$

となる。これから均衡価格と均衡数量を求めると

$$p_i^* = \frac{\alpha}{2\beta - \gamma} + \frac{1}{2}\left[\frac{\beta}{2\beta + \gamma}\right]\left[\frac{\beta}{2\beta - \gamma}\right]\left[c_i + \frac{\gamma}{2\beta}c_j\right]$$

$$x_i^* = \frac{\alpha\beta}{2\beta - \gamma} + \frac{1}{2}\left[\frac{\beta}{2\beta + \gamma}\right]\left[\frac{\beta}{2\beta - \gamma}\right]\left[\left[\frac{\gamma^2}{2\beta} - \beta\right]c_i + \frac{\gamma}{2}c_j\right]$$

となる。ゆえに

$$p_i^* - p_j^* = \frac{1}{2}\left[\frac{\beta}{2\beta+\gamma}\right]\left[\frac{\beta}{2\beta-\gamma}\right]\left(1-\frac{\gamma}{2\beta}\right)(c_i - c_j)$$

$$x_i^* - x_j^* = \frac{\beta}{2}\left[\frac{\beta}{2\beta+\gamma}\right]\left[\frac{\beta}{2\beta-\gamma}\right]\left[\frac{1}{2}\frac{\gamma}{\beta}\left(\frac{\gamma}{\beta}-1\right)-1\right](c_i - c_j)$$

が成り立つ。$\gamma \leq \beta$ より、仮に $c_i > c_j$ であれば、

$$p_i^* > p_j^* \quad x_i^* < x_j^* \quad r_i^* = \frac{x_i^*}{x_i^* + x_j^*} < r_j^* = \frac{x_j^*}{x_i^* + x_j^*}$$

となる。すなわち、限界費用が低い効率的な企業（上記では j 企業）の方が、相対的に価格が低くなる一方で、高い市場シェアを獲得することになる。すなわち効率性仮説による解釈が妥当であるならば、市場シェアが高いほど低価格という関係が示されると考えられる。

7-3 実証

　市場支配力仮説と効率性仮説のどちらの解釈が妥当であるかは、産業によって異なると考えられる。以下では、有料放送市場についていずれの解釈が妥当であるかを判断するため、ケーブルテレビの料金を被説明変数、市場シェアを説明変数として、両者の相関について推計を行う。なお、ケーブルテレビ事業者のデータについては、『ケーブル年鑑』に掲載されている2002年度から2004年度までの3年間のデータを使用している。また、衛星放送の加入世帯数はそれぞれケーブルテレビ事業者の営業エリアに対応するように加入者数を再集計したデータを用いている[14]。総サンプル数は435となっている。

　推計式は

$$\log(p_{CATV}) = c + r_{CATV} + r_{CS} + \log(ch) + \log(L)$$

もしくは

---

[14] 衛星放送の加入世帯数は、株式会社スカパー！（現スカパーJSAT株式会社）から提供をうけたものを利用した。

$$\log(p_{CATV}) = c + r_{CATV} + r_{CS} + \log(ch) + \log(L) + \log(POP)$$

とした。各変数については以下の通りである。

  p_{CATV}：ケーブルテレビの価格（月額基本料金）
  c：定数項
  r_{CATV}：ケーブルテレビの加入シェア
  r_{CS}：衛星放送の加入シェア
  ch：ケーブルテレビのチャンネル数
  L：ケーブルテレビの従業員数
  POP：ケーブルテレビの対象世帯数

推計には固定効果モデル（fixed effect model）を用いた。

 推計結果を表2-1に示している。推計の結果、ケーブルテレビの価格は

  ①ケーブル加入率（シェア）と正の相関
  ②衛星放送の加入率と負の相関（ただし対象世帯数を加えた場合は有意ではない）
  ③対象世帯数と正の相関
  ④チャンネル数と正の相関

にあることを示されている。

①ケーブル加入率（シェア）と正の相関
 ケーブルテレビの料金は加入シェアと正の相関にあることが示されている。ケーブルテレビの加入シェアが高いほど価格も高いという結果は、当該市場については効率性仮説による解釈が難しいことを示唆している。

②衛星放送の加入率と負の相関
 ケーブルテレビの価格が衛星放送の加入率と負の相関にあるということは、両者の間に競争関係が存在する可能性を示唆する。しかし、表2-1の推計2に示されるように、説明変数に対象エリアの世帯数を追加すると、有

表2-1 推計結果A

説明変数	推計1 係数	推計1 t値	推計2 係数	推計2 t値
定数	7.492***	70.903	5.683***	8.191
r_{CATV}	0.416***	5.128	0.417***	5.194
r_{CS}	−0.908***	−4.220	−0.151	−0.423
CH	0.082***	3.725	0.069***	3.099
L	0.008	0.319	−0.003	−0.118
POP			0.166***	2.638
サンプル数	435		435	
R2乗	0.968		0.969	
修正R2乗	0.951		0.952	
DW値	2.415		2.404	
対数尤度	660.053		665.300	
F値	58.133		58.993	

注：***は1％水準で有意。

意性が大幅に低下していることから、頑健な結論ではない。なお、衛星放送加入率の推計結果が不安定となることは、衛星放送加入率と対象世帯数の間に相関関係があることを示唆する[15]。

③対象世帯数と正の相関

　推計2に示されるように、対象世帯数が多いケーブルテレビほど高価格となっている。情報財の等量消費性を考えれば、対象世帯数の多いほど1人当たりの費用負担が低下するため、価格が低下することが期待されるが、推計結果はこのような想定が成立していないことを示している。なお、この関係については、対象世帯が少ない地域のケーブルテレビほど行政的な支援があるため、低価格でサービスが提供できることを反映している可能性も考えられる。この点については8節で改めて検討する。

④チャンネル数と正の相関

　ケーブルテレビの価格は、複数のパッケージ化されたチャンネルに対する

15　すなわち推計2には多重共線関係があることを意味する。

支出総額であることから、チャンネル数と正の相関は、チャンネル数の増加による支払総額の増加を反映しているものと考えられる。ただし、ケーブルテレビの多チャンネル化を、衛星放送とのチャンネル共有の進展と捉えると[16]、ケーブルテレビの多チャンネル化は、両サービスの差異が縮小することを意味する。通常、サービスの差異が縮小すると、競争が激しくなり、価格は低下すると考えられるが、第3章で示すように、チャンネルの共有が進むことで、加入者獲得のために価格を引き下げる誘因が失われ、むしろ価格が上昇する可能性がある。多チャンネル化を情報財の共有が進んでいると捉えれば、チャンネル数と価格の正の相関は、このような帰結を反映していると解釈することもできる。

7-4　推計結果の含意

以上、ケーブルテレビの価格と加入シェアの関係を実証した結果、加入シェアやチャンネル数と価格の間には正の相関関係が存在することが示された。少なくとも分析に用いたサンプルの期間においては、ケーブルテレビと衛星放送は必ずしも競争関係にあったとは言えないことになる。また、加入シェアと価格が正の相関を示していることは、同市場について効率性仮説を当てはめることが妥当ではないことを示唆している。

8　ケーブルテレビと衛星放送の差別化要因

市場シェア r（加入者数）、価格 p、チャンネル数 CH は、本来、相互に関係がある内生変数と捉えるべきものである。また市場支配力を表す PMC は、シェア s 以外に、需要の価格弾力性 ε や推測変動 λ とも関係がある。需要の価格弾力性は、売り手・買い手の数や製品差別化の程度、参入障壁の高さなどによって規定されると考えられる。

実際、ケーブルテレビと衛星放送の両者が供給するサービスは同じというわけではない。有線放送であるケーブルテレビは、通信サービスや地上波の

16　ケーブルテレビのチャンネルは衛星放送のチャンネルとかなり重複している。

再送信を行っているのに対して、衛星放送はこのようなサービスを基本的には提供していない。更に、ケーブルテレビは、難視聴対策を担うという設立経緯から行政的支援を受けている。このようなインターネットなどの通信サービスや行政的支援の有無、コンテンツの違いなどは、ケーブルテレビと衛星放送の間に構造的な違いをもたらしている可能性があると考えられる。以下では、加入率、料金、チャンネル数を被説明変数とした誘導方程式を推計することで、ケーブルテレビと衛星放送の両者を差別化し、利用者の加入選択に非対称な影響をもたらしている要因、特にケーブルテレビに市場支配力をもたらしている要因を検証する。

8-1　分析の方針

具体的にはケーブルテレビ加入率、衛星放送加入率、ケーブルテレビの料金、ケーブルテレビの提供チャンネル数を被説明変数として、以下のような4つの誘導方程式を用いる[17]。

（被説明変数）
$= \beta_0 + \beta_1$(1人当たり所得) $+ \beta_2$(都市部ダミー) $+ \beta_3$(65歳以上人口比率)
$+ \beta_4$(民間地上波チャンネル数) $+ \beta_5$(ケーブルサービス開始以来経過月数)
$+ \beta_6$(行政出資比率) $+ \beta_7$(提供可能最大チャンネル数)
$+ \beta_8$(ネット開始以来経過月数) $+ \beta_9$(伝送路の光化率)

これら4つの推計式は相互に相関を持っている可能性が考えられる[18]。また分散不均一の可能性も排除するため、推計にはSURE（Seemingly Unrelated

---

17　これは、加入率決定に与える各変数の純粋な効果を、内生変数の効果を調整した上で抽出することが可能なためである（Emmons and Prager (1997) を参照)。また、Schmidt (2001) によれば、構造方程式体系を用いる場合よりも、より頑健かつ信頼性の高い推計結果を得られる可能性があることも指摘されている。さらに諸外国との比較（例えばKarikari, Brown and Abramowitz (2003)) にも、誘導形の方が容易だという利点を持つ。反面、例えばケーブル料金と衛星放送加入率の関係といったような、内生変数間の交差関係の影響を見ることができないという短所を持つ。
18　各方程式間の残差の相関を求めた結果、料金・チャンネル方程式間の相関が0.3249という値を示した。

表2-2 分析に用いた変数の作成方法

	変数の作成方法
被説明変数	
ケーブルテレビ加入率	総加入世帯数／対象世帯数（1を超えた場合除外）
衛星放送加入率	総加入世帯数／対象世帯数（1を超えた場合除外）
ケーブルテレビの料金	ケーブルテレビ事業者の月額基本利用抖（放送サービスのみ）
ケーブルテレビの提供チャンネル数	ケーブル事業者が提供している総チャンネル数
被説明変数	
1人当たり所得（百万円）	事業区域の課税所得／事業区域の総人口
都市部ダミー（都市部＝1）	事業区域が東京都区部および政令指定都市の時（2004年度末現在）
65歳以上人口比率	事業区域の65歳以上人口／事業区域の総人口
ケーブルサービス開始以来経過月数	ケーブルテレビの放送サービス開始から2004年度末までの経過月数
行政出資比率	行政出資額／資本金（1以上の場合除外）
対象地域の地上波民間放送局数	27地区別の地上波民間放送局数
設備能力上提供可能なチャンネル数	伝送可能チャンネル数
インターネットサービス開始以来経過月数	インターネットサービス開始から2004年度末までの経過月数
伝送路の光化率	光ケーブル施設距離／全伝送路距離（1を超える場合除外）

Regression Estimation)[19] を用いた。

　推計には7-3節と同じデータを用いている。各変数は表2-2のように作成を行った。なお、ケーブルテレビ加入率・行政出資比率・光化率比については計算上または資料上1を超える事業者は除外した。また、対象期間における事業者名の変更などがあった場合には適当な処理を施した。この結

---

19 SURE とは、M 個の方程式の分散共分散行列について、

$$Var(\varepsilon) = \Sigma = \begin{bmatrix} \sigma_{11}I & \cdots & \sigma_{1M}I \\ \vdots & \ddots & \vdots \\ \sigma_{M1}I & \cdots & \sigma_{MM}I \end{bmatrix}$$

　Step 1：複数の方程式（M 個）を OLS で推定し、残差 $e_1, e_2, \ldots, e_M$ を求める
　Step 2：$Var(\varepsilon) = \Sigma$ の要素 σ_{ij} を $s_{ij} = e_i e_j / n$ で推定し、Σ に従い $\hat{\Sigma}$ を作成する。
　Step 3：β の推定値を $(X'\hat{\Sigma}^{-1}X)^{-1}X'\hat{\Sigma}^{-1}Y$ で計算する。
　という手続き推計を行う FGLS（Feasible Generalized Least Square）の一種である。

表2-3　記述統計量

	平均	標準誤差	最小値	最大値
被説明変数				
ケーブルテレビ加入率	0.4686	0.2033	0.0640	1.0000
衛星放送加入率	0.1047	0.1282	0.0000	0.8653
ケーブルテレビの料金	2,871	671	840	4,463
ケーブルテレビの提供チャンネル数	47.2444	16.5198	11	126
被説明変数				
1人当たり所得（百万円）	1.3821	0.2827	0.8129	2.2433
都市部ダミー（都市部＝1）	0.1122	0.3160	0.0000	1.0000
65歳以上人口比率	0.1927	0.0382	0.0879	0.3405
ケーブルサービス開始以来経過月数	165.8529	63.7666	48	486
行政出資比率	0.0868	0.1643	0.0000	0.9807
対象地域の地上波民間放送局数	4.4539	1.3815	1	6
設備能力上提供可能なチャンネル数	65.7581	22.7122	21	137
インターネットサービス開始以来経過月数	57.7781	15.4654	0	108
伝送路の光化率	0.1487	0.1075	0.0000	0.8421

果[20]、サンプル数401のUnbalanced panelデータとなっている。なお、推計にはダミー変数以外対数値を用いている。推計に用いたサンプルの基本統計量を表2-3に示している。

8-2　推計結果

推計結果は表2-4に示している[21]。ケーブルテレビ事業者と衛星事業者の競争関係を考える上で、各加入率に対して異なった符合を示している要因が重要と考えられる。加入率を被説明変数とした2つの推計結果（(a)および(b)）のうち、ケーブルテレビと衛星放送の加入率に対して異なる符号を持

20　以下の3通りの処理を行った。①対象期間中に名称変更があったが、対象世帯数をはじめとする幾つかの情報がほぼ同一である場合、一事業者として取り扱った。②対象期間中に名称変更があり、変更後対象世帯数をはじめとする幾つかの情報に変化が見られた場合、これらの事業者は、営業対象範囲に変更があったと考え、加入率の数値が不連続とならないよう別事業者として取り扱った。③対象期間中に合併されたものは、別事業者として取り扱った。

21　全体の傾向として、分析対象がパネルのプーリングデータであることを考慮すれば、χ^2およびR^2ともに十分許容範囲の値を示していると考えられる。

表2-4 推計結果B

説明変数 (対数値)	被説明変数 (対数値)	有料放送加入率		ケーブル事業体指標	
		ケーブルテレビ (a)	衛星放送 (b)	料金 (c)	チャンネル数 (d)
1人当たり所得		0.142 ***	0.761 ***	−0.010	−0.005
		4.11	15.09	−0.55	−0.24
都市部ダミー (0 or 1)		0.153 **	0.095	0.142 ***	0.104 **
		2.04	0.87	3.52	2.49
65歳以上人口比率		0.226 *	−0.164	−0.205 ***	−0.328 ***
		1.75	−0.87	−2.94	−4.55
ケーブルサービス 開始以来経過月数		0.288 ***	−0.123	−0.023	−0.082 **
		4.44	−1.30	−0.65	−2.26
行政出資比率		0.042 ***	−0.041 **	−0.026 ***	−0.029 ***
		3.02	−2.00	−3.39	−3.77
対象地域の地上波 民間放送局数		−2.098 ***	−0.088	0.096 ***	−0.004
		−3.47	−1.00	2.94	−0.12
設備能力上提供可能な チャンネル数		0.254 ***	−0.280 **	0.097 **	0.398 ***
		3.33	−2.52	2.36	9.40
インターネットサービス 開始以来経過月数		0.019	−0.203 **	0.108 ***	0.171 ***
		0.27	−1.97	2.83	4.34
伝送路の光化率		0.059 *	−0.013	0.006	−0.006
		1.92	−0.29	0.33	−0.33
定数項		−2.766 ***	−1.566 *	6.661 ***	1.229 ***
		−4.98	−1.93	22.18	3.97
x^2		89.90	292.15	134.35	399.66
R-square		0.1831	0.4215	0.2510	0.4586
サンプル数		401	401	401	401

注:***、**、*はそれぞれ1%、5%、10%水準で有意。

つ変数としては、「65歳以上人口比率」「ケーブルサービス開始以来経過月数」「行政出資比率」「設備能力上提供可能なチャンネル数」「インターネットサービス開始以来経過月数」「伝送路の光化率」が挙げられる。いずれもケーブルテレビ加入率とは正、衛星放送加入率とは負となっている。なかでも「行政出資比率」「設備能力上提供可能なチャンネル数[22]」は、ケーブルテ

---

[22] 「設備能力上提供可能なチャンネル数」は、ケーブルテレビ事業者のインフラ規模を示す変数と考えられる。相関係数を見ると、「インターネットサービス開始以来経過月数 (0.3711)」との相関が最も高くなっている。

レビと衛星放送の加入率のいずれに対しても有意になっている。このことは、行政的支援や施設規模がケーブルテレビと衛星放送を差別化する構造的要因となっていることを示唆している。なお「行政出資比率」が料金・チャンネル数と負の相関をしているのに対して、「設備能力上提供可能なチャンネル数」は料金・チャンネル数と正の相関を示していることから、これらの要因がケーブルテレビの高付加価値化に対して与える影響は異なっていることが示されている。

「地上波民間放送局数」の係数は、ケーブルテレビの加入率とは有意に負の相関を示している。「地上波民間放送局数」が、有料放送に加入せずとも視聴することができるチャンネル数を示していることを踏まえると、地上波放送の供給状況が再送信サービスを含むケーブルテレビとこれを含まない衛星放送を異なるサービスとして規定しており、地上波放送のチャンネル数が少ない地域ほどケーブルテレビが差別化され、加入率が高くなることを示している[23]。

「インターネットサービス開始以来経過月数」は、衛星放送の加入率と有意に負の相関を示している。これは、有線放送という技術特徴を生かして通信サービスの抱き合わせが、ケーブルテレビと衛星放送を差別化し、特に衛星放送の加入率にネガティブな影響を及ぼしていると考えることができる。なお、「インターネットサービス開始以来経過月数」は、料金、チャンネル数といずれも正の相関を示していることから、ケーブルテレビの高付加価値化につながっていると考えられる。

「ケーブルサービス開始以来経過月数」は、ケーブルテレビの加入率と有意に正の相関を示している。事業の期間が長いケーブルテレビほど加入率が高いことは、履歴効果もしくはロックイン効果が存在する可能性を示唆している。

「都市部ダミー」は、ケーブルテレビの加入率、料金、チャンネル数と正

23　Clements and Brown（2006）は SHVIA（Satellite Home Viewers Improvement Act）以降のアメリカ有料放送市場における競争状況を分析し、地方局の再送信を認められた衛星放送とケーブルテレビが競争している地域では、ケーブルテレビの料金が有意に低いことを示している。

の相関を示す一方で、「65歳以上人口比率」は、ケーブルテレビ加入率とは正に相関、料金とチャンネル数とは負の相関を示している。これは、都市部のケーブルテレビがサービスの高付加価値化を進める一方で、地方のケーブルテレビは、依然として再送信を中心とした基礎サービスの供給を行っていることを示しており、ケーブルテレビ事業者の間でサービスの高度化に違いがあることを反映している。

なお、「1人当たり所得」はケーブル、衛星放送いずれの加入率に対しても正で有意となっているが、これはいずれの有料放送も必需財というよりも上級財と見なされていることを示している。

以上の有料放送市場の競争環境を規定する需要の構造的要因を推定した結果、インターネット、地上波の再送信、行政的支援などはケーブルテレビと衛星放送の加入需要に非対称な影響を与えており、両者を差別化する構造的要因であることが示された。サンプルが対象とする期間においては、ケーブルテレビと衛星放送は利用者にとって代替的で競合する存在であるとまでは認識されておらず、ケーブルテレビは独占的環境にあったことを推計結果は示している。

9　価格差別と均一価格

前節では、ケーブルテレビと衛星放送の需要を規定する構造的要因が異なることを示した。これら以外にも、ケーブルテレビと衛星放送の競争環境を特徴づける構造的要因が存在する。ケーブルテレビの事業エリアは市町村など地域別に限定され、かつ各事業者の事業エリアは基本的に重複しないように分割されている。これに対して、衛星放送は全国を事業エリアとしている。このような違いは、両事業者の価格戦略に影響を及ぼしている。ケーブルテレビは事業エリアが分割されていることから、地域ごとに異なる価格を設定、すなわち価格差別を行うことが可能になっているのに対して、衛星放送は地域ごとに異なる価格を設定することは困難であり、全国一律の価格となっている。すなわち、ケーブルテレビは地理的価格差別が可能であるのに対して、衛星放送はこのような価格差別を行うことが

できない[24]。以下では、このような価格戦略の違いがどのような影響を及ぼすかを検討する。

9-1 設定

　m 個の有料放送事業者が存在するとする。各事業者はそれぞれ価格 p_i でサービスを販売するとする。一方、消費者の嗜好は長さ1の円環状に一様に分布しており、いずれか1つの有料放送に加入するとする。x に位置する消費者が x_i に位置する有料放送メディアに加入するときの純効用を

$$u(x; x_i) - p_i = \bar{u} - t|x - x_i| - p_i$$

とする。t は加入する事業者を変更するために必要となるスイッチングコストであり、$\bar{u}$ は有料放送に加入することによって得られる基礎効用である。Vickrey‒Salop モデルによれば、m の放送メディアは等しく円上に分布し、$m-1$ は p_m の価格を課すことになるため、メディア i の加入者数 n_i は

$$n_i = \frac{1}{m} - \frac{1}{t}(p_i - p_m)$$

となる。仮に $\alpha = \frac{1}{m}$、$\beta = \frac{1}{t}$ とすると

$$n_i = \alpha - \beta(p_i - p_j)$$

となる。有料放送事業者を事業者1と事業者2の2つとすると、上記加入需要は

$$n_i = \alpha - \beta(p_i - p_j) = \frac{1}{2} - \frac{1}{t}(p_i - p_j) \quad i, j = 1, 2$$

となる。

　今、地理的に異なる2つ市場（地域 A と地域 B）が存在し、消費者は地域

---

[24] 確かに衛星放送は地域別には価格差別を行っていないかもしれないが、オプションチャンネルや複数のチャンネルをパッケージ化することで、個別の利用者に対して直接価格差別を実施している。情報財の等量消費性の点からは、価格差別を地域別に行うよりも利用者ごとに行うほうが望ましいため、ケーブルテレビより衛星放送のほうが価格戦略に制約が課されていると考えるのは妥当ではない。

を超えて移動することはないものとする。2つの事業者は両地域にそれぞれサービスを供給するとする。各市場の移動費用 t が異なると仮定すると、地域 A の事業者1と事業者2の加入需要は

$$n_{1A} = \alpha_A - \beta_A(p_{1A} - p_{2A})$$
$$n_{2A} = \alpha_A - \beta_A(p_{2A} - p_{1A})$$

地域 B の需要関数の事業者1と事業者2の加入需要は

$$n_{1B} = \alpha_B - \beta_B(p_{1B} - p_{2B})$$
$$n_{2B} = \alpha_B - \beta_B(p_{2B} - p_{1B})$$

となる。

9-2 地域別料金の場合

2つ有料放送事業者は各地域で加入者を巡って価格競争を行っているとする。この場合、事業者1の利潤関数は

$$\pi_1 = (p_{1A} - c)n_{1A} + (p_{1B} - c)n_{1B} - F_1$$

事業者2の利潤関数は

$$\pi_2 = (p_{2A} - c)n_{2A} + (p_{2B} - c)n_{2B} - F_2$$

となる。c は加入者を追加するために必要となる限界費用、F_i は情報財の生産を行うために必要な固定費用とする。ただし、以下では限界費用、固定費用ともゼロと仮定する。

仮に、双方いずれの事業者も地域ごとに異なった価格設定を行うことができるとする。上記の利潤関数の一階条件から地域 A の企業1と企業2の反応関数を導くと、

$$p_{1A} = \frac{1}{2}\left[\frac{\alpha_A}{\beta_A} + p_{2A}\right]$$

$$p_{2A} = \frac{1}{2}\left[\frac{\alpha_A}{\beta_A} + p_{1A}\right]$$

となる。地域ごとに対称均衡を仮定すると、地域 A の均衡価格は

$$p_{1A}^{*} = p_{2A}^{*} = \frac{\alpha_A}{\beta_A}$$

となる。同様に地域 B の均衡価格は

$$p_{1B}^{*} = p_{2B}^{*} = \frac{\alpha_B}{\beta_B}$$

となる。また地域 A と地域 B の各事業者の加入者数は

$$n_{1A}^{*} = n_{2A}^{*} = \alpha_A \qquad n_{1B}^{*} = n_{2B}^{*} = \alpha_B$$

となる。仮に、$\alpha_A = \alpha_B = 0.5$、$\beta_A = 0.2 (t_A = 5)$、$\beta_B = 0.05 (t_B = 20)$ であれば、両地域の均衡価格は

$$p_{1A}^{*} = p_{2A}^{*} = 2.5$$
$$p_{1B}^{*} = p_{2B}^{*} = 10$$

となる。すなわち、加入需要の価格弾力性が低い地域 B の価格が高くなる。なお、加入者数は

$$n_{1A}^{*} = n_{1B}^{*} = n_{2A}^{*} = n_{2B}^{*} = 0.5$$

均衡利潤は

$$\pi_1^{*} = \pi_2^{*} = 6.25$$

となる。地域間の価格の差異は、$\beta(=1/t)$ の違いによって生じることになる。β が小さくなるほど（スイッチングコスト t が大きくなるほど）、均衡価格は高い値となる。なお、加入率、利潤については地域間および事業者間で違いは生じない。

9-3 一律料金の場合

仮に、各事業者が A と B のいずれの地域に対しても同じ価格を設定する場合は、各供給主体の価格に

という制約が課されることになる。この場合は、企業 1 の反応関数

$$p_1 = \frac{1}{2}\left[\frac{\alpha_A + \alpha_B}{\beta_A + \beta_B} + p_2\right]$$

企業 2 の反応関数は

$$p_2 = \frac{1}{2}\left[\frac{\alpha_A + \alpha_B}{\beta_A + \beta_B} + p_1\right]$$

となる。これより、均衡価格は

$$p_1^* = p_2^* = \frac{\alpha_A + \alpha_B}{\beta_A + \beta_B}$$

となる。それぞれの事業者の加入者数は

$$n_{1A}^* = n_{2A}^* = \alpha_A \qquad n_{1B}^* = n_{2B}^* = \alpha_B$$

となる。先ほどと同様、$\alpha_A = \alpha_B = 0.5$、$\beta_A = 0.2\,(t_A = 5)$、$\beta_B = 0.05\,(t_B = 20)$ とすると、均衡価格は

$$p_1^* = p_2^* = 4.0$$

加入者数は

$$n_{1A}^* = n_{1B}^* = n_{2A}^* = n_{2B}^* = 0.5$$

均衡利潤は

$$\pi_1^* = \pi_2^* = 4$$

となる。均衡価格、加入率、利潤ともに、地域間および事業者間で違いは生じない。

9-4 料金設定が異なる場合

次に事業者 1 が地域ごとに異なる価格を設定するのに対して、事業者 2 は

いずれの地域でも同じ価格を設定するとする。すなわち、事業者 1 は地域ごとに価格差別を行うのに対して、事業者 2 は価価格差別を行うことができないとする。この場合は、事業者 2 についてのみ

$$p_{2A} = p_{2B} = p_2$$

という制約が課されることになるため、地域 A の各事業者の加入需要は

$$n_{1A} = \alpha_A - \beta_A(p_{1A} - p_2)$$
$$n_{2A} = \alpha_A - \beta_A(p_2 - p_{1A})$$

地域 B の加入需要は

$$n_{1B} = \alpha_B - \beta_B(p_{1B} - p_2)$$
$$n_{2B} = \alpha_B - \beta_B(p_2 - p_{1B})$$

となる。上記の加入需要をもとにすると、企業 1 の利潤最大化の一階条件は

$$\frac{\Delta \pi_1}{\Delta p_{1A}} = \alpha_A - 2\beta_A p_{1A} + \beta_A p_2 = 0$$

$$\frac{\Delta \pi_1}{\Delta p_{1B}} = \alpha_B - 2\beta_B p_{1B} + \beta_B p_2 = 0$$

企業 2 の利潤最大化の一階条件は

$$\frac{\Delta \pi_2}{\Delta p_2} = \alpha_A - 2\beta_A p_2 + \beta_A p_{1A} + \alpha_B - 2\beta_B p_2 + \beta_B p_{1B} = 0$$

となる。上記の一階条件より反応関数を求めると

$$p_{1A} = \frac{1}{2}\left[\frac{\alpha_A}{\beta_A} + p_2\right]$$

$$p_{1B} = \frac{1}{2}\left[\frac{\alpha_B}{\beta_B} + p_2\right]$$

$$p_2 = \frac{1}{2}\left[\frac{\alpha_A + \alpha_B}{\beta_A + \beta_B} + \frac{\beta_A}{\beta_A + \beta_B}p_{1A} + \frac{\beta_B}{\beta_A + \beta_B}p_{1B}\right]$$

となる。企業 1 の反応関数に変更はないが、一律価格制約のある企業 2 の反応関数は、A 地域と B 地域の価格に影響を受けることになる。

上記の3つの反応関数から均衡価格を求めると

$$p_{1A}^* = \frac{1}{2}\left[\frac{\alpha_A}{\beta_A} + \frac{\alpha_A + \alpha_B}{\beta_A + \beta_B}\right]$$

$$p_{1B}^* = \frac{1}{2}\left[\frac{\alpha_B}{\beta_B} + \frac{\alpha_A + \alpha_B}{\beta_A + \beta_B}\right]$$

$$p_2^* = \frac{\alpha_A + \alpha_B}{\beta_A + \beta_B}$$

となる。また、各事業者の加入者数は

$$n_{1A}^* = \frac{1}{2}\left[\left(1 + \frac{\beta_A}{\beta_A + \beta_B}\right)\alpha_A + \frac{\beta_A}{\beta_A + \beta_B}\alpha_B\right]$$

$$n_{1B}^* = \frac{1}{2}\left[\left(1 + \frac{\beta_B}{\beta_A + \beta_B}\right)\alpha_B + \frac{\beta_B}{\beta_A + \beta_B}\alpha_A\right]$$

$$n_{2A}^* = \frac{1}{2}\left[\left(3 - \frac{\beta_A}{\beta_A + \beta_B}\right)\alpha_A - \frac{\beta_A}{\beta_A + \beta_B}\alpha_B\right]$$

$$n_{2B}^* = \frac{1}{2}\left[\left(3 - \frac{\beta_B}{\beta_A + \beta_B}\right)\alpha_B - \frac{\beta_B}{\beta_A + \beta_B}\alpha_A\right]$$

となる。両地域の潜在的な加入率が等しく、$\alpha_A = \alpha_B = \alpha$ であれば

$$n_{1A}^* = \left(\frac{1}{2} + \frac{\beta_A}{\beta_A + \beta_B}\right)\alpha$$

$$n_{1B}^* = \left(\frac{1}{2} + \frac{\beta_B}{\beta_A + \beta_B}\right)\alpha$$

$$n_{2A}^* = \left(\frac{3}{2} - \frac{\beta_A}{\beta_A + \beta_B}\right)\alpha$$

$$n_{2B}^* = \left(\frac{3}{2} - \frac{\beta_B}{\beta_A + \beta_B}\right)\alpha$$

となる。$\beta_A/(\beta_A + \beta_B) < 1$ であることを踏まえると、$\beta_A > \beta_B$ の場合は

$$n_{1A}^* > \alpha \quad n_{1B}^* < \alpha \quad n_{2A}^* < \alpha \quad n_{2B}^* > \alpha$$

$\beta_A = \beta_B$ の場合は

$$n_{1A}^* = n_{1B}^* = n_{2A}^* = n_{2B}^* = \alpha$$

$\beta_A < \beta_B$ の場合は

$$n_{1A}^* < \alpha \quad n_{1B}^* > \alpha \quad n_{2A}^* > \alpha \quad n_{2B}^* < \alpha$$

となる。仮に、$\alpha_A = \alpha_B = 0.5$、$\beta_A = 0.2 (t_A = 5)$、$\beta_B = 0.05 (t_B = 20)$ とすると、均衡価格は

$$p_{1A}^* = 3.25 \quad p_{1B}^* = 7 \quad p_2^* = 4$$

加入者数は

$$n_{1A}^* = 0.65 \quad n_{1B}^* = 0.35 \quad n_{2A}^* = 0.35 \quad n_{2B}^* = 0.65$$

均衡利潤は

$$\pi_1^* = 4.56 \quad \pi_2^* = 4$$

となる。均衡価格、加入率、利潤は、地域間および事業者間で異なる値となっている。

9-5　価格戦略と余剰の分配

　上記のモデルでは、同一の情報財（等量消費可能な財）を供給する2つの供給主体が、加入者の獲得を巡って価格競争を行っている状況を想定し、事業者が採用する価格戦略の違いが均衡にもたらす影響を検討した。両事業者とも地域ごとに価格差別を行う場合は、地域間で価格に差が生じるものの、同一地域内の事業者間では価格の差は生じず、また加入者数や利潤ついても事業者間で差が生じなかった。また、両事業者とも価格差別を行わない場合は、地域間でも事業者間でも、価格、加入率、利潤の差は生じなかった。一方、価格戦略が事業者間で非対称な場合は、地域だけでなく事業者間でも、価格、加入者数、利潤が異なる値となった。事業者によって異なる価格戦略が採用されることで、地域間および事業者間での価格の差が生じることが示された。

市場の競争環境や事業者が採用する価格戦略は、社会余剰の分配に影響を及ぼす。上記のモデルでは、消費者はいずれかの事業者に加入するため排除は起こらず、利用者総数、情報財の供給量、事業者数も一定であるため、社会総余剰の総額は一定となっている。このため、価格は生産者と消費者の余剰の分配に影響を及ぼす。加入者の追加に係る限界費用、情報財供給の供給費用（固定費用）はゼロと仮定したことから、価格（利潤）は、スイッチングコストがゼロであれば、価格もゼロとなる。価格がゼロであれば、余剰はすべて消費者余剰となり、価格が高いほど生産者余剰が大きくなる。

利潤の合計（生産者余剰）は、両事業者が価格差別を行う場合が最も高く、双方が一律価格を採用する場合に最も低くなる。なお、一律価格を設定する場合は、地域間での利用者の移動を想定せずとも、反応関数を通して、異なる地域の事業者の間でも間接的な競争が生じる。価格差別よりも一律価格が設定される方が、消費者余剰が多くなるという意味で競争的である。ただし、上記のスイッチングコストモデルでは、いずれの事業者も価格差別を行うことでより高い利潤を確保することができる以上、一律価格で供給を行う理由はない。

10 小括

本章では、メディアの核をなす情報財の特性として等量消費性を取り上げ、資源配分上の効率性が達成されるために必要な条件を確認するとともに、情報財の私的供給がこれら条件を達成する為に必要な事項について検討を行った。

情報財の望ましい供給を達成するためには、利用者のすべての限界効用の和が情報財の限界費用に等しくなる水準に情報財の供給量が決定されるとともに、効用を有するすべての利用者が情報財を消費できる、すなわち排除が生じないことが必要となる。前者の供給水準に関する条件と後者の利用者数に関する条件を同時に達成するためには、完全な価格差別が行われる必要があることを示した。

次に、等量消費可能な財を複数の供給主体が供給することの資源配分上の

意義について検討を行った。一般的な財と異なり、等量消費可能な財を複数の主体が競争的に供給することと、資源配分上の効率性との関係は必ずしも明らかではない。複数の供給主体が市場で情報財を供給することが資源配分上の意義を持つには、各主体が異なる質の情報財を供給している必要がある。なお、異なる質の情報財が供給されるということは事実上、情報財の供給量が全体として増加することと同じであり、この意味で情報財の供給水準は質的差別化の程度に依存することになる。しかしながら、情報財が差別化されているかは、供給主体の数のみで判断することはできないことを指摘した。

次に、複数の供給主体が情報財の供給を行っている例として、有料放送市場におけるケーブルテレビと衛星放送を取り上げ、両者の競争関係について検討を行った。効率性仮説のもとでは市場シェアと価格には負の関係が生じること理論モデルから示したのち、これを踏まえ、ケーブルテレビの市場シェアと価格の相関を測ることで、有料放送市場におけるケーブルテレビと衛星放送の競争について、市場支配力仮説と効率性仮説のいずれの仮説を当てはめることが妥当であるかを検証した。実証分析の結果、ケーブルテレビの市場シェアと価格の間に正の相関が示されたことから、ケーブルテレビについては市場支配力仮説が成立している可能性が高いことを指摘した。また、ケーブルテレビに対して市場支配力をもたらしている構造的要因を分析した結果、履歴効果やロックイン効果、地上波再送信の有無などが、ケーブルテレビと衛星放送のサービスを差別化している要因であることを示した。

最後に、ケーブルテレビと衛星放送で採用される価格戦略が異なることで、均衡における加入率や均衡価格が、地域間だけでなく事業者間でも異なる値を示すことになることを示した後、競争環境だけでなく、採用される価格（差別化）戦略の違いも生産者余剰と消費者余剰の分配に影響を与えることを示した。

第3章
補完性

1 情報財と補完財

　番組などの情報財は等量消費が可能であるため、当該財から効用を得るすべての利用者が情報財を利用できることが資源配分上望ましい。しかし、利用者数の増加によって他の利用者の効用が減少する場合[1]や、利用者数の増加に追加的な費用が必要である場合は、この限りではない。通常、消費者が情報財を利用するためには、受信端末やネットワーク網などの補完財が必要となる。コンテンツなどの情報財はそれ自体は消費が競合しないとしても、伝送サービスや受信端末などの補完財については、消費は競合するのが一般的である。このため、情報財などのソフトと伝送インフラや受信端末などのハードの結合サービスである放送サービスについては、利用者の数が増加するに伴い追加的な費用が発生することになる。すなわち利用者数の増加に対する限界費用は正となる。この場合、等量消費財であっても、すべての主体が情報財を利用可能となることは必ずしも資源配分上望ましいわけではなく、利用者数を制御する必要が生じる。

2 補完性とネットワーク効果

　補完性は、間接ネットワーク効果（indirect network effect）と呼ばれる外部効果を生じさせる。

---

[1] これは混雑現象と呼ばれるものであり、消費が部分的に競合することを意味する。ただし情報財について混雑現象を仮定することは妥当ではないと思われる。

例えば、ゲームソフトとゲーム機、ビデオソフトとビデオデッキ、インターネットとパソコンなどは、ソフトとハードが一体となったときに限り価値を持つ。さらに、ソフトの供給量が増えるほどハードの価値が高まる。例えば、ハード j において提供されるソフトウェアの量を S_j として、消費者 i がハード j を利用することによる効用が

$$U_{ij} = a_i + S_j^b$$

となる。すなわち、ハードの価値がソフトの量に依存しており、多くのソフトが提供されるハードほど、利用者の効用（支払意思額）が増加する。

一方、ソフトの供給主体にとって、利用者の数が多いハードにソフトを供給するほうが、高い利益を得られる可能性が高い。このため、ソフト供給主体の利潤最大化行動の結果、利用者の数が多いハードほど多くのソフトが供給されることになる。すなわち、ハード j において提供されるソフトの数について

$$S_j = f(N)$$

といった関係が成立することになる。

消費者 i の効用は、利用者の数に直接影響を受けるわけではないが、ソフトの供給量 S が利用者数 N に依存することから、最終的には消費者の効用（便益）は利用者の数 N に依存することになる。このように、補完財（市場）などを通じて、利用者の効用が最終的に利用者の数に影響を受けることを間接ネットワーク効果と呼ぶ。補完財の相互関係が、間接ネットワーク効果と呼ばれる外部効果をもたらすことになる。なお、コンテンツなどのソフトと伝送インフラや端末などのハードの補完によってサービスが形成される放送サービスには、間接ネットワーク効果が存在すると考えられる[2]。

2　放送サービスについては、間接ネットワーク効果以外に、社会生活を営む上で共通の話題を有する必要性から、多くの人が番組を視聴するといった直接ネットワーク効果に近いものも存在すると考えられる。

3 補完財の結合供給

補完財の供給については、供給者が必要な補完的なコンポーネントを結合して一体として供給するケース（結合供給）もあれば、それぞれのコンポーネントを異なる別の主体が供給し、消費者自身がこれらコンポーネントを結合して消費するケース（分離供給）もある[3]。伝統的なメディアである地上波放送は、情報財と伝送（インフラ）サービスが一体で供給されているケースと言える[4]。一方、衛星放送やインターネットは、情報財の供給主体と伝送サービスの供給主体が分離しているケースと考えられる。ただし、受信端末については、情報財の供給主体とは異なる主体によって供給が行われることが多く、利用者自らが両者を補完的に需要する。

補完性に基づく外部効果は、供給方法によっては市場の失敗を生じさせる可能性がある。以下では、補完財が必要な場合の社会厚生の最大化条件と私的供給（結合供給）による利潤最大化条件を比較する。

3-1 設定

利用者は最大で $\overline{N}$ 人存在するとする。各利用者が情報財の消費から得る効用は、情報財の水準 S に依存するとして

$$U_i = a_i + S^b \qquad i = 1, \cdots\cdots, \overline{N}$$

とする。なお、利用者の情報財に対する限界効用に違いはないとし、各利用者の効用は a_i の違いによってのみ表されるものとする。なお、

$$a_1 > a_2 > \cdots\cdots > a_{\overline{N}}$$

---

[3] 情報財を利用するための補完財は1つではない。放送であれば送信ネットワーク網と受信端末など複数の補完財が必要とされる。これら複数の補完財のうち、一部は結合して同一の主体によって供給され、一部は分離して異なる主体によって供給される。

[4] 情報財は伝送インフラと結合することが多いが、これは技術的な理由によるところもあるが、それ以外にも排除が容易な物理的な財（ハード）と結合して供給することによって、等量消費財である情報財（ソフト）についても排除が可能となり、料金の徴収が比較的容易になるといった理由もある。

が成立しているとする。一方、情報財を消費するには補完財を1単位必要とする。このため消費者が情報財の消費に支出する金額Eは、

$$E = p^S S + p^H$$

となる。p^Sは情報財の単位当たりの価格であり、p^Hは補完財の価格とする。消費者iは

$$U_i - (p^S S + p^H) \geq 0$$

であればクラブに加入して情報財を消費するが、

$$U_i - (p^S S + p^H) < 0$$

であれば加入しないものとする。

一方、補完財を含めた情報財の費用関数は

$$C(S, N)$$

とする。ただし、情報財と補完財の費用は、以下のように分離可能とする。

$$C(S, N) = C(S) + C(N)$$

利用者がサービスを利用するためには1単位の補完財が必要となることから、情報財の利用者数の増加に伴う限界費用は正になる。

3-2 社会厚生の最大化条件

社会厚生は

$$W(S, N) = \sum_{i=1}^{N} U_i(S) - C(S, N)$$

となるため、一階条件は

$$\frac{\partial W}{\partial S} = \sum_{i=1}^{N} \frac{\Delta U_i(S)}{\Delta S} - \frac{\partial C}{\partial S} = \frac{\Delta U(S)}{\Delta S} N - \frac{\partial C}{\partial S} = 0 \quad (3-1)$$

$$\frac{\partial W}{\partial N} = U_N(S) - \frac{\partial C}{\partial N} = 0 \qquad (3-2)$$

となる。上記の条件を同時に満たす S^* と N^* が最適な情報財の供給量と利用者数となる。第1の条件はサミュエルソン条件であり、第2の条件は限界的な加入者の効用が補完財の限界費用と等しくなることを意味する。純粋な等量消費財の場合と異なり、$\partial C/\partial N > 0$ である以上、社会厚生を最大にする利用者数 N^* は上限 $\overline{N}$ 以下となる。

3-3 補完財を含む等量消費財の供給

供給主体は1社とし、利用者の効用を十分に把握しており、情報非対称性の問題はないとする。一方、補完財については、すべての利用者に対して同じ価格を設定するとする。この場合、ソフトとハードを供給することから得られる利潤は

$$\pi = p^H N + p^S S N - C(S, N)$$

となる。利潤最大化の一階条件は

$$\frac{\partial \pi}{\partial S} = p^S N - \frac{\partial C}{\partial S} = 0$$

$$\frac{\partial \pi}{\partial N} = p^H + p^S S - \frac{\partial C}{\partial N} = 0$$

であるから

$$p^S = \frac{\partial C}{\partial S} \frac{1}{N} \qquad (3-3)$$

$$p^H + p^S S = \frac{\partial C}{\partial N} \qquad (3-4)$$

が成立する。(3-3) 式は、価格 p^S が、情報財の限界費用の1人当たり平均額となることを示している。情報財に対する限界効用は、利用者の間で違いがないため、市場環境に関わりなく $p^S = \partial U/\partial S$ が成立する。このため (3-3) 式は (3-1) 式のサミュエルソン条件と一致する。

一方、(3-4) 式は、補完財からの収入と利用者の追加加入によって得ら

れる情報財からの収入の和が、補完財の限界費用と等しくなる水準に、利用者数を決定することを意味する。限界的な利用者については、

$$U_N = p^H + p^S S$$

が成立していることから、社会厚生の最大化の一階条件である（3-2）式と、利潤最大化条件（3-4）式は一致する。

なお、結合供給の場合は

$$p^H = \frac{\partial C}{\partial N} - p^S S^* = \frac{\partial C}{\partial N} - \frac{\partial U}{\partial S} S^* \qquad (3-5)$$

となるため、補完財の価格 p^H は、加入増に伴う限界費用から、加入後に消費者が情報財を利用することから得られる収入を引いた値となる。仮に

$$\frac{\partial C}{\partial N} < \frac{\partial U}{\partial S} S^*$$

であれば、補完財価格は

$$p^H \leq 0$$

となる。これは利用者の追加加入から得られる収入が十分大きい場合は、端末などの補完財価格は低い値（場合によってはゼロ）となる可能性があることを意味する。端末などの補完財がサービスの需要のための前提条件である場合は、結合供給を行う事業者は補完財の価格を限界費用以下にしてもサービスの利用者を増加させることで、全体としては利潤を増加させることを意味する。

3-4　補完財の分離供給

次に、補完財を分離して供給する場合には、間接ネットワーク効果を内部化することができず、市場の失敗が生じることを示す。端末やアクセスなどの補完財を供給する事業者と情報財を供給する事業者が分離している場合、情報財の供給主体の利潤は

$$\pi^S = p^S S N - C(S)$$

端末などの補完財の供給主体の利潤は

$$\pi^H = p^H N - C(N)$$

となる。このため、それぞれの利潤最大化の一階条件は、

$$\frac{\Delta \pi^S}{\Delta S} = p^S N - \frac{\Delta C(S)}{\Delta S} = 0$$

$$\frac{\Delta \pi^H}{\Delta N} = p^H - \frac{\Delta C(N)}{\Delta N} = 0$$

となる。これより

$$p^S = \frac{\Delta C}{\Delta S} \frac{1}{N} \qquad (3-6)$$

$$p^H = \frac{\Delta C}{\Delta N} \qquad (3-7)$$

となる。(3-6) 式は (3-3) 式と同じであるが、(3-7) 式は (3-4) 式と異なる。(3-7) 式が社会厚生の最大化条件 (3-2) 式と一致するためには、

$$U_N = p^H$$

が成立する必要がある。しかし、限界的加入者については

$$U_N = p^S S + p^H$$

が成立しているため、p^S がゼロとなる以外には、(3-7) 式と (3-2) 式は一致しない[5]。このため、補完財を分離して供給する場合の利潤最大化条件は社会厚生の最大化条件とは一致しない。

4 補完財供給の一般的なケース

情報財（ソフト）を消費する際に端末などの補完財（ハード）が一単位必

---

5 情報財の限界費用に対して利用者数が非常に多い場合は、p^S はゼロに近づくが、完全には一致しない。

要になる状況を想定し、ハードとソフトをそれぞれ異なる主体が供給する場合は、社会的に望ましい供給条件の1部（利用者数の条件）が満たされないことを示した。これは、利用者が増加することでソフトの供給主体が得ることができる追加的収入が、ハードの供給者に考慮されないことに原因がある。なお、情報財のような等量消費財を前提にしなくとも、補完財を分離して供給する場合は、上記のような相互関係を内部化できず、同じ問題が生じる。以下では、補完関係にある2つの財を供給する主体が、ベルトラン競争（価格設定）もしくはクールノー競争（数量設定）を行うケースでも、同様の問題が生じることを確認する。また、補完財を結合して供給することで結合利潤が最大となるにもかかわらず、各供給主体にとって補完財を結合して供給するインセンティブがあるとは限らないことを示す。

4-1 価格決定の場合

補完関係にある2つの財 x_1 と x_2 を、2つの供給主体がそれぞれ独立して供給する場合と、1つの供給主体が両財を結合して供給する場合を比較する[6]。最初に各供給主体が価格を決定する場合（ベルトラン競争）を検討する。

補完財を2つの供給主体がそれぞれ分離して供給する場合、第1財の供給主体の利潤は

$$\pi_1 = (p_1 - c_1)x_1 - F_1$$

第2財の供給主体の利潤は

$$\pi_2 = (p_2 - c_2)x_2 - F_2$$

となる。なお、第1財の需要曲線を

$$x_1 = \alpha - \beta p_1 - \gamma p_2$$

第2財の需要曲線を

$$x_2 = \alpha - \beta p_2 - \gamma p_1$$

---

[6] 以下の記述は Varian, Farrell and Shapiro (2004), Varian (2005) を参考にしている。

α, β, $\gamma \leq 1$ かつ $\beta > \gamma$ とする。ただし簡略化のため、限界費用 $c_i (i = 1, 2)$ はいずれもゼロと仮定する。この場合、第 1 財の利潤最大化の一階条件

$$\frac{\Delta \pi_1}{\Delta p_1} = \alpha - 2\beta p_1 - \gamma p_2 = 0$$

より、第 1 財の反応関数は

$$p_1 = \frac{\alpha}{2\beta} - \frac{\gamma}{2\beta} p_2$$

となる。同様に第 2 財の反応関数は

$$p_2 = \frac{\alpha}{2\beta} - \frac{\gamma}{2\beta} p_1$$

となる。これらを解くと、均衡価格は

$$p_1 = p_2 = \frac{\alpha}{2\beta + \gamma} \qquad (3-8)$$

となり、補完関係にある 2 つの財の価格の合計は

$$p_1 + p_2 = \frac{2\alpha}{2\beta + \gamma} \qquad (3-9)$$

利潤の合計は

$$\pi = \pi_1 + \pi_2 = 2\left[\frac{\alpha^2}{2\beta + \gamma} - (\beta + \gamma)\left[\frac{\alpha}{2\beta + \gamma}\right]^2\right] - (F_1 + F_2) \qquad (3-10)$$

となる。

　一方、2 つの補完財を結合して供給する場合の利潤は

$$\pi = \pi_1 + \pi_2 = (p_1 - c_1)x_1 + (p_2 - c_2)x_2 - (F_1 + F_2)$$

となるため、第 1 財の利潤最大化の一階条件

$$\frac{\Delta \pi}{\Delta p_1} = \alpha - (2\beta + \gamma)p_1 - \gamma p_2 = 0$$

より、第 1 財の反応関数は

$$p_1 = \frac{\alpha}{2\beta + \gamma} - \frac{\gamma}{2\beta + \gamma} p_2$$

となる。同様に第2財の反応関数は

$$p_2 = \frac{\alpha}{2\beta+\gamma} - \frac{\gamma}{2\beta+\gamma} p_1$$

となる。これらを解くと

$$p_1 = p_2 = \frac{\alpha}{2(\beta+\gamma)} \qquad (3-11)$$

となるため、2つの財の価格の合計は

$$p_1 + p_2 = \frac{2\alpha}{2(\beta+\gamma)} \qquad (3-12)$$

均衡利潤は、

$$\pi = 2\left[\frac{\alpha^2}{2(\beta+\gamma)} - (\beta+\gamma)\left[\frac{\alpha}{2(\beta+\gamma)}\right]^2\right] - (F_1 + F_2) \qquad (3-13)$$

となる。

4-2 数量決定の場合

次に、供給主体が数量を決定する場合（クールノー競争）を検討する。第1財に対する限界支払意思は

$$p_1 = \alpha - \beta x_1 + \gamma x_2$$

第2財に対する限界支払意思は

$$p_2 = \alpha - \beta x_2 + \gamma x_1$$

とする。限界費用はいずれもゼロと仮定すると、分離供給の場合の第1財の一階条件は

$$\frac{\Delta \pi_1}{\Delta x_1} = \alpha - 2\beta x_1 + \gamma x_2 = 0$$

第2財の一階条件は

$$\frac{\Delta \pi_2}{\Delta x_2} = \alpha - 2\beta x_2 + \gamma x_1 = 0$$

となる。このため、各財の反応関数は

$$x_1 = \frac{\alpha}{2\beta} + \frac{\gamma}{2\beta} x_2$$

$$x_2 = \frac{\alpha}{2\beta} + \frac{\gamma}{2\beta} x_1$$

となる。これらを解くと、均衡数量は

$$x_1 = x_2 = \frac{\alpha}{2\beta - \gamma} \quad (3-14)$$

結合利潤は

$$\pi = \pi_1 + \pi_2 = 2\left[\frac{\alpha^2}{2\beta - \gamma} - (\beta - \gamma)\left[\frac{\alpha}{2\beta - \gamma}\right]^2\right] - (F_1 + F_2) \quad (3-15)$$

となる。

　一方、補完財を結合して供給する場合の利潤は

$$\pi = \pi_1 + \pi_2 = (p_1 - c_1)x_1 + (p_2 - c_2)x_2 - (F_1 + F_2)$$

となるので、第1財の一階条件は

$$\frac{\Delta \pi}{\Delta x_1} = \alpha - 2\beta x_1 + 2\gamma x_2 = 0$$

第2財の一階条件は

$$\frac{\Delta \pi}{\Delta x_2} = \alpha - 2\beta x_2 + 2\gamma x_1 = 0$$

となる。このため反応関数は

$$x_1 = \frac{\alpha + 2\gamma x_2}{2\beta} = \frac{\alpha}{2\beta} + \frac{\gamma}{\beta} x_2$$

$$x_2 = \frac{\alpha + 2\gamma x_1}{2\beta} = \frac{\alpha}{2\beta} + \frac{\gamma}{\beta} x_1$$

となる。これらを解くと、均衡数量は

$$x_1 = x_2 = \frac{\alpha}{2(\beta - \gamma)} \quad (3-16)$$

結合利潤は

$$\pi = \pi_1 + \pi_2 = 2\left[\frac{\alpha^2}{2(\beta-\gamma)} - (\beta-\gamma)\left[\frac{\alpha}{2(\beta-\gamma)}\right]^2\right] - (F_1 + F_2) \qquad (3-17)$$

となる。

4-3 分離供給と結合供給の比較

　価格決定の場合は、(3-8) 式と (3-11) 式の比較より、分離供給より結合供給の方が価格は低い値となっている。一方、数量決定の場合は、(3-14) 式と (3-16) 式の比較より、分離供給より結合供給の方が数量は高い値となっている。すなわち、価格決定であれ数量決定であれ、分離供給より結合供給の方が、均衡価格は低く、均衡数量は多くなる。また、(3-10) 式と (3-13) 式および (3-15) 式と (3-17) 式の比較より、結合供給の方が利潤の和は高い値を示している。表3-1には、パラメータに具体的な値を代入した価格決定の場合の価格と利潤の値を、表3-2には数量決定の場合の数量と利潤の値を、それぞれ示している。補完関係にある財については、一方の財を価格引き下げる、もしくは生産量を増加させることで、他方の財の供給主体の利潤を増加することが可能であるが、分離供給ではこのような関係を考慮できない。結合供給であれば、このような関係を内部化することができるため、全体の利潤を増加することができるようになる。

　なお、このような内部化は、結合や合併という形をとらずとも、利潤の分配という形でも達成することはできる。この場合、システムとして一体化した製品として販売して、その利潤の一部を供給主体の間で分配することになる。このような補完財の供給者間の利潤の再分配は、携帯電話における通信事業者と端末メーカー間の奨励金（補助金）などに見られる。

　以上のように、補完性がもたらす間接ネットワーク効果のため、補完財を分離して供給することは市場の失敗をもたらす。これを回避するには、補完関係にある財を結合して供給する（内部化する）必要がある。しかし、各供給主体にこのような内部化のインセンティブが必ずしもあるわけでない。例えば、先の価格決定モデルのケースでは、第1財の供給主体の利潤は

$$\pi_1 = p_1(\alpha - \beta p_1 - \gamma p_2) - F_1$$

第3章 補完性 107

表3-1 価格決定の場合

α	β	γ	（分離供給）均衡価格	（結合供給）均衡価格	（分離供給）均衡利潤	（結合供給）均衡利潤
1	0.09	0.02	5.000	4.545	4.500	4.545
1	0.08	0.02	5.556	5.000	4.938	5.000
1	0.07	0.02	6.250	5.556	5.469	5.556
1	0.06	0.02	7.143	6.250	6.122	6.250
1	0.05	0.02	8.333	7.143	6.944	7.143
1	0.04	0.02	10.000	8.333	8.000	8.333
1	0.03	0.02	12.500	10.000	9.375	10.000
1	0.1	0.09	3.448	2.632	2.378	2.632
1	0.1	0.08	3.571	2.778	2.551	2.778
1	0.1	0.07	3.704	2.941	2.743	2.941
1	0.1	0.06	3.846	3.125	2.959	3.125
1	0.1	0.05	4.000	3.333	3.200	3.333
1	0.1	0.04	4.167	3.571	3.472	3.571
1	0.1	0.03	4.348	3.846	3.781	3.846

表3-2 数量決定の場合

α	β	γ	（分離供給）均衡数量	（結合供給）均衡数量	（分離供給）均衡利潤	（結合供給）均衡利潤
1	0.09	0.02	6.250	7.143	7.031	7.143
1	0.08	0.02	7.143	8.333	8.163	8.333
1	0.07	0.02	8.333	10.000	9.722	10.000
1	0.06	0.02	10.000	12.500	12.000	12.500
1	0.05	0.02	12.500	16.667	15.625	16.667
1	0.04	0.02	16.667	25.000	22.222	25.000
1	0.03	0.02	25.000	50.000	37.500	50.000
1	0.1	0.09	9.091	50.000	16.529	50.000
1	0.1	0.08	8.333	25.000	13.889	25.000
1	0.1	0.07	7.692	16.667	11.834	16.667
1	0.1	0.06	7.143	12.500	10.204	12.500
1	0.1	0.05	6.667	10.000	8.889	10.000
1	0.1	0.04	6.250	8.333	7.813	8.333
1	0.1	0.03	5.882	7.143	6.920	7.143

であったが、第1財の価格 p_1 の限界利潤が

$$\frac{\partial \pi_1}{\partial p_1} = \alpha - 2\beta p_1 - \gamma p_2 \qquad (3-18)$$

となるのに対して、第2財の価格 p_2 の限界利潤は

$$\frac{\partial \pi_1}{\partial p_2} = -\gamma p_1 \qquad (3-19)$$

となる。(3-18) 式より、第1財の価格 p_1 の引き下げが利潤を増加させるかは、明らかではない。これに対して、(3-19) 式より、第2財の価格 p_2 の引き下げは第1財の供給主体の利潤を確実に増加させる。すなわち、第1財の供給主体にとって、第2財の価格が低下することは、自らの利潤の増加につながる。このため、補完関係にある財を分離し、補完財市場を競争的な環境にすることで、自社の利潤を増加することができる。

特に、情報財のように等量消費可能かつ複製などが容易な財の場合は、インフラや端末などのハードと比較して新規参入が容易であり、競争によって価格の低下が生じやすい。このため、ハードを供給する主体にとっては、ソフトの供給を分離することによるメリットが大きいと考えられる。放送市場では番組などのコンテンツ制作の外部化が進んできたという経緯があるが、これは上記のような補完財の分離供給の誘因を反映していると考えることができる[7]。

なお、内部化という点では補完財は結合して供給することが望ましいが、結合供給には別の問題もある。補完財を結合して供給することは、いずれか一方の補完財が中間投入財となることに等しい。特に補完財に利潤の調整（内部補助）がある場合は、利潤の分配を受けられない補完財供給者は、同じ条件で財を供給することができないため、補完財市場に参入することが困

---

[7] Varian (2005) では、規格の統一や標準化が、補完財供給者の参入と競争を促すことで、システム全体の価格を引き下げることになるとともに、他方の補完財の供給事業者の収入もしくは利潤の増加につながることを指摘している。また、OSの生産者はパソコンの規格統一を望むが、これはOS生産者自らの製品開発が容易になるというだけでなく、パソコン生産者間で競争が促進されることでパソコン価格が低下して、両者を結合したシステム全体としての価格が低下することになり、OSの生産者は収入および利潤を増加させることにつながるためであると指摘している。

難となる。インフラとコンテンツの供給主体が独立して供給を行っている衛星放送やインターネットでは、数多くの供給者が情報財（コンテンツ）を供給しているのに対して、結合供給を行っている地上波放送では、広告収入との関係でチャンネル数の増加に余り積極的になることができないこともあって、情報財を供給する主体の参入が妨げられているように思われる。このように、結合供給は新規の補完財の供給者にとって参入障壁となるなどの弊害となる可能性がある。

5 新技術の導入と補完財の連携

　補完財を分離供給するか結合供給するかといった違いは、新たな技術を導入する際にも問題となる。補完関係にある財については、一方の財に新たな技術を組み込む際には、補完財もこれに対応する必要が生じることがしばしばある。例えば、放送のデジタル化であれば、放送局の制作用機器や伝送設備の対応はもちろんのこと、利用者側の受信端末もデジタル化に対応したものに更新する必要が生じる。補完財を結合して供給する場合は、このような連携はあまり問題とはならないかもしれない[8]。これに対して、利用者自らが各補完財を結合して利用する分離供給では、補完財間の技術的連携がうまくいくとは限らない。

　特に、新技術移行の恩恵がすべて消費者に帰属するとは限らない場合は、分離供給ほど補完財の連携が難しくなる。例えば、新技術に対応するために受信端末を買い換える必要があるとしても、新技術を導入することによって消費者が得られる利益が、負担する費用よりも低いということもありうる。この場合は、連携の必要がある主体が、結合供給の場合よりも多いこともあって、端末の切り替えがネックとなって補完財全体の技術移行が進まない

8　市場を通じて調整を行う分離供給よりも、組織内で調整を行う結合供給の方が、調整の対象が少ないという点で、補完財の連携は容易かもしれない。しかし、最終的に利用者が新技術を組み込んだ結合財への切り替えを自発的に行うかといった問題は残る。また旧技術を組み込んだ財との間で利益相反が生じることから、組織内調整を経る結合供給では新技術の組み込みに消極的となる可能性があるため、分離供給と比較して、新技術の導入が遅れる可能性もある。

ことも考えられる。なお、分離供給の場合、一方の補完財供給者にとって新技術に移行することから十分な利益が還元されると判断すれば、補完財の切り換えに係る利用者の負担を、奨励金のようなものを通じて補助するような措置が取られることもある。

5-1　デジタルテレビ普及に関する先行研究

　新技術へ移行に伴い、補完財の連携が問題になった例として、放送のデジタル化が挙げられる。放送のデジタル化は国の施策として実施されてきた。放送のデジタル化が政策目標として明示化されたのは、1996年の「放送高度化ビジョン懇談会」であった[9]。これを受けて、BS放送は、2000年12月にデジタル放送を開始し、2006年3月にはNHKおよび民間放送7社がデジタルテレビジョン放送、民間放送3社（サイマル放送を行う事業者を含む）が超短波放送およびデータ放送を実施することになった。CS放送は、1996年6月に東経124度と東経128度のCS衛星2つを用いたデジタル放送を開始した。さらに2002年3月には、上記の衛星に加え、新たに東経110度にもCS衛星が打ち上げられ、110度CSデジタル放送が開始された[10]。また、最も利用者が多い地上波放送については、2003年10月には関東・関西・中京の三大都市圏でデジタル放送が開始され、2011年7月には全国でのデジタル化が完了した。

　番組などのコンテンツと伝送施設については、デジタル化対応に係る費用負担などの問題はあったものの、結合供給が行われていたこともあって両者の連携が問題となることはあまりなかった。これに対して、利用者が結合して消費する受信端末については、新技術に対応した端末への移行が問題となった。このような点を踏まえて、デジタル化へ対応するための放送受信端

9　「放送高度化ビジョン懇談会」では新しい放送行政の枠組み構築のための長期検討として、①地上波放送中心から3つのメディアの連携、②国内放送中心から国内放送と国際放送の総合的政策、③総合放送中心から専門放送と総合放送の役割分担、④有料放送市場における競争政策の推進と公正な競争の確保、⑤NHKと民放併存体制の新たな視点での検討、⑥通信と放送の整合性を考慮した制度の構築などが挙げられている。

10　なお、東経110度という位置は、BSデジタル放送の放送衛星と同じ経度にあり、共用受信機（チューナー）によってBSとCSの両デジタル放送サービスを受信することが可能となった。

末(デジタルテレビ)の買換えについて分析した先行研究が存在する。

Farrell and Shapiro (1992) では、デジタル信号や番組フォーマットといった技術標準の決定問題を理論モデルで分析して、デジタル放送の受信端末の普及過程について、カラーテレビやVCRなど過去の類似製品を参考にしながら事例研究を行っている。このなかで、デジタル放送への転換が成功するための要因として、①HDTV用の番組が利用可能であること、②HDTV用の信号が各家庭で受信可能であること、③各世帯がHDTV用受信機を保有していることを挙げて、②③がボトルネックとなる可能性を指摘した。

Gupta, Jain and Sawhney (1999) は、シカゴ市の意向調査データに基づいて、デジタルテレビの普及予測を行った結果、HDTVの普及が、予測よりも遅くなる原因の1つとして、デジタルテレビで利用可能な番組不足に原因があることを示している。すなわち、新機器の普及にはソフトウェアが重要な要因の1つとなっていることを指摘している。

Adda and Ottaviani (2005) は、イギリスで実施された表明選好法による調査結果を用いて、デジタルテレビ普及のシミュレーションを行っている。結果、普及を政策的に促進する要因として、①信号や公共放送局(BBC)のコンテンツの質を統制すること、②補助金による介入を行うこと、③アナログ波からデジタル波へ切り替える際の条件および日程を公表すること、を挙げている。

Maier and Ottaviani (2006) は、モデルを用いて、デジタル放送に対する視聴者の評価が異なる状況で、補助金やアナログ停波時期が経済厚生などに与える影響について分析している[11]。他には、テレビの高度化と利用可能なサービスとの関連を分析した研究として、オーストラリアの有料テレビを通じた情報・ビデオなどの娯楽サービスに対する消費者需要を分析したMadden, Simpson and Savage (2002)、ノルウェーの消費者に対して基本的インターネット・サービスと高付加価値な双方向TVサービス(iTV)に対する認識を分析したAndersson, Fjell and Foros (2004) なども挙げられる。

---

11 ただし、実際にどのような手段をとる事が望ましいかについては実証的な問題であり、具体的な解を提示していない。

日本の地上波放送のデジタル化に伴う受信機普及に関する分析としては山下（1999，2000）、木村（2004）などが挙げられる。

5-2　デジタル化と受信端末の購入選択

　テレビなどの受信端末は、情報財を利用するための補完財であり、端末の購入は放送の需要プロセスの初期の段階に該当する。端末など受信機の購入行動は、消費者が購入後に受けると期待される追加的便益（効用）に依存する。すなわち、端末購入後にサービスを利用することから得られる効用と端末の買換えに係る費用負担を比較して購入選択が行われると考えられる。このため、受信端末の購入選択は、購入後に利用可能となるサービスの内容や量に依存すると考えられる。消費者にとって、受信端末の購入を選択[12]する際の評価項目としては

- ・ハード的要因による効用：従来の端末と比較して、より高性能な端末が利用できるようになることで得られる効用
- ・ソフト的要因による効用：高品質ソフトが利用可能になる、もしくはより多くのソフトが利用可能になることで得られる効用
- ・外生的要因による効用：規格や標準の変更によって、従来のサービスが利用できなくなることによる効用。

が考えられる。放送受信機に当てはめて考えれば、ハード的要因による効用としては画面サイズなど、ソフト的要因による効用としては画質、番組（チャンネル数）、外生的要因による効用としてはデジタル放送への移行時期、もしくはアナログ放送の終了時期などが挙げられる。

　ソフト的要因は、受信端末自体の価値ではなく、番組やチャンネルなどの補完財が効用に与える影響である。また、外生的要因による効用は、他の項

---

[12] テレビ受信機の場合、アナログ放送の段階で普及率がすでに100%に達していたことから、特別な要因がなければ放送受信機の購入のメインは買換え需要となる。純粋な買換え需要であれば、性能や機能の向上もしくは機器の故障といったハード的要因、またはより多くのチャンネルが視聴可能になるといったソフト的要因に基づいて、消費者は買換えの選択を行うことになると考えられる。

目と異なり、通常の効用というより、従来のサービスを利用できなくなることによって失われる効用であり、機会費用と考えるべきものである。逆に言えば、従来のサービスに対して消費者が得ていた基礎的効用を示していると考えられる。

5-3 受信端末の購入とネットワーク効果[13]

以下では、デジタル放送の受信機の購入に対する利用客の限界（平均）支払意思額を推計することによって[14]、受信端末の選択購入に対して、補完財（ソフト的要因）や政策（外生的要因）が与える影響を検証する。これによって、補完性がもたらす間接ネットワーク効果の存在を確認する。具体的には、表明選好（Stated Preferences: SP）データを用いたコンジョイント分析（conjoint analysis）[15]を行い、デジタル放送の受信端末が有する属性に対して、消費者が感じている経済価値（支払意思もしくは効用）を推定することを試み、補完関係にある放送サービス（ソフト）と受信端末（ハード）の間のネットワーク効果の大きさを推計する[16]。

コンジョイント分析では、効用関数に多属性効用関数を想定する。すなわち、消費者は財を消費する際、財を構成する様々な属性から効用を得ると考

13　以下の分析は、曽・宍倉・春日（2008）をもとにしている。
14　荒井（1995）は費用便益分析法を用いて、各放送サービスのWTPの推計を行っている。
15　コンジョイント分析は表明選好法と呼ばれ、評価対象に対する選好を回答者に尋ねる。多数の要因の組み合わせから構成される商品（サービス）の好き嫌いの程度について消費者の順序関係に関する情報を得ることで、個々の要因の効果およびその同時結合尺度（Conjoint Scale）を推計することが目的である。プロファイルと呼ばれる商品を想定した各属性の組み合わせに対し、調査によって回答者から各プロファイルに対する効用もしくは選好順序を尋ね、被験者の選考順序に関する応答に基づき、各属性に対する重要度およびその各効用値（部分価値）を統計的に推計し、消費者が購買決定にあたって評価する項目を把握する。
16　コンジョイント分析では様々な質問形式が開発されているが、主なところでは評定型コンジョイント（rating-based conjoint：RBC）と選択型コンジョイント（choice-based conjoint：CBC）の2種類がある。評定型コンジョイントは、それぞれの商品の好みを点数で採点したり、望ましい順に商品を並び替えたりすることで商品の属性別の選好を推定するのに対し、選択型コンジョイントでは、複数の商品のなかから望ましい商品を選択することで、属性の選好を推定する。なお、本分析では選択型コンジョイントを用いている。

える。先に述べたように、消費者は、機器（ハード）を変更することから得られる効用（直接効用）、利用可能なソフトから得られる効用（補完財からの効用）、これまで利用可能であったサービスが利用できなくなることによる損失（旧技術の下で得ていた効用）の合計が、端末の購入価格を超過する場合に、端末の更新を行うと考えることができる。このことを踏まえて、ハード面に関する属性として「画面サイズ」「表示方式」を、ソフト面に関する属性として「画質」「利用可能チャンネル数」を、その他の外生的要因による属性として「デジタル放送開始時期」「購入価格」の計6属性に着目して分析を行う。

5-4 設定

分析で採用した属性とレベルの設定をまとめると表3-3の通りである。これら属性およびレベルを組み合わせてプロファイルを作成している。なお、選択肢の作成には、表3-3の属性・水準を統計ソフトSPSSの直交計画機能によりプロファイルを作成した上で、非現実的なプロファイルを除外している[17]。

効用関数の確定項Vについては、基本的には以下のような線形関数を仮定している。なお表記の簡単化のため回答者を表すインデックスkと選択肢を表すインデックスiは省略している。

$$V = \beta_{PQ}PQ + \sum \beta_{SZ}SZ + \sum \beta_{CH}CH + \sum \beta_{LC}LC + \beta_{P}P + \sum \beta_{DS}DS$$

βは各属性に対応するパラメータを示している。PQは「HDTV」を選択したとき1、「SDTV」を選択したとき0をとる画質に関するダミー変数、SZはテレビの画面サイズ、CHは利用可能チャンネル数、LCは3つの表示方式（$LC1$：「液晶」、$LC2$：「プラズマ」、$LC3$：「プロジェクター」）を表すダミー変数である。またPは「TV購入価格」、DSはデジタル放送開始の有無を表している。

---

[17] 想定される組み合わせ（全5,600通り）から、最終的に30種類の選択肢に絞り込みを行った。

表3-3 属性とレベル

属性	レベル1	レベル2	レベル3	レベル4	レベル5	レベル6	レベル7
画質	SDTV	HDTV					
画面サイズ	14inch	20inch	29inch	35inch	42inch		
表示方式	ブラウン管	液晶	プラズマ	プロジェクター			
TV購入価格	50,000円	100,000円	150,000円	200,000円	250,000円	300,000円	400,000円
利用可能チャンネル数	5	10	15	20	30		
放送開始時期	未定	3年後	1年後	すでに開始			

　実際の推定では、上記の属性の項目に加えて、機器の属性と回答者の属性との交差項を用意し、回答者の属性の違いを考慮した推計を行っている。回答者の個人属性を反映する変数としては、放送関連機器の保有状況、有料放送の支払金額、携帯電話のコンテンツに関する利用の有無などを用いている。これらの項目は、比較的新技術の導入に対して相対的に強い選好を有する個人を示す指標になると考えられるため、これらの項目と属性の交差項をとることで、回答者がアーリーアダプターであることによる影響を分離して推計を行っている。

5-5 データ

　データは、総務省情報通信政策研究所（2005）の一部として実施されたものを用いた。同調査では2004年3月に全国の世帯内代表者（15歳から79歳までの男女）を対象に実施され、郵送した4,500世帯のうち2,035世帯から回答を得た（回収率45.2％）。コンジョイント分析の質問は1人につき6回の質問が行われ、延べ12,210の回答が得られた。そのうち、無回答を除外した89％（10,857）の有効回答率が得られた。各質問では属性の組み合わせで表された選択肢1～4が提示され、回答者が最も好ましいと判断した1つの受信機を選択するという選択（Choice）型の形式を採用した[18]。調査に用いた

18　Louviere and Woodworth（1983）により開発された「選択型」と呼ばれる回答形式は、「順位付け」形式や「評定」形式などの他の質問形式と比較して、回答形式が市場の選択行動に最も近いため回答者が回答しやすいという利点があり、現在最も頻繁に利用されているタイプとなっている。

表3-4　コンジョイント分析の質問例

問　新たにテレビを購入すると想定してください。購入するとしたら、どのような特徴を持ったテレビを選択しますか。次のグループごとに最も望ましいと思うテレビの番号（1～4）の1つに○をつけてください。（「SDTV」「HDTV」については次の【用語解説】をご参照ください。）

選択肢	1	2	3	4
画質	HDTV	HDTV	SDTV	SDTV
画面サイズ	20inch	20inch	29inch	29inch
表示方式	液晶	液晶	液晶	プラズマ
TV購入価格	200,000円	100,000円	400,000円	150,000円
利用可能チャンネル数	30CH	30CH	15CH	10CH
デジタル放送開始時期	1年後	すでに開始	3年後	1年後
	(　)	(　)	(　)	(　)

【用語解説】
SDTVとはStandard Definition Televisionの略で、テレビの走査線の数を525本とする放送方式で、現在提供されているテレビと同等の画質でテレビを視聴することができる放送方式です。一方、HDTVとはHigh Definition Television（高精細テレビ）の略で、テレビの走査線を1,125本または1,250本に増やすことで、現行のテレビよりも画質を向上させた放送方式です。

実際の質問は表3-4のようなものである。なお、当該調査はデジタル化への移行途中で行われたが、調査当時は2011年までにアナログ波は停波することが決まっており、アナログテレビをそのまま視聴することは将来的に不可能になることが明らかであったため、「デジタル放送開始時期」について「アナログ放送のまま」という選択肢は除外している[19]。

5-6　推計結果

以上のような設定のもと、条件付ロジットモデル、混合ロジットモデルを用いて、各属性のパラメータ推定を行った。

なお、混合ロジットモデルによる推計では、各パラメータがランダムか固

19　「アナログ放送のまま」という選択肢を入れた場合に比べ、選択確率がやや高めに推計される可能性がある。また「画質」（HDTV, SDTV）については、ランダムに選択した上で、回答のしやすさを考えてHDTVが示された質問票を左方にまとめる操作を施している。

定であるかは事前に予想することはできないため、最初に「料金」を固定、それ以外を正規分布していると仮定してモデルを推定し、標準偏差が有意でないものを固定パラメータとして再推定を行うことにより最終的なモデルを選択した。ここでは、ハルトンドロー（Halton Draw）と呼ばれる擬似乱数を使って1,000回の推定を実施し、シミュレートされた最尤推定量を得ている。また、コンジョイント分析用の設問を1人当たり6度回答していることを鑑み、同一回答者については係数が同一であると仮定した（すなわち独立ではない）場合の推計についても試みている。結果は表3-5に示す通りである。

いずれも同様の傾向を示していることから、尤度比指数（LRI）が最も高い同一回答者同一係数制約下での混合ロジットモデルの推定結果から得られたTV購入価格と各属性のパラメータの比率から、各属性に対する限界支払意思額を計算したものを表3-6に示している。

推計結果は、ハード固有の要因とソフト的要因および規格変更などの外生的要因に関連すると考えられる項目（属性）が、消費者の放送サービスの受信端末の購入（更新）の選択にどの程度の影響をもたらしているかを示している。

「画面サイズ」や液晶やプラズマといった「表示方式」については、調査当時は液晶技術を用いた放送受信機が普及し始めていた状況であり、これら新技術により受信端末の画面の大型化や薄型化が可能となったが、このような端末自体の高度化が、ブラウン管型テレビなどの従来の受信端末からの買換えを促進する要因となっていたことを示唆する。

「画質」については、端末が対応しなければ高精細の映像が配信されてもそれを利用することはできないし、またその逆も当てはまることを考えると、ハードとソフトいずれか一方の固有要因というより、双方にまたがる要因と考えるべきものである。調査当時は、数年後に地上波の完全デジタル化を控えており、高精細なソフトが利用可能となることが予定されていた（一部の地域ではすでに利用可能であった）こともあり、放送受信端末の購入選択に対して強い影響を及ぼしていることが示されている。

一方、「利用可能チャンネル数」はソフト的要因であり、受信端末の供給

表3-5　推計結果

被説明変数	条件付きロジットモデル		混合ロジットモデル		混合ロジットモデル(同一回答者同一係数制約)	
説明変数	係数	t値	係数	t値	係数	t値
画質（PQ）	0.516***	8.462	0.670***	6.991	0.663***	6.866
			(1.250)***	(5.214)	(1.079)***	(21.234)
最新放送関連機器保有ダミー	0.037	0.550	0.044	0.463	0.035	0.328
画面サイズ（SZ）	0.009***	2.404	0.013***	2.751	0.009*	1.703
			(0)		(0.039)***	(11.991)
最新放送関連機器保有ダミー	0.018***	4.227	0.022***	4.060	0.023***	4.220
表示方式						
プロジェクタ（LC3）	−0.301**	−2.183	−1.792***	−3.182	−0.270*	−1.862
			(2.7076)***	(4.561)	(0.426)*	(1.662)
最新放送関連機器保有ダミー	0.284*	1.893	0.499*	1.848	0.302*	1.908
プラズマ（LC2）	0.738***	7.379	0.659***	4.348	0.807***	6.554
			(1.3973)***	(5.415)	(0.798)***	(9.630)
最新放送関連機器保有ダミー	0.060	0.547	0.089	0.590	0.022	0.165
液晶（LC1）	0.547***	7.212	0.728***	6.563	0.688***	6.651
			(1.495)***	(8.197)	(0.918)***	(15.458)
最新放送関連機器保有ダミー	0.193**	2.310	0.236**	2.009	0.221*	1.942
TV購入価格（P）	−0.048***	−32.311	−0.060***	−22.600	−0.054***	−31.385
			(0)		(0)	
利用可能チャンネル数（CH）	0.018***	8.669	0.021***	7.630	0.020***	7.968
			(0)***		(0.023)***	(5.842)
有料番組利用ダミー	0.000012**	2.003			0.000014*	1.837
携帯有料コンテンツ利用ダミー	0.008***	2.794	0.011***	2.725	0.011***	2.902
デジタル放送開始時期（DS）	0.350***	8.987	0.517***	8.758	0.383***	8.010
			(0)		(0.223)***	(11.754)
有料番組利用ダミー	−0.000074	−0.610	−0.000089	−0.545	−0.000093	−0.631
携帯有料コンテンツ利用ダミー	−0.047	−0.826	−0.052950	−0.698	−0.050	−0.721
サンプル数	36,144		36,144		36,144	
対数尤度	−10,203.82		−10,147.45		−9,932.32	
尤度比指数（LRI）	0.1183		0.1232		0.1418	

注：***、**、*は、それぞれ1％、5％、10％水準で有意であることを示す。また、混合ロジットモデルの（ ）内は、パラメータの標準偏差の値およびそのt値を示す。固定パラメータの場合は0と表示されている。

表 3-6 各属性に対する MWTP

(円)

属性	MWTP（混合ロジット）
画質	122,529
画面サイズ	1,590
最新放送関連機器保有	4,338
表示方法	
プロジェクター	−49,921
最新放送関連機器保有（Q6）	55,760
プラズマ	149,150
液晶	127,137
最新放送関連機器保有（Q6）	40,784
利用可能チャンネル数	3,697
有料番組利用の支払金額（Q2）	3
携帯電話の有料コンテンツ利用料金（Q10）	1,959
デジタル放送開始時期	70,712

主体が制御できるものではないが、推計結果は補完的サービスが端末購入の選択にプラスの影響を及ぼすことが示されている。これは受信端末と放送サービスの間で「間接ネットワーク効果」が機能していることを示唆している。

「デジタル放送開始時期」は、規格や標準の変更を伴う外生的要因を反映していると考えることができる。調査当時は地上波の完全デジタル化に伴い従来のアナログ放送が終了することが予定されており、多くの家計が保有しているアナログチューナー内蔵テレビではいずれサービスを利用できなくなることが予見されていた。このため、この項目は規格変更により従来サービスが利用できなくなることによる損失（機会費用）を示していると解釈することもできる。係数は正の値を取っているものの、画面や表示方法などと比較して高い値を示しているわけではなく、限界支払意思額はむしろ低い値を示している。これは新たな付加価値を伴わない標準の変更や旧規格の中断のみでは、消費者に端末の購入（買換え）を促すことは困難であることを示唆している。

6 補完性とプラットフォーム

すでに述べたように、補完関係にある財については、両者を結合して供給することで利潤の和を増加させる余地があるにもかかわらず、個別の主体にとっては供給を分離することで利潤を増加することができるため、各供給主体に補完財を結合して供給するインセンティブがあるわけではない。

このような協調の失敗を解消して、分離供給と結合供給のそれぞれのメリットを発揮するため、プラットフォームと呼ばれる主体もしくは機能が注目されている。プラットフォームは、各補完財の供給主体が提携や協力を通じて形成され、主に顧客獲得や価格戦略などの需要管理を担う。補完財の相互性を内部化するとともに、分離供給では困難な多様な戦略を実施することを可能にしている[20]。

利用者への課金制御や需要管理などのプラットフォーム機能は、従来、伝送施設（ハード）を運営する主体がこれを兼ねることが多かったが、デジタル化やインターネットの普及により情報財の伝送チャンネルの制限が緩和されるのに伴い、ハードとソフトの供給主体とも異なる主体がその機能を担うケースも見られる。

7 プラットフォームの戦略

プラットフォームは、分離供給では困難な補完財の相互関係を活かした戦略を採用することができる。このような戦略の例として、バンドリング戦略やロックイン戦略、ウインドウ戦略などが挙げられる。

---

[20] 市場間に存在する外部効果を内部化する役割を担うのがプラットフォームである。これら市場間の外部効果は内部化するに際しては、需要の弾力性等に応じた価格設定を通じて一方の需要サイドから他方の需要サイドへの（内部）補助を行うことになる。これは、コースの定理でいうところの交渉によって所有権を明示するとともに、外部性の影響がある主体間で余剰を補償することで、外部効果を内部化するプロセスと似ている。この交渉による主体間での余剰の補償をプラットフォームが担うことになる。

7-1 バンドリング戦略

バンドリング戦略は、複数の異なる財をパッケージ化して供給する戦略である。通常、パッケージ化された財の価格は、個別に財を購入した場合の合計金額よりも安くなる[21]。有料放送などで、複数のチャンネルをパッケージにして、個別に購入するより割安の料金で供給するのは、バンドリング戦略の1つの例と考えられる[22]。

利用者ごとに価格差別を行うことが困難な場合、支払意思が低い利用者に価格を合わせることは、支払意思の高い利用者から得られたであろう利益を失うことにつながる。一方、支払意思の高い利用者に価格を合わせることは、支払意思の低い主体の排除をもたらし、これら支払意思の低い利用者からの利益を失うことになる。等量消費可能な情報財について、完全な価格差別を行うことができない（すべての利用者に同じ価格を設定する）場合は、供給主体はこのような利益のトレードオフに直面することになる（この結果、等量消費可能な財については、いずれか一方の最適化条件を達成することができなくなる）。しかし、複数の財を抱き合わせることが可能であれば、利用者の支払意思の分散を抑えることが可能となり、支払意思の低い主体に合わせて個別に価格を設定するより、合計で高い価格を設定することが可能となる。

表3-7のように、3つの情報財（チャンネル）に対して、それぞれ異なる限界支払意思を有する4人の消費者を想定する[23]。供給主体は1とする。なお、利用者ごとに異なる価格を設定することはできないとする。

個別に情報財を供給する場合に、利潤を最大にする価格は $p_A = p_B = 10$、$p_C = 5$ となる。また利潤は $\pi = 10 \times 2 + 10 \times 2 + 5 \times 2 = 50$、各情報財の利用者数は2人になる。一方、すべての情報財をパッケージにして供給する場合[24]、利潤を最大にする価格は $p_{ABC} = 13$ となり、利用者数は4人、利潤は $\pi = 13 \times 4 = 52$ となる。すなわち、複数の財をバンドルすることで、利用者の

---

21 価格面では逓減料金（ボリュームディスカウント料金）と見なすことができる。
22 例えばマイクロソフトのオフィスなど、情報財の供給ではバンドリング戦略の例が数多く見られる。
23 以下の説明はShy（2001）をもとにしている。
24 すべての財をバンドルするケースは純粋抱合せ戦略と呼ばれる。

表3-7 チャンネルに対する支払意思額

		チャンネル			ABC合計
		A	B	C	
消費者	1	10	1	2	13
	2	10	1	5	16
	3	1	10	2	13
	4	1	10	5	16

出所：Shy（2001）の表を一部修正。

支払意思の分散を抑え、トータルの支払意思額の低下を抑えつつ（価格の低下を抑えつつ）、利用者の数を増やすことができる。すなわち、完全な価格差別を行う事ができない（利用者ごとに異なる価格を設定することができない）場合であっても、バンドリング戦略をとることで、限界支払意思が低い利用者にも財の供給が可能となるため、利用者の排除による損失を少なくするとともに、利潤を増加させることが可能になっている。

なお、一部の情報財はパッケージにして、一部は個別に供給するような組み合わせを採用することで、更に利潤を増加させることが可能でもある[25]。また、多くの商品ラインナップを有しているほど、多様な組み合わせのバンドリングが可能になる。

7-2 ロックイン戦略

ロックイン戦略は、例えば端末の購入がサービスを利用するための前提条件であり、かつサービスの加入後には利用者は事業者を変更することが困難な要因がある、すなわちスイッチングコスト（転換費用）が存在する場合に、供給者は端末価格などの導入費用を引き下げる一方で、サービス市場では一定のマークアップを加えた価格を課すような戦略のことである。

スイッチングコストが存在する場合、新規の顧客を獲得するために割引や販売促進が行われ、補完関係にある一方の財の価格が低価格（限界費用以下の

---

[25] このような戦略は混合抱合せ戦略と呼ばれる。有料放送で一部の番組をパッケージ化しつつも、特定の専門チャンネルについてはパッケージ化せずに別料金で個別に供給される例が見られるが、これは混合抱合せ戦略の例と言える。

価格）で供給されることがある。これは、ひとたび顧客として獲得できたならば、もう一方の補完財市場ではたとえ競合事業者が存在しても、利用者は事業者を変更せず、安定的に収入を得ることが可能になるためである。なお、スイッチングコストが高いとき、利用者はシステムに対してロックインされると言われる。

以下では、このようなロックイン効果が存在する場合の価格の特徴を確認する[26]。利用者は、情報財を利用するために有料放送に加入する必要があるとする。なお、情報財へのアクセスにかかる費用を c とし、市場には多数の同質企業が存在するとする。

供給事業者は新規顧客を勧誘するため、最初の加入月は d の割引を行うとする。消費者は、この事業者に加入した場合、最初は $p-d$ を支払い、その後 p の価格を支払い続けることになるとする。また、消費者は、加入後に他の事業者に加入先を変更する場合は、スイッチングコスト s がかかるとする。このため、他の事業者に変更した場合に支払う金額とスイッチングコストの和の現在価値が、現在の事業者に支払い続ける金額の現在価値より小さければ、消費者は加入する事業者を変更することになる。すなわち、利子率を r とすると、

$$(p-d) + \frac{p}{r} + s < p + \frac{p}{r}$$

であれば、加入する事業者を変更することになる。各事業者間で競争が行われている場合は、消費者にとって加入先を変更することと変更しないことが無差別となるように価格が決まることになる。すなわち

$$(p-d) + s = p$$

が成立する。これは、値引きの額 d は消費者のスイッチングコスト s に等しくなることを意味する。

一方、生産者の利潤は長期的にゼロとなるため、$d=s$ を用いてこの条件を表すと

---

26 以下の説明は Varian（2005）に基づいている。

$$(p-s) - c + \frac{p-c}{r} = 0$$

となる。これを変形すると

$$p - c + \frac{p-c}{r} = s$$

もしくは

$$p = c + \left[\frac{r}{1+r}\right]s$$

となる。前者は、利潤の現在価値が消費者のスイッチングコストに等しくなることを示している。一方、後者は、加入後の価格が限界費用に一定のスイッチングコストを加えた額となることを示している。すなわち、スイッチングコストが存在すると、月あたりのサービス価格は限界費用を超える額となる一方で、新規価格は限界費用を下回ることなる。

7-3 ウインドウ戦略

　ウインドウ戦略とは、時間的・空間的に差別化された複数メディアで1つの番組を逐次的に展開する戦略であり、排除性が異なる複数の媒体を用いて、時間的に異なるタイミングで供給を行うことで、利用者の支払意思を顕示させ、効用に応じた価格差別を行うことを意味する。提供されるウインドウには、映画館、レンタルビデオ、セルビデオ、有料放送、地上波などがある。順序やタイミングは、各ウインドウの利用者当たりの単位価格、各ウインドウでの新規利用者数、繰り返し率、利用者の興味の減少とその復活、当該メディアで配信されることによる複製（コピー）率などを勘案して決定される。ウインドウ戦略を実行する目的は、情報財単位での売り上げあるいは利潤を最大にすることであり、個別ウインドウで利潤を最大にするわけではない。従って、単一のウインドウだけで見ると赤字となる場合もありうる[27]。

---

[27] なお、複数のウインドウからの売り上げを前提とするため、より多くの制作費投入が可能になる。

なお、ウインドウ戦略の実施には、複数の伝送手段を確保することが重要となるため、情報財の供給主体にとっては水平統合もしくは混合合併の誘因となると考えられる。一方、生中継やニュース、スポーツ番組など時間経過による陳腐化が著しく、即時性の要請される情報財（番組）は、最終的に供給するまでの時間を極小化することが要求されるため、制作資源の共有化など事業者の垂直統合の誘因となると考えられる。

8　プラットフォーム競争

　プラットフォームを通じて情報財の供給が行われる場合、ソフトの供給主体にとって、プラットフォームにどれだけの加入者（潜在的な利用者）が存在するかは、供給先を選択する際の重要な判断材料になる。通常、情報財は等量消費性を有することから、加入者の数が多いほどプラットフォーム上で提供される情報財の量は増加すると考えられる。一方、利用者にしてみれば、プラットフォームで情報財がどの程度の量が供給されているかは、加入先を選択する際の重要な判断材料となる。通常、多くの情報財が提供されるプラットフォームほど、利用者にとって魅力的なものになる。このため、情報財の供給量が多いプラットフォームほど、多くの加入者を獲得することができると考えられる。このようなソフト供給者と利用者の選択行動は、加入者の多いプラットフォームほど情報財の供給量が増加し、情報財の供給量の多いプラットフォームほど多くの利用者が加入するという間接ネットワーク効果をもたらすことになる。

　以下では、このような間接ネットワーク効果がプラットフォーム市場の均衡に与える影響を検討する[28]。この結果、複数のプラットフォームが加入者獲得を巡って競争している状況では、間接ネットワーク効果がプラットフォーム間の競争を促進し、均衡価格を引き下げる効率を持つことを示す。また、プラットフォーム間で財の共有（互換性）が進むことで、利潤も消費者余剰も増加するにもかかわらず、情報財の共有が自発的に進まない、すなわち協調

28　以下の記述はShy（2001）をもとにしている。

の失敗が生じる可能性があることを示す。

8-1 設定

異なる情報財を供給するの2つのプラットフォーム事業者が存在し、利用者はいずれかに加入することで、情報財を消費するとする。同市場については、以下のような3段階のゲームを想定する。なお、第1段階と第2段階は供給者がプレーし、消費者は第3段階をプレーする。

第1段階　供給量の決定：情報財の供給者が、プラットフォームに供給する情報財の供給量 S を決定する。

第2段階　価格の決定：情報財の供給量が決まると、プラットフォーム事業者は加入料金 p を決定する。

第3段階　加入者数の決定：価格と情報財の供給量をもとに、消費者は加入するプラットフォームを決定し、加入者数 N が決まる。

8-2 加入者数の決定

消費者の効用は、利用可能な情報財の供給量 S が多くなるほど高まるとする。例えば

$$U(S) = aS$$

とすると、プラットフォームに加入することで得られる純効用は

$$V = U(S) - p = aS - p$$

となる。なお、情報財に対する効用については、消費者間で差はないものとする。このため価格差別ができないことによる市場の失敗は生じない。

消費者は、より高い効用をもたらすいずれか一方のプラットフォームに加入する。具体的には、$V_i > V_j$ の場合はプラットフォーム i に加入し、$V_i < V_j$ の場合はプラットフォーム j に加入するとする。ただし $V_i = V_j$ の場合はいずれに加入しても無差別となるため、加入者数が決まらない。このため、消費者には潜在的に理想のプラットフォームがあるものとし、純効用が等しけれ

ば潜在的に理想とするプラットフォームに加入すると考える。なお、それぞれ潜在的加入者は η_i 人存在するとする。

仮に、理想とは異なるプラットフォームに加入した場合は、効用が一定値減少するとする。具体的にはタイプ i の利用者がプラットフォーム i に加入する場合は

$$V_i = aS_i - p_i$$

タイプ i の利用者がプラットフォーム j に加入する場合は

$$V_i = aS_j - p_j - \delta$$

となる。δ は自らの理想とは異なるプラットフォームに加入した場合の心理的負担費用であり、スイッチングコストと考えることができる[29]。このため、プラットフォーム i の加入者数 n_i は

$p_j + \delta - a(S_j - S_i) < p_i$ の場合	$n_i = 0$
$p_j - \delta - a(S_j - S_i) < p_i < p_j + \delta - a(S_j - S_i)$ の場合	$n_i = \eta_i$
$p_i < p_j - \delta - a(S_j - S_i)$ の場合	$n_i = \eta_i + \eta_j$

となる。

8-3 価格の決定

2つプラットフォーム事業者が、加入者の獲得を巡って価格競争を行っているとする。しかしながら、上記の設定のもとでは、純粋ナッシュ均衡は存在しないことが指摘されている[30]。このため、最低価格均衡の概念を用いて市場均衡を定義する[31]。なお、ベルトラン均衡が相手の価格を所与と想定す

---

29 スイッチングコストが存在する場合は、ベルトラン型の価格設定競争のもとでもプラスの価格が設定されることになる。
30 利用者の効用が同一のもと、純効用の相対的関係によって消費者が一斉に選択先を変更するような状況では、ありうるいずれの均衡についても、逸脱インセンティブが存在するため、エッジワースによって指摘された価格の循環が生じる。このため、ベルトラン競争ではナッシュ均衡が存在しない。
31 最低価格均衡の詳細については Shy(2001)を参照。

るのに対して、最低価格均衡は競争関係にある企業は、加入者を奪うことで追加利潤を得られるのであれば、価格競争を仕掛けてくると想定する。このため、プラットフォーム事業者は、競争関係にある事業者が、価格の引き下げを行ったとしても追加利潤を得ることができない範囲で、利潤を最大にする価格を設定することになる。具体的には、事業者 i は

$$p_i' \leq p_j - \delta + a(S_i' - S_i)$$

の制約のなかで、最も高い価格を設定する。なお、各プラットフォームによって供給される情報財 S の水準は

$$S_i = \frac{n_i}{\phi}$$

に従って決定されるとする。ϕ は情報財1単位当たり制作費用を表しており、情報財の供給量 S は利用者数 n_i とともに増加するとする。このため上記不等式は

$$p_i' \leq p_j - \delta + a\left[\frac{\eta_i + \eta_j}{\phi} - \frac{\eta_i}{\phi}\right] = p_j - \delta + \frac{a}{\phi}\eta_j$$

と直すことができる。

プラットフォーム事業者 i は、競争関係にある事業者 j が値下げを行って全ての加入者を獲得するよりも、値下げを行わずに自らを志向する利用者にサービスを提供する方が事業者 j にとって利潤が高くなるという制約の範囲のなかで、最も高い価格を設定することになる。すなわち下記の制約

$$\pi_j^* = p_j^* \eta_j \geq \left[p_i - \delta + \frac{a}{\phi}\eta_j\right](\eta_i + \eta_j) \qquad (3-20)$$

のなかで最も高い価格 p_i を選択すると考える。同様に事業者 j についても

$$\pi_i^* = p_i^* \eta_i \geq \left[p_j - \delta + \frac{a}{\phi}\eta_i\right](\eta_i + \eta_j) \qquad (3-21)$$

の制約のなかで最も高い価格 p_j を選択することになる。

均衡では (3-20) 式と (3-21) 式は等号関係が成立するため

$$p_i^* = \frac{(\eta_i + \eta_j)}{\eta_i}\left[p_j - \delta + \frac{a}{\phi}\eta_i\right] \qquad (3-22)$$

$$p_j^* = \frac{(\eta_i + \eta_j)}{\eta_j}\left[p_i - \delta + \frac{a}{\phi}\eta_j\right] \qquad (3-23)$$

となる。事業者 i と事業者 j の潜在的な加入者のシェアを

$$r_i = \frac{\eta_i}{\eta_i + \eta_j} \qquad r_j = \frac{\eta_j}{\eta_i + \eta_j}$$

として (3-22) 式と (3-23) 式を書き直すと

$$p_i^* = \frac{1}{r_i}\left[p_j - \delta + \frac{a}{\phi}\eta_i\right]$$

$$p_j^* = \frac{1}{r_j}\left[p_i - \delta + \frac{a}{\phi}\eta_j\right]$$

となる。これを解くと、以下の均衡価格を導くことができる。

$$p_i^* = \left[\frac{1+r_j}{1-r_ir_j}\right]\delta - \frac{a}{\phi}\left[\frac{r_j}{1-r_ir_j}\eta_i + \frac{1}{1-r_ir_j}\eta_j\right] \qquad (3-24)$$

$$p_j^* = \left[\frac{1+r_i}{1-r_ir_j}\right]\delta - \frac{a}{\phi}\left[\frac{1}{1-r_ir_j}\eta_i + \frac{r_i}{1-r_ir_j}\eta_j\right] \qquad (3-25)$$

また、均衡における加入者数は

$$n_i^* = \eta_i$$
$$n_j^* = \eta_j$$

となる。

　仮に、潜在的な加入者の数が $\eta_i = \eta_j = \eta$ で対称の場合は、均衡価格は

$$p_i^* = p_j^* = \frac{2(\phi\delta - a\eta)}{\phi} = 2\left[\delta - \frac{a}{\phi}\eta\right] \qquad (3-26)$$

利潤は

$$\pi_i^* = \pi_j^* = \frac{2\eta(\phi\delta - a\eta)}{\phi} = 2\left[\delta - \frac{a}{\phi}\eta\right]\eta \qquad (3-27)$$

となる (3-26) 式、(3-27) 式の括弧内の第2項より、消費者の限界効用

a の値が高いほど、価格および利潤は低下することが示されている[32]。これは、間接ネットワーク効果が事業者間の価格競争を促進することを意味する。

なお、(3-26) 式より均衡価格が正となるには、スイッチングコストが

$$\delta > a\frac{\eta}{\phi}$$

となる必要がある。一方、(3-27) 式より

$$\frac{\partial \pi_i^*}{\partial \eta} = \frac{2(\phi\delta - 2a\eta)}{\phi}$$

となるため、限界利潤が正となるには、スイッチングコストが

$$\delta \geq a\frac{2\eta}{\phi}$$

となる必要がある。このため

$$a\frac{\eta}{\phi} < \delta \leq a\frac{2\eta}{\phi}$$

であれば、均衡価格と利潤は正となるが、限界利潤が負となるため、加入者の数 η が増加するほど利潤が低下することになる。

図 3-1 と図 3-2 には、(3-24) 式および (3-25) 式で示される均衡価格と均衡利潤が、潜在的な加入シェア r_1 に対して、どのように変化するかが示されている。シェア以外のパラメータは $a=0.5$、$\phi=10$、$\delta=20$、$\eta_i + \eta_j = 100$ で固定している。図 3-1 より、潜在的な加入シェアが高くなるほど均衡価格が低くなることが示されている。一方、図 3-2 より、加入シェアが高くなるほど均衡利潤が高くなることが示されている。すなわち、潜在的な加入シェアが大きいプラットフォームほど価格は低く、利潤は高くな

---

[32] 供給主体が独占の場合は、$V=0$ となるように価格を設定することから、独占下での価格は

$$p^{M*} = aS = \frac{a\eta}{\phi}$$

となる。独占価格 p^{M*} は、限界効用 a と利用者数 n が増加するほど上昇し、制作費用 ϕ が増加するほど低下することになるが、価格に対する限界効用 a と利用者数 n の影響は、複占の場合のそれとは逆になっている。

第3章 補完性 131

図3-1 加入シェア r_1 と均衡価格 P

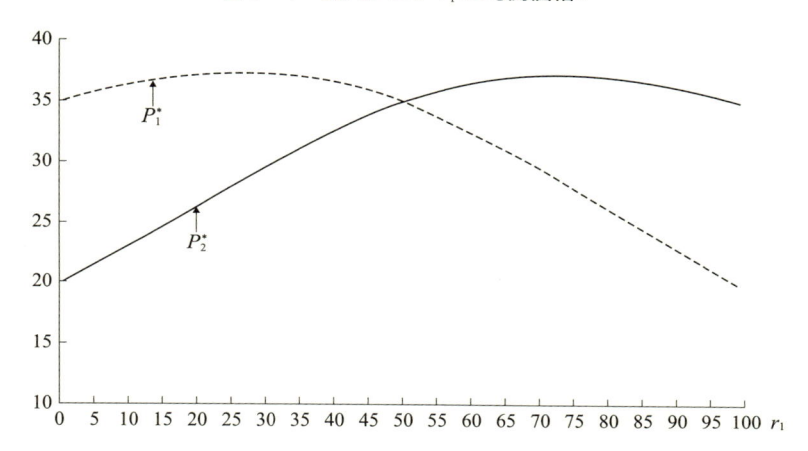

図3-2 加入シェア r_1 と均衡利潤 π

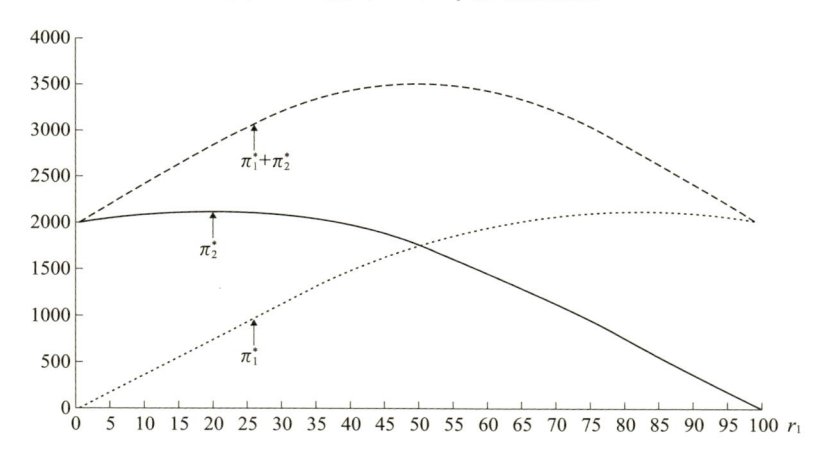

る[33]。また、2つの事業者の利潤の合計は、シェアが対称となる状況で最も高

---

[33] シェアが高いほど価格が低く、利潤が高いという結果は、効率的市場仮説の結果と同じである。プラットフォーム競争では、事業者間の限界費用の違いを考慮しているわけではないが、情報財の供給量が利用者数に比例することで、シェアと均衡価格の関係について効率的市場仮説と同様の結果が導かれることになる。

い値を示すが、個別の事業者にとっては、加入シェアが半数を超えた方が利潤は高くなることが示されている。

8-4 情報財の共有

情報財は等量消費性を有するため、共有することで互いの情報財の供給量を増加させることができる。実際、ケーブルテレビと衛星放送の間で番組やチャンネルが一部重複するなど、複数のプラットフォームで情報財が共有される現象を確認できる。しかしながら、情報財の共有が進むことはプラットフォームの独自性が減少し、経済的価値の喪失を招く可能性もある。情報財の共有が進展するか否かは、共有のメリットとデメリットの相対的な関係によって決まると考えられる。以下では、プラットフォーム間での情報財の共有が、均衡価格もしくは利潤に与える影響を確認するとともに、供給主体が自発的に共有を進める可能性を検討する。

θ_i を情報財の共有の程度を表すパラメータとする[34]。事業者 i は、事業者 j が供給する情報財 S_j のうち θ_i ($0 \leq \theta_i \leq 1$) の割合を、自らのプラットフォームでも供給することが可能であるとする。このような財の共有を考慮すれば、事業者 i が供給可能な情報財の量は $S_i + \theta_i S_j$、事業者 j が供給可能な情報財の量は $S_j + \theta_j S_i$ となる。この点を踏まえると、先に示した各プラットフォームの価格戦略は以下のように修正される（以下では $i=1$, $j=2$ として表記する）。

$$p_1' \leq p_2 - \delta + a(S_1' + \theta_1 S_2 - \theta_2 S_1' - S_2) = p_2 - \delta + a[(1-\theta_2)S_1' - (1-\theta_1)S_2]$$
$$p_2' \leq p_1 - \delta + a(S_2' + \theta_2 S_1 - \theta_1 S_2' - S_1) = p_1 - \delta + a[(1-\theta_1)S_2' - (1-\theta_2)S_1]$$

このため、最低価格均衡では以下の等式が成立する。

$$p_1 \eta_1 = \left[p_2 - \delta + a \left\{ (1-\theta_2) \frac{\eta_1 + \eta_2}{\phi} - (1-\theta_1) \frac{\eta_2}{\phi} \right\} \right] (\eta_1 + \eta_2) \quad (3-28)$$

$$p_2 \eta_2 = \left[p_1 - \delta + a \left\{ (1-\theta_1) \frac{\eta_1 + \eta_2}{\phi} - (1-\theta_2) \frac{\eta_1}{\phi} \right\} \right] (\eta_1 + \eta_2) \quad (3-29)$$

---

34 θ_i は対称的である必要はなく、$\theta_i = 1$ かつ $\theta_j = 0$ の場合は一方共有となる。

これを各事業者のシェア r_i $(i=1,2)$ を用いて書き直すと

$$p_1 = \frac{1}{r_1}\left[p_2 - \delta + a\left\{(1-\theta_2)\frac{\eta_1+\eta_2}{\phi} - (1-\theta_1)\frac{\eta_2}{\phi}\right\}\right] \quad (3-30)$$

$$p_2 = \frac{1}{r_2}\left[p_1 - \delta + a\left\{(1-\theta_1)\frac{\eta_1+\eta_2}{\phi} - (1-\theta_2)\frac{\eta_1}{\phi}\right\}\right] \quad (3-31)$$

となる。上記（3-30）式と（3-31）式を満たす均衡価格を求めると

$$p_1^* = \frac{1+r_2}{1-r_1r_2}\delta - \frac{1}{1-r_1r_2}\frac{a}{\phi}\left[\{\eta_1 + (1-r_2)\eta_2\}(1-\theta_1) + (\eta_2-\eta_1)(1-\theta_2)\right] \quad (3-32)$$

$$p_2^* = \frac{1+r_1}{1-r_1r_2}\delta - \frac{1}{1-r_1r_2}\frac{a}{\phi}\left[\{\eta_2 + (1-r_1)\eta_1\}(1-\theta_2) + (\eta_1-\eta_2)(1-\theta_1)\right] \quad (3-33)$$

となる。

（3-32）式および（3-33）式より、情報財の共有が価格に与える影響を確認することができる。定義により $\eta_1 + (1-r_2)\eta_2 > 0$ であることから、θ_1 の増加は価格 p_1^* を上昇させる。すなわち、プラットフォーム2で提供される情報財が、プラットフォーム1でも利用可能になると、プラットフォーム1の価格 p_1^* は高くなる。

一方、θ_1 の増加がプラットフォーム2の価格 p_2^* に与える影響は $\eta_1-\eta_2$ の値に依存する。仮にプラットフォーム1の潜在的加入者の数 η_1 がプラットフォーム2の潜在的加入者数 η_2 を超過する場合、すなわち $\eta_1 > \eta_2$ の場合であれば、θ_1 の増加はプラットフォーム2の価格 p_2^* を高めるが、$\eta_1 < \eta_2$ の場合は価格 p_2^* を低下させることになる。

なお、θ_2 が各事業者の価格に与える影響についても同様に説明可能であるが、（3-32）式の $\eta_1-\eta_2$ と（3-33）式の $\eta_2-\eta_1$ は、一方が正であれば他方は負となるため、θ_1 の増加が p_2^* を高める場合には、θ_2 の増加は p_1^* を低下させることになる。

図3-3は、プラットフォーム1で利用可能なプラットフォーム2の情報財の割合 θ_1（共有率）を0から1まで変化させた時の価格 p_1^* の変化を示している。一方、図3-4は、θ_1 を0から1まで変化した時の価格 p_2^* の変化を示している。なお、他のパラメータは $a=0.5$、$\phi=10$、$\delta=20$、$\eta_1+\eta_2=100$、

図 3-3　共有率 θ_1 と均衡価格 p_1^*

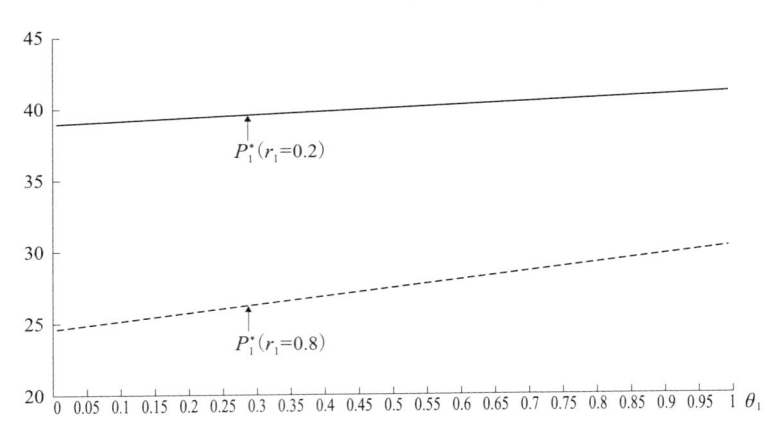

$P_1^*(r_1=0.2)$

$P_1^*(r_1=0.8)$

図 3-4　共有率 θ_1 と均衡価格 p_2^*

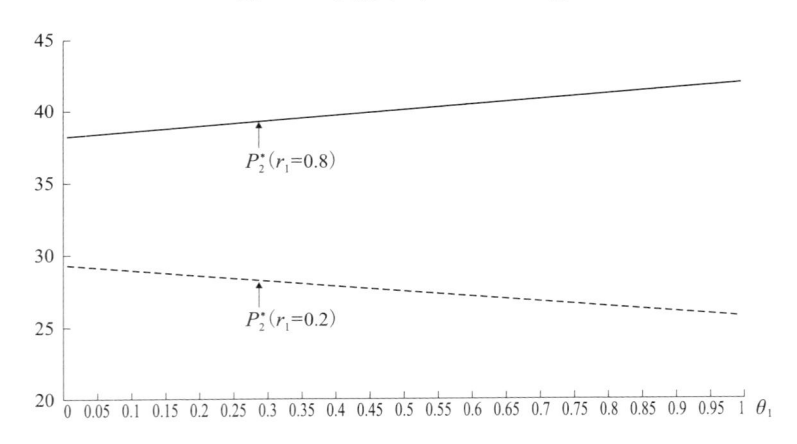

$P_2^*(r_1=0.8)$

$P_2^*(r_1=0.2)$

$\theta_2=0.5$ で固定している。

　図 3-3 より、θ_1 の上昇は、シェア r_1 が $r_1=0.8$ でも $r_1=0.2$ の場合でも、価格 p_1^* を上昇させるのに対して、p_2^* については図 3-4 に示されるように、$r_1=0.8$ であれば θ_1 の増加は価格 p_2^* を上昇させるが、$r_1=0.2$ の場合は価格 p_2^* を低下させる。

第3章 補完性　135

仮に事業の開始時期の違いなどから $\eta_1 < \eta_2$（例えば $r_1 = 0.2$）であるとする。このときプラットフォーム1の番組が共有されると（θ_2 の増加）、プラットフォーム1の価格 p_1^* とプラットフォーム2の価格 p_2^* の双方が上昇するが、プラットフォーム2の番組が共有されると（θ_1 の増加）、プラットフォーム1の価格 p_1^* は上昇するが、プラットフォーム2の価格 p_2^* は下落することになる。

なお、$\eta_1 < \eta_2$ の下では、潜在的な加入者の数が少ないプラットフォーム1の利潤が $\theta_1 = 1$、$\theta_2 = 1$（双方共有）の下で最大化されるのに対して、潜在的な加入者数が多いプラットフォーム2の利潤は $\theta_1 = 0$、$\theta_2 = 1$（一方共有）で最大となる。このため、$\theta_2 = 1$ については両プラットフォームの利害は一致するが、$\theta_1 = 1$ については両者の利害は一致しない。このことは、共有の誘因が潜在的な加入シェア r の大きさで異なることを意味する。すなわち、相対的にシェアの低い事業者は互いに情報財の共有を進めることに積極的でも、シェアの大きな事業者は他の事業者の情報財が共有されることには積極的でも、自ら情報財を共有することには積極的ではないことになる。

8-5　対称制約下の均衡

次に、パラメータに対称性の制約を課した場合の均衡価格および利潤について検討する。まず、潜在的加入者数 η について対称性の制約を課した場合、すなわち $\eta_1 = \eta_2 = \eta$ とした場合、均衡価格は

$$p_1^* = 2\left\{\delta - (1-\theta_1)\frac{a}{\phi}\eta\right\} \quad (3-34)$$

$$p_2^* = 2\left\{\delta - (1-\theta_2)\frac{a}{\phi}\eta\right\} \quad (3-35)$$

となる。

次に、共有率に対称性を課した場合、すなわち $\theta_1 = \theta_2 = \theta$ とした場合は、均衡価格は

$$p_1^* = \frac{1+r_2}{1-r_1r_2}\delta - \frac{1}{1-r_1r_2}\frac{a}{\phi}(\eta_2 + r_2\eta_1)(1-\theta) \quad (3-36)$$

$$p_2^* = \frac{1+r_1}{1-r_1r_2}\delta - \frac{1}{1-r_1r_2}\frac{a}{\phi}(\eta_1 + r_1\eta_2)(1-\theta) \quad (3-37)$$

となる。この場合、共有率 θ の増加は双方の価格を上昇させる。仮に $\eta_1 < \eta_2$ であれば

$$(\eta_2 + r_2\eta_1) > (\eta_1 + r_1\eta_2)$$

となるため、加入シェアが低い事業者ほど共有による価格の上昇が大きくなる。なお、加入者数 η と共有率 θ の両方に対称性を課した場合（$\eta_1=\eta_2=\eta$ かつ $\theta_1=\theta_2=\theta$）は、

$$p_1^* = p_2^* = 2\left\{\delta - (1-\theta)\frac{a}{\phi}\eta\right\} \quad (3-38)$$

となり、共有率 θ の増加は双方の価格を等しく上昇させることになる。

さらに、双方完全共有を想定した場合（$\theta=1$）は、双方のプラットフォームで提供される情報財は全く同じになり、均衡価格は

$$p_1^* = p_2^* = 2\delta \quad (3-39)$$

となる。情報財が共有されない場合と比較して、価格競争が緩和されるため、両者の価格は複占状況では最も高い値となる。

8-6 情報財の共有インセンティブ

情報財を共有するインセンティブは、プラットフォームの潜在的加入者数（加入シェア）によって異なることになる。（3-32）式および（3-33）式で示されたように、加入者数、互換性のいずれも非対称となるケースでは、潜在的な加入者の数が少ない事業者は互いに情報財の共有を進めることで価格および利潤を増加させることができるが、加入者数の多い事業者は、他の情報財を共有することには積極的でも、自らの供給する情報財を共有することには消極的であった。

一方、（3-34）式および（3-35）式に示したように、両事業者の潜在的加入者の数に違いがなければ（$\eta_1=\eta_2=\eta$）、加入シェアが同一となるため、各プラットフォームが情報財を共有することを躊躇する理由はなくなる。し

表3-8 共有状況と利潤（生産者余剰）

		事業者2			
		$\theta_1 = 0$		$\theta_1 = 1$	
事業者1	$\theta_2 = 0$	$2\left[\delta - \dfrac{a}{\phi}\eta\right]\eta$	$2\left[\delta - \dfrac{a}{\phi}\eta\right]\eta$	$2\delta\eta$	$2\left[\delta - \dfrac{a}{\phi}\eta\right]\eta$
	$\theta_2 = 1$	$2\left[\delta - \dfrac{a}{\phi}\eta\right]\eta$	$2\delta\eta$	$2\delta\eta$	$2\delta\eta$

かしながら、情報財を共有することで自らの価格（もしくは利潤）が増加することもないため、情報財の共有が進むと考える積極的理由もない。加入者数について対称性を課した場合、情報財を互いに共有しない場合の利潤は

$$\pi_i^* = \pi_j^* = 2\left[\delta - \frac{a}{\phi}\eta\right]\eta$$

一部を共有する場合の利潤は

$$\pi_1^* = 2\left[\delta - (1-\theta_1)\frac{a}{\phi}\eta\right]\eta$$

$$\pi_2^* = 2\left[\delta - (1-\theta_2)\frac{a}{\phi}\eta\right]\eta$$

双方が情報財を共有する場合の利潤は、

$$\pi_i^* = \pi_j^* = 2\delta\eta$$

となるため、各共有状況の組合せに対する利潤は表3-8のようになる[35]。

互いに情報財を共有することで、両者の利潤は最も高くなるものの、この点が達成されると考える理由はない。これは、例えば事業者1が情報財を共有するという選択（$\theta_2 = 1$）が、事業者2の利潤の増加につながるものの、事業者1の利潤の増加に結びつかないことが原因であり、いわゆる協調の失

---

[35] なおShy（2001）で指摘されているように、一般的なゲームでは、第一段階で各社が共有の有無を決定し、第二段階でそれぞれ価格を決定する二段階ゲームを検討することが妥当であるが、最低価格均衡では純粋戦略のナッシュ均衡が存在しないことから、部分ゲーム完全均衡も存在しない。このため、共有の決定は一回ゲーム（標準形ゲーム）として考える必要がある。

表3-9 共有状況と消費者余剰

		消費者2			
		$\theta_1=0$		$\theta_1=1$	
消費者1	$\theta_2=0$	$\dfrac{3a}{\phi}\eta-2\delta$	$\dfrac{3a}{\phi}\eta-2\delta$	$\dfrac{2a}{\phi}\eta-2\delta$	$\dfrac{3a}{\phi}\eta-2\delta$
	$\theta_2=1$	$\dfrac{3a}{\phi}\eta-2\delta$	$\dfrac{2a}{\phi}\eta-2\delta$	$\dfrac{2a}{\phi}\eta-2\delta$	$\dfrac{2a}{\phi}\eta-2\delta$

敗が生じることを示している。

一方、各共有状況のもとでの個別の消費者の余剰 $V=aS-p$ は、表3-9のようになる。情報財が互いに共有される場合より、共有されない方が消費者余剰は高くなっている。これは、情報財が互いに共有されることで、加入者を獲得するための価格競争が行われなくなり、消費者の支払う価格が上昇するためである。

一方、各共有状況のもとでの社会厚生は、$W=V_1\eta_1+V_2\eta_2+\pi_1+\pi_2$ より

$$\text{双方非共有の場合}\qquad W=\frac{2a}{\phi}\eta^2$$

$$\text{一方共有の場合}\qquad W=\frac{3a}{\phi}\eta^2$$

$$\text{双方共有の場合}\qquad W=\frac{4a}{\phi}\eta^2$$

となり、社会厚生が最大となるのは、情報財が双方に完全に共有されるときである。

これに対して、(3-36)式および(3-37)式で示したように、共有率に対称性が課される場合は、情報財の共有は両者の価格を上昇させるため、共有を促進するインセンティブが生じることになる。なお、シェアの低い事業者の方が情報財を共有することによる価格の上昇は大きいことから、共有を促進するインセンティブが強いことはシェアが非対称な場合と同じである。

ところで、社会厚生を消費者余剰と生産者余剰の和とすると

$$W=V_1\eta_1+V_2\eta_2+p_1\eta_1+p_2\eta_2=a(S_1\eta_1+S_2\eta_2)$$

となることから、双方に完全共有 $\theta_1 = \theta_2 = 1$ の場合に社会厚生は最大となるが、この状況では、利用者はいずれのプラットフォームに加入しても、同じ情報財を利用することができるようになるため、すべての利用者が情報財から排除されず、2章で示した利用者数に関する情報財の最適な資源配分条件が達成されることになる。

ただし、(3-39) 式の双方完全共有の場合に示されるように、情報財の共有は価格競争を緩和することで、いずれのプラットフォームの価格も上昇させるため、消費者余剰が最大となるかは、共有によって利用可能な情報財の量が増加することによる効用増と均衡価格の上昇による負担増の大きさに依存することになる。

8-7 情報財共有の互恵性

消費者がいずれか一方の事業者にしか加入しないという前提のもとでは[36]、プラットフォーム間で互いに情報の共有が行われることは、社会厚生の観点からは望ましい。これは、情報財が共有されることで、利用者はいずれのプラットフォームに加入しても、すべての情報財にアクセスすることが可能となる（すなわち利用者の排除が生じない）ためである。ただし、情報財の共有が消費者余剰を必ずしも増加させるわけではない。これは共有が進むことによって、プラットフォーム間での価格競争が緩和され、価格が高い水準に維持されるためである。この意味で、情報財の共有はカルテルのような効果を持つことになる。

一方、共有のインセンティブは、プラットフォームの潜在的な加入シェアによって異なる。潜在的な加入者シェアが低い事業者は、他のプラットフォーム上で供給される情報財はもちろんのこと、自らが提供する情報財についても共有に積極的であるのに対して、潜在的な加入者シェアが高い事業者は、他のプラットフォームで供給される情報財が共有されることは望んで

---

[36] なお、消費者が複数のプラットフォームに同時に加入する可能性まで拡張すれば、利用者は効用に応じてプラットフォームの加入状況を組み合わせることになるため、完全共有は必ずしも社会厚生が最大化される条件ではなくなる。むしろ完全に共有が達成される状況は、消費者の選択の可能性を失わせることにつながる可能性もある。

も、自ら供給する情報財が共有されることは望まない。すなわち、潜在的な加入シェアが少ない供給者は情報財の共有に積極的となるが、加入シェアが高い供給者は、自らの情報財を共有する誘因を持たない。また、仮に加入シェアが同じである場合は、共有を進めることに対して消極的になる理由もないが、積極的に取り組むインセンティブもない。

これは、情報財の共有を進めるという選択が、他の事業者の利潤の増加につながるものの、直接的に自らの利潤の増加には結びつかないことが原因である。すなわち共有（θ）の影響が互恵的であることによる。この互恵性のために協調の失敗が生じる可能性がある。なお、提携や統合、政策などによって共有率に対称性を課すことなどができれば、自発的に情報財の共有が進むことになる。

9　多様性選好パラメータの推計

前節で、情報財の共有が完全ではない場合は、間接ネットワーク効果は、加入者獲得競争を通じて、プラットフォームの価格および利潤を低下させることを示した。このような間接ネットワーク効果の競争促進的な影響を左右するのが、情報財の追加供給に対する加入者の限界効用（前節のモデルのパラメータでの α）の大きさである。以下では、放送プラットフォームを例として、利用者の情報財（チャンネル数）の増加に対する効用を実証分析によって把握する。

9-1　放送サービスに対する効用

ケーブルテレビや衛星放送などで提供されるチャンネルや番組の増加が、利用者の効用の増加をもたらすというのは自明のことのように思われるかもしれない。しかし、仮に有料放送に加入したとしても、そこで提供されるすべての番組を視聴（消費）するわけではなく、実際に視聴するのはその一部でしかないかもしれない。サービスの視聴時間が長くなるほど利用者の効用は高まるかもしれないが、利用可能なチャンネル数が多いほど視聴できる時間が長くなるわけでもない以上、チャンネルや番組の増加が利用者の効用を

増加させるとは必ずしも言えない。

　チャンネルや番組などの量と効用について考えられる関係として、利用可能な情報財の量（＝チャンネル数）が多くなるほど、視聴時に期待される効用が高くなるというものである。仮に視聴時間を一定とすれば、自身の嗜好に近い番組を視聴する方が効用水準は高まるが、番組が嗜好に一致するかは事前にはわからない。このため、実際に視聴することで得られる効用は確率的なものになる。しかし、利用可能な選択肢が多くなれば、好みに一致する確率は高まる。このため、利用可能なチャンネル数が多い状況ほど、利用者の効用が高まると考えることができる。

　このように効用がラインナップ数によって影響を受けることを想定するため、以下のような CES 型の効用関数を仮定する。

$$U = \left[\sum_{i=1}^{S} x_i^{\rho} \right]^{\frac{1}{\rho}}$$

S は視聴可能チャンネル数、x_i は各個別チャンネルの視聴時間を表す。仮に、各チャンネルの利用時間が同一、すなわち

$$x_1 = x_2 = \cdots\cdots = x_S = x$$

であるとすると、$\sum x_i = Sx = X$ より、効用関数は

$$U = S^{\frac{1-\rho}{\rho}} X$$

となる。上記効用は、利用可能なチャンネル数 S と総視聴時間 X の関数であり、総視聴時間 X が同じであっても、視聴可能な情報財の量（チャンネル数）S が増えると効用は高まることになる。

9-2　設定

　日本では、有料放送に加入せずとも、公共放送もしくは広告放送が提供するチャンネルを視聴することができる。このため利用者は、有料放送へ未加入時に利用可能なチャンネルと負担から得られる純効用と、有料放送に加入することで利用可能となるチャンネルと負担から得られる純効用を比較し

表 3 - 10　変数の定義

説明変数	定義
Spub	公共放送のチャンネル数
Scom	広告放送のチャンネル数
Sspc	専門放送のチャンネル数
METHOD	放送方式（「デジタル方式」 = 1、「アナログ方式」 = 0）
FEE	月額料金
DISABLE	録画制限ダミー（「録画不可」 = 1、「無制限または回数制限有り」 = 0）

て、最も高い効用をもたらす加入状況を選択すると考える。

　利用者は公共放送型、広告放送型、有料放送型の各チャンネルに対して、以下のような効用を有するとする。

　公共放送型チャンネルから得られる効用

$$V_{pub} = \alpha_{pub} S_{pub} - \beta p_{pub}$$

広告放送型チャンネルから得られる効用

$$V_{com} = \alpha_{com} S_{com} - \beta p_{com}$$

有料放送型チャンネルから得られる効用

$$V_{spc} = \alpha_{spc} S_{spc} - \beta p_{spc}$$

S_i はチャンネル数、p_i は支出額とする。各消費者は、上記の効用の和が最大になる加入状況を選択するとする。

$$V = V_{pub} + V_{com} + V_{spc} = \alpha_{pub} S_{pub} + \alpha_{com} S_{com} + \alpha_{spc} S_{spc} - \beta (p_{pub} + p_{com} + p_{spc})$$

すなわち

$$V = \alpha_{pub} S_{pub} + \alpha_{com} S_{com} + \alpha_{spc} S_{spc} - \beta P$$

ただし、$P = p_{pub} + p_{com} + p_{pay}$ は放送サービスに対する総支出額である。

　上記の効用関数をもとに、先ほど同様に、表明選好（Stated Preferences: SP）データを用いたコンジョイント分析により、各チャンネルに対する消費者の支払意思もしくは限界効用を推定する[37]。なお、実際の推計では、以下

表 3-11 質問票の例

	1	2	3
公共放送チャンネル	6CH	6CH	2CH
広告放送チャンネル	3CH	5CH	3CH
専門放送チャンネル	0CH	10CH	20CH
放送方式	アナログ放送	デジタル放送	アナログ放送
月額料金（円）	6,000 円	8,000 円	10,000 円
録画可能	録画不可	無制限	無制限

のような線形の確定項を想定する。

$$V_i = \alpha_{pub}S_{pub\_i} + \alpha_{com}S_{com\_i} + \alpha_{spc}S_{spc\_i} + \beta_1 METHOD_i + \beta_2 P_i + \beta_3 DISABLE_i$$

各変数の内容は表 3-10 に示している。

データには、SP データ（コンジョイントデータ）を用いて推計を行う。利用したデータは、先の受信端末の購入選択で用いた総務省情報通信政策研究所（2005）の調査で得られたものを用いた。調査に用いた実際の質問票は表 3-11 のようなものである[38]。

推計方法についても、先ほどの受信端末の購入選択の推計と同様に、条件付きロジットモデル、混合ロジットモデルにより実施している。また、先ほどと同様コンジョイント分析用の設問を 1 人あたり 6 度回答していることを鑑み、同一回答者については係数が同一であると仮定した（すなわち独立で

---

[37] 宍倉・春日・鳥居（2006）では、実際の加入データを用いて、各タイプのチャンネル数が実際の加入状況（未加入、ケーブルテレビ、衛星放送）に及ぼしている影響を分析している。推計の結果、広告放送のチャンネル数が、加入状況の選択に有意な影響をもたらしていることが示されたものの、有料放送チャンネル（専門チャンネルの数）については有意な結果を得ることができなかった。また、専門チャンネルに対する利用者の支払意思を計測することもできなかった。これは、実際の加入データを用いたことに原因があると考えられる。実際の加入データでは、ケーブルテレビと衛星放送で専門チャンネルが相当数重複して供給されていることから、これらのチャンネル数が両者の選択に与える影響を抽出できなかったためと考えられる。

[38] テレビの普及率は 100% に近く、いずれの家庭でも放送サービスの視聴は可能であることから、「いずれも選択しない（＝テレビを視聴しない）」という選択肢は除外した。従って「いずれも選択しない」という選択肢を入れた場合に比べ、選択確率がやや高めに推計される可能性がある。

表3-12 推計結果

説明変数	条件付き		混合		混合 (同一回答者係数制約)	
	係数	t値	係数	t値	係数	t値
PUB	0.081 ***	9.819	0.129 ***	9.690	0.095 ***	9.597
			(0)		(0.069) **	(1.975)
COM	0.087 ***	15.669	0.114 ***	13.969	0.129 ***	16.758
			(0.120) ***	(3.265)	(0.086) ***	(5.094)
SPC	0.012 ***	10.117	0.015 ***	9.853	0.012 ***	5.080
			(0)		(0.068) ***	(28.503)
METHOD	0.416 ***	13.843	0.609 ***	11.507	0.598 ***	13.889
			(1.430) ***	(9.549)	(0.847) ***	(13.060)
FEE	−0.000194 ***	−37.128	−0.000248 ***	−20.665	−0.000251 ***	−34.153
			(0)		(0)	
DISABLE	−0.945 ***	−30.122	−1.248 ***	−17.681	−1.276 ***	−25.383
			(1.261)	(7.849)	(1.128) ***	(17.957)
サンプル数	10,533		10,533		10,533	
対数尤度	−9,718.87		−9,689.99		−9,059.96	
尤度比指数	0.1601		0.1626		0.2171	

はない)場合の推計についても試みている。

9-3 推計結果

　推計結果は表3-12に示されている。いずれの変数も統計的に有意であり、符号も妥当な結果となっている。推計結果によれば、チャンネルに対する限界効用を示すパラメータは、公共放送および広告放送チャンネルと専門放送チャンネルの間で異なった値を示しており、消費者の効用はチャンネルのタイプによって異なることがわかる。

　各チャンネルおよびその他の属性に対する限界支払意思額をまとめたものが表3-13である。専門チャンネルの追加的チャンネルに対する限界支払意思額は、公共放送および広告放送チャンネルと比べて、低い値を示している。これは、有料放送のチャンネルに対する利用者の限界支払意思が分散していることや、チャンネル数が公共放送や広告放送と比べて相対的に多いことなどが原因と考えられる。特に専門チャンネルに対する評価は利用者によって

第3章 補完性　145

表3-13　限界支払意思額

	条件付き	混合	混合（係数制約あり）
公共放送チャンネル（PUB）	414.95	519.64	379.31
広告放送チャンネル（COM）	450.52	458.15	511.93
専門放送チャンネル（SPC）	59.79	60.85	46.53
放送方式（METHOD）	2,143.61	2,455.69	2,382.81
録画制限（DISABLE）	−4,869.59	−5,032.26	−5,082.67

　差が大きく、高い支払意思を有する利用者がいる一方で、ほとんど効用を感じない利用者も相当存在する。このような点を反映して、平均的な限界支払意思が低い値を示すことになると考えられる[39]。

　一方、公共放送と広告放送のチャンネル数の増加に対する限界支払意思額は、相対的に高い値を示している。公共放送については、地上契約で2チャンネル、衛星契約で4チャンネルの利用が可能となることを考慮すると、推計結果から導かれる限界支払意思額は、実際の受信料よりも若干低い額となっている。一方、広告放送のチャンネル数の限界支払意思額は、公共放送と同じか若干高い値を示している。なお、デジタル化の対応状況や番組録画の制限についても高い値を示しており（録画制限については負）、これらの対応が利用者の支払意思に影響を与えることが示されている。

　以上、効用がラインナップ数によって影響を受けるとの想定に基づき、チャンネル数（情報財の供給量）の増加に対する効用（支払意思）の大きさの推計を行った。推計結果は、利用者がチャンネル数（ラインナップ）の増加に正の効用を想定することが妥当であることを示していた。また、公共放送型チャンネル、広告放送型チャンネル、有料放送型チャンネルの間で限界支払意思に差があること、公共放送および広告放送チャンネルの限界支払意思額が専門放送チャンネルと比較して高いことが示された。

---

[39] 現状では、広告放送では1つのチャンネルに含まれる番組数が多いのに対して、有料放送では同一の番組が繰り返し再放送されており、チャンネルあたりの番組数は少ない。このような番組編成の違いといったことも各チャンネル数に対する限界的な支払意思の違いに少なからず反映していた可能性もある。

10　小括

　本章では、補完財の必要性が情報財の供給構造に与える影響について検討を行った。まず、補完財が必要となる場合に、情報財の最適な供給条件がどのように変更されるかを確認した。また、私的供給の利潤最大化条件との比較から、両者を結合して供給する場合は望ましい供給条件が確保されることを示した。

　一方、補完性は間接ネットワーク効果と呼ばれる外部効果を生じさせることから、情報財と補完財を異なる主体が供給する場合は、この効果を内部化できず、市場の問題が生じることを指摘した。なお、等量消費性を仮定しない一般的なケースでも、同様の失敗が生じることを示した後に、補完財を結合して供給する誘因が必ずしもあるわけなく、むしろ各供給主体には分離して供給する誘因があることを示した。

　次に、分離供給において補完財の連携が問題となった例として、デジタル放送対応の受信端末の買換え問題をとりあげ、デジタル放送受信端末の購入選択において、ハード要因、ソフト要因、外生要因に対する消費者の効用を測定した。この結果、端末（ハード）の高機能化だけでなく、補完財であるソフトが高付加価値になることが、受信端末の購入選択に影響を及ぼしていることを示し、放送サービスと受信端末の間に間接ネットワーク効果が存在することを示した。

　また、結合供給と分離供給の中間的な状況としてプラットフォーム事業をとりあげて、間接ネットワーク効果が均衡価格に与える影響を分析した。結果、プラットフォームが独占の場合は、間接ネットワーク効果は価格を引き上げる効果をもつが、複占の場合は価格を引き下げる効果をもつことになることを示した。また、プラットフォーム間で情報財の共有が進むことは、社会余剰の点で望ましいものの、潜在的加入シェアによって共有のインセンティブは異なるため、自発的に共有が進むわけではないことを示した。また、加入シェアが等しい場合でも、共有を促進するインセンティブはなく、供給主体間での協調の失敗が生じることを示した。

　なお、共有が不完全な場合、間接ネットワーク効果は価格競争を促進する

効果を持つが、この大きさはソフトに対する消費者の効用の大きさに依存する。このことを踏まえ、チャンネルに対する利用者の効用（限界支払意思）の推計を行った。推計の結果、チャンネル数の増加に対して追加的効用を得るとの想定が妥当であることを示した。

第4章
市場の多面性

1 多面市場

　通常、情報財を消費するには時間が必要となる。このような時間消費性はメディアに広告媒体としての価値をもたらす。放送などのメディアが供給する情報財は、コンテンツと広告の結合財となっていることが多い。コンテンツが消費者が便益を得る最終消費財であるのに対して、広告は企業などが自らの財を供給するための中間投入財である。ゆえに、放送をはじめとするメディア事業者は、利用者のコンテンツ需要と企業の広告需要に直面しており、財を供給することで料金収入と広告収入を得る。このような市場はしばしば「2面市場（two-sided market）」あるいは「多面市場（multi-sided market）」と呼ばれる[1]。

　多面市場における各需要の間には相互関係が存在する。広告需要は利用者数や視聴率によって影響を受け、利用者数は広告量によって影響を受ける。プラットフォームとなるメディアは、これら複数の需要を仲介し、調整を行うことで、これら需要間の相互関係を内部化する役割を果たす[2]。例えば、放

---

[1] 市場の多面性は、市場取引が内部化しきれない効果（間接ネットワーク効果）に関連した問題という点で補完性の問題と似た側面がある。ただし、補完性が主に供給側に関連する問題であるのに対して、市場の多面性は主に需要側に関連する問題であるという点が異なる。

[2] Rysman（2004）は、電話帳（イエローページ）を対象として、利用者市場と広告市場の間の間接ネットワーク効果の存在を検証している。また、ネットワーク効果を十分に考慮することが可能な独占（結合型）と、複占のいずれの社会厚生が高いかを比較した結果、推計されたパラメータに基づくかぎり、ネットワーク効果は参入の利益を無効にするほど強いものではなく、内部化を断念しても新規参入を促進する方が望ましいことを指摘している。

送事業者であれば、広告市場と利用者市場の相互関係を考慮しつつ、両市場から得られる利潤の和を最大化するべく、広告やコンテンツの供給量やそれぞれの価格を選択することになる。

利用者収入と広告収入の構成割合はメディアによって異なる。例えば、新聞や雑誌のように広告収入と料金収入の双方を収入とするケースが存在する一方で、地上波民間放送のように収入の多くを広告収入に依存するケースも存在する。また、広告放送と有料放送など同種のメディアでも、異なる収入方式を採用する主体が市場に併存している。収入の構成割合は利用者数と関係があると考えられる。通常、利用者の数が多くなるほど広告効果が高まるため、広告収入の割合が高まる。一方、広告収入が多くなるほど、利用者に低価格でサービスを供給することが可能になる。このため、利用者数の増加は広告収入の増加をもたらし、広告収入の増加は利用者料金の引き下げを通じて、利用者の増加につながる。このため、広告収入と利用者数の間にはプラスのフィードバック効果があると考えられる。

2　広告に対する効用

広告に対する効用は利用者によって異なる。同じ広告でもプラスの効用を感じる利用者も存在すれば、マイナスとなる利用者も存在する。広告に対する効用がプラスとなるかマイナスとなるかは、広告と利用者の嗜好のマッチングによる。利用者の嗜好にマッチした広告であれば、利用者にプラスの便益をもたらすが[3]、マッチしていなければ、マイナスの効用をもたらす。また、広告に対する効用は、消費の強制性（もしくは選択可能性）にも依存する[4]。広告の消費が強制されれば、時間という機会費用を利用者に生じさせることから、広告はマイナスの効用をもたらす可能性が高い。消費の強制性が強いほ

---

[3] 特定の購買層に向けた専門誌などの広告は、プラスの便益をもたらすことが多いと考えられる。
[4] 例えば新聞や雑誌であれば、広告に注意を向けずにスキップすることが可能である。なお、インターネットを通じた映像情報供給では広告のスキップが可能な例が存在している。

ど広告に対する負の効用は強くなり、逆に強制性が弱ければ、マイナスの効用をもたらす可能性は低くなる。

マッチングの失敗と消費の強制性から、広告はコンテンツ利用者に対してマイナスの効用をもたらす可能性があるが、この可能性は利用者の数が増加するほど高まると考えられる。利用者の数が増えるほど、広告と嗜好と一致しない利用者の数が増加し、全体として消費者の効用は負となる可能性は高まる。

以上のように、広告それ自体は、メディアの利用者にとって必ずしも望ましいものではないものの、広告を抱き合わせることで利用者は安価にコンテンツを消費できる可能性がある。広告を含む情報財の供給は、複数の財を組み合わせて（結合して）供給するという意味ではバンドリングと似ている面がある[5]。広告をコンテンツと抱き合わせることで、メディアはコンテンツの供給価格を引き下げる余地が生じる。広告収入が多いほど、メディアはコンテンツの制作費用を利用者から直接回収する必要がなくなるため、利用者向けの価格を引き下げる余地が大きくなる。多くの収入を広告に依存している地上波民間放送では、利用者は直接対価を払うことなく、コンテンツを消費することが可能となっている。この結果、支払意思が低い利用者でもサービスを利用することが可能になり、情報財の最適な供給条件の1つである利用者数の最大化が達成されることが期待できる。

3　多面市場下での価格戦略

先に述べたように、メディアには新聞や雑誌のように広告と利用者の双方から収入を得るケースがある一方で、地上波民間放送のように広告を主な収入とするケースもある。また、同じ放送でも、広告放送と有料放送といった異なる収入方式を採用する供給主体が市場に併存するようなケースも存在する。以下では、Kind, Nilssen and Sørgard（2005）をもとに、多面市場にあ

5　ただし、広告主と利用者といった異なる需要者に向けた財を組み合わせている点で、通常のバンドリングとは異なる。

るメディアの価格戦略および収入構成がどのような要因によって決まるかを検討する。

3−1 独占モデル

まず情報財の供給主体が1つしか存在しない独占の場合を検討する。また利用者についても代表的な個人が1人のケースを想定する。メディアが供給するコンテンツに対する需要をxとして、効用関数を

$$U = x - \frac{x^2}{2}$$

とする。

一方、消費者は広告aによってコンテンツの消費が中断されることで負の効用を感じるとし、心理的な費用を支払うとする。なお、情報財1単位当たりの購入価格を$p^x \geq 0$とすると、コンテンツを消費するために利用者が支払う費用は

$$(p^x + \gamma a)x$$

γは広告によって生じる負の効用の大きさを示すパラメータである。以上より消費者余剰は

$$V = U - (p^x + \gamma a)x$$

となる。$\partial V / \partial x = 0$より、利用者のコンテンツ需要量$x$は

$$x = 1 - p^x - \gamma a \qquad (4-1)$$

と、価格p^xと広告量aの減少関数となる。

一方、広告主は1社と仮定し、広告を行うことによる利潤は

$$\pi = (\eta x - p^a)a \qquad (4-2)$$

とする。$\eta \geq 0$は広告効果を表しており、広告によって得られる追加収入の大きさを示す。広告主は、上記の利潤を最大化する条件のもとで広告需要量を決定する。広告主の利潤最大化の一階条件

$$\frac{\partial \pi}{\partial a} = \eta(1 - p^x - 2\gamma a) - p^a = 0$$

より、広告需要は

$$a = \frac{\eta(1 - p^x) - p^a}{2\eta\gamma} \quad (4-3)$$

となる。なお、広告需要は広告価格 p^a のみでなく利用者価格 p^x に依存しており、また利用者の需要は広告量に依存している。

以上をもとに、限界費用をゼロとすると、メディアの利潤は

$$\Pi = p^a a + p^x x \quad (4-4)$$

となる。p^a は広告1単位当たりの価格であり、利潤は利用者からの収入と広告からの収入の合計となる。メディアは、消費者需要を示す (4-1) 式と広告需要を示す (4-3) 式の制約のもとで、利潤を最大にする価格 p^x と広告料金 p^a を決定する。利潤最大化の一階条件 $\partial \Pi / \partial p^x = \partial \Pi / \partial p^a = 0$ より

$$p^x = \frac{3\eta\left[\dfrac{\gamma}{\eta} - \dfrac{1}{3}\right]}{4\gamma - \eta\left[1 - \dfrac{\gamma}{\eta}\right]^2} \quad (4-5)$$

$$p^a = \frac{\gamma(\gamma + \eta)}{4\gamma - \eta\left[1 - \dfrac{\gamma}{\eta}\right]^2} \quad (4-6)$$

となる。また、(4-5) 式と (4-6) 式を (4-3) 式と (4-4) 式に代入すると

$$a = \frac{1 - \dfrac{\gamma}{\eta}}{4\gamma - \eta\left[1 - \dfrac{\gamma}{\eta}\right]^2} \quad (4-7)$$

$$\Pi = \frac{\gamma}{4\gamma - \eta\left[1 - \dfrac{\gamma}{\eta}\right]^2} \quad (4-8)$$

となる。

　（4-5）式と（4-7）式より、$\frac{1}{3}<\frac{\gamma}{\eta}<1$ の場合は、消費者価格 p^x と広告 a はいずれも正の値となる。また

$$\frac{\partial p^x}{\partial \gamma}>0$$

$$\frac{\partial a}{\partial \gamma}<0$$

となることから、広告に対する消費者の負効用 γ が大きくなるほど、メディアは、広告よりも消費者からの直接収入に依存することになる。仮に $\frac{\gamma}{\eta}\geq 1$ であれば、(4-7) 式は負となるため、広告がない状態で利潤は最大になる。

　一方、広告効果を表すパラメータ η に対しては

$$\frac{\partial p^x}{\partial \eta}<0$$

$$\frac{\partial a}{\partial \eta}>0$$

となる。すなわち、広告効果が大きいほど、メディアは広告から得る利益が大きくなるため、広告の量 a を増加させる。一方、消費者価格 p^x は η の減少関数であり、$\frac{\gamma}{\eta}\leq\frac{1}{3}$ であれば $p^x=0$ となる。

　以上、(4-5) 式および (4-7) 式より、独占下にあるメディアであれば、

$\frac{\gamma}{\eta}\leq\frac{1}{3}$ の場合：広告収入のみでサービスを供給

$\frac{1}{3}<\frac{\gamma}{\eta}<1$ の場合：広告収入と利用者収入の両方を用いてサービスを供給

$\frac{\gamma}{\eta}\geq 1$ の場合：利用者からの収入のみでサービスを供給

することになる。すなわち、広告効果 η と広告に対する消費者の負効用 γ の相対的な関係により、主たる収入方式が決定されることになる。

3-2 複占モデル

独占環境のもとではメディアの収入構成（広告収入と利用者収入の割合）は、広告効果と広告に対する利用者の負の効用の相対的な関係によって影響を受けることを示した。しかし、メディアの収入構成は、市場の競争状況にも影響を受ける。以下では、メディアの収入構成が市場の競争状況といかなる関係にあるかを検討する。

2つのメディアが存在するとする。両者の競争環境の影響に焦点を当てるため、以下では $\gamma = \eta = 1$ と仮定する。この値は独占環境では、利用者からの料金収入のみに依存するケースになる。

また、消費者の効用関数は以下のように修正する。

$$U = x_1 + x_2 - \frac{1}{1+b}\left[\frac{x_1^2}{2} + \frac{x_2^2}{2} + bx_1x_2\right]$$

パラメータ b は、2つのメディアが供給するコンテンツの差別化の程度を示すパラメータであり、$b=0$ であれば両者は独立したサービスとなり、$b \to 1$ になるほどサービスは代替的となる。

消費者の効用は

$$V = U - (p_1^x + a_1)x_1 - (p_2^x + a_2)x_2$$

となるから、$\partial V/\partial x_i = 0$ より、各メディアに対する需要関数は

$$x_i = 1 - \frac{p_i^x - bp_j^x}{1-b} - \frac{a_i - ba_j}{1-b} \quad (4-9)$$

となる。

一方、広告主は先ほどと同様1社として、広告主の利潤を

$$\pi = x_1 a_1 + x_2 a_2 - p_1^a a_1 - p_2^a a_2 \quad (4-10)$$

とする。広告主の利潤最大化の一階条件 $\partial \pi/\partial a_1 = \partial \pi/\partial a_2 = 0$ より、メディア i に対する広告主の需要関数は

$$a_i = \frac{1}{2}\left[1 - p_i^x - \frac{p_i^a + bp_j^a}{1+b}\right] \quad (4-11)$$

となる。$b > 0$ であれば、メディア i の広告需要量 a_i は、消費者価格 p_i^x と広

告価格 p_i^a、競合するメディア j の広告価格 p_j^a の減少関数となる。なお、p_j^a の符号がマイナスとなっていることは、メディア i の広告需要が、メディア j の広告需要と補完関係にあることを意味する。仮に競合するメディアの広告価格 p_j^a が上昇すると、広告需要量 a_j が減少するが、広告量が減少するため利用者にはメディア j のサービスの魅力が増すことになり、メディア j の利用量 x_j が増加することになる。メディア j の利用量の増加は、メディア i の広告需要 a_i の減少をもたらすことになる。

なお、メディアの利潤は

$$\Pi_i = p_i^a a_i + p_i^x x_i$$

であり、各メディアは広告価格と利用者向け価格を同時に決定するとする。なお

$$\frac{\partial^2 \Pi_i}{\partial p_i^x \partial p_j^x} = \frac{b}{2(1-b)} > 0$$

$$\frac{\partial^2 \Pi_i}{\partial p_i^a \partial p_j^a} = \frac{b}{2(1+b)} < 0$$

となることから、利用者価格は戦略的補完関係であるのに対して、広告価格は戦略的代替関係になる。すなわち、利用者市場では一方のメディアの価格が上昇すると、もう一方のメディアの価格の上昇を誘発するのに対して、広告市場では、一方のメディアの広告価格の上昇は、他方のメディアの広告価格の低下につながることになる。広告価格が戦略的代替関係となるのは、広告主の需要がメディアの広告価格 p_i^a および p_j^a のいずれに対しても負の関係にあることが要因となっている。なお、$b=0$ の場合は、メディアは独立した市場でそれぞれ独占者となるため、広告収入ゼロを選択することになる。

このような利用者市場と広告市場の戦略的関係の相違から、メディア間の競争関係が高まるほど、メディアは広告収入への依存度を高めることになる。このことを示すために、均衡における利用者価格と広告価格を求める。具体的には、利用者の需要関数（4-9）式と広告主の需要関数（4-11）式の制約のもと、利潤最大化の一階条件 $\partial \Pi_i / \partial p_i^x = \partial \Pi_i / \partial p_i^a = 0$ を解き、メディア間に対称均衡を課すと、以下の均衡価格を求めることができる。

$$p^{a*} = \frac{1+b}{2+b} \tag{4-12}$$

$$p^{x*} = \frac{1-b}{2-b} \tag{4-13}$$

これを各需要関数に代入すると

$$a^* = \frac{b^2}{2(4-b^2)} \tag{4-14}$$

$$x^* = \frac{4+2b-b^2}{2(4-b^2)} \tag{4-15}$$

となる。また利潤は

$$\Pi^* = \frac{4-3b^2}{(4-b^2)^2} \tag{4-16}$$

となる。(4-12) 式と (4-13) 式より

$$\frac{dp^{a*}}{db} > 0$$

$$\frac{dp^{x*}}{db} < 0$$

となるため、両メディアが供給するコンテンツに差がなくなる（$b \to 1$ で代替的となる）ほど、利用者価格 p^x は低下し、広告価格 p^a が上昇する。また

$$\frac{d\Pi^*}{db} < 0$$

であることから、利潤は低下することになる。

なお、メディアの総収入のうち消費者から得る収入の割合を S とすると

$$S(b) = \frac{p^{x*}x^*}{p^{x*}x^* + p^{a*}a^*} = \frac{(1-b)(2+b)(4+2b-b^2)}{2(4-3b^2)}$$

となるが、これより

$$\frac{dS}{db} < 0$$

であるため

$$S(0) = 1 \qquad S(1) = 0$$

となる。すなわち、各メディアのコンテンツに差異がなくなり、代替的なものとなるほど、利用者からの収入割合が低下し、広告からの収入割合が高まることになる。また（4-15）式より

$$\frac{dx^*}{db} > 0$$

であることから、コンテンツが代替的となるほど、コンテンツの需要量が増加することになる。これは広告収入への依存度が高まることに連動している。

3-3　収入方式と差別化

　Kind, Nilssen and Sørgard（2005）の結論を要約すると以下のようになる。独占の場合は、広告効果と利用者が広告に感じる負の効用の相対的関係によって、価格戦略が決定される。具体的には、広告効果＞負効用であれば、広告収入型の価格戦略となり、広告効果＜負効用であれば、有料収入型の価格戦略が採用されることになる。一方、複占の場合は、メディアの価格戦略は、競争の程度（具体的にはコンテンツの代替性）に依存することになる。提供されるコンテンツが代替的なものとなり、競争的な市場環境になるほど、広告からの収入割合が高まることになる。一方、コンテンツが非代替的なものになるほど、利用者からの収入割合が高まることになる。

　なお、市場の競争状況（コンテンツの差別化）によってメディアの価格戦略もしくは収入構成が影響を受けるという結論は、コンテンツ需要と広告需要の構造的な違いから生じている。すなわち、コンテンツ需要 x_1 が競合メディアのコンテンツ価格 p_2^s と正の関係（すなわち各メディアのコンテンツ需要は代替関係）となっているのに対して、広告需要 a_1 は競合メディアの広告価格 p_2^a と負の関係（すなわち各メディアの広告需要は補完関係）となっていることが、（4-12）（4-13）式の均衡価格におけるパラメータ b に対する符号の違いをもたらしている。このようなコンテンツ需要と広告需要の構造的な違いが妥当であるのかは、実証的な課題であり、今後検証の必要があると思わ

れる。

　また、当該モデルでは、コンテンツの差異、すなわち代替性の程度（パラメータ b）は外生変数として扱われているが、実際にはこれらはメディアにとって重要な戦略的要素となっており、本来供給主体が決定する内生変数と考えるべきものである。このようなメディア事業者の収入構成と情報財の差別化の関係については5節で改めて検討する。

4　多面市場における市場支配力 [6]

4-1　広告放送の利潤

　日本の地上波放送市場は参入が制限されており、現行の地上波放送局の数、もしくはチャンネル数は自由参入の結果として決定されたものではない。制度的な参入制約が、当該市場の集中度を高めて、高い利潤を維持可能なものとしているのではないかということが、これまでも指摘されてきたところである[7]。以下では、広告収入を主とする地上波放送局の利潤を規定している要因について検討を行う。

4-2　利潤と集中度

　以下では利潤と集中度の基本的な関係を整理し、次節の実証分析の基礎となる関係式を導出する。地上波放送局に対する広告主の需要関数が次式で与えられるものとする。

$$p = f(X) = AX^{\alpha}Y^{\beta} \qquad (4-17)$$

X は各放送局の視聴者数の総和 $X=\sum x_i$、Y はその他の構造的な特性を示す指標とする。放送局 i の限界費用 c_i は一定とする。個別の放送局の利潤は

---

[6] 本節の記述は、春日・宍倉（2004）および Kasuga and Shishikura（2006）をもとにしている。

[7] Noll, Peck and McGowan（1973）はアメリカでは1950年代から放送産業の利潤が高かったということを示している。また、日本においては木村（1998）などが同様の指摘を行っている。

$$\pi_i = (p - c_i)x_i$$

で表されるとする。このとき利潤最大化の一階条件は、

$$\frac{\partial \pi_i}{\partial x_i} = \frac{\partial p}{\partial x_i} x_i + p - c_i = 0$$

となる。ここで、放送局 i とそれ以外の局の視聴者数を分離して $X = x_i + X_{-i}$ とおくと、上式は、

$$\frac{\partial \pi_i}{\partial x_i} = \frac{\partial p}{\partial X}(1 + \lambda_i)x_i + p - c_i = 0$$

と表される。ただし、$\lambda_i \equiv \partial X_{-i}/\partial x_i$ である。各放送局の推測的変動を $\lambda_i = 0$ と仮定して、整理すると以下の式が得られる。

$$\frac{px_i - c_i x_i}{pX} = \left[\frac{x_i}{X}\right]^2 \left[-\frac{X/p}{dX/dp}\right] \qquad (4-18)$$

ハーフィンダール指数を $HHI = X(x_i/X)^2$、広告需要の価格弾力性を ε として、市場内の事業者の総和をとると（両辺に pX^2 を掛ける）、市場全体の利潤は以下の式で表すことができる。

$$\pi = (px_i - c_i x_i)X = HHI\left[\frac{1}{\varepsilon}\right]pX$$

ここで上式の p に（4-17）式を代入して整理すると、以下のようになる。

$$\pi = HHI(A\alpha)X^{\alpha+1}Y^{\beta}$$

全体の利潤と個別放送局の利潤の間には $MS_i = (\pi_i/\pi)^{\gamma}$ という一定の関係があると仮定し、整理すると次式のようになる。

$$\ln \pi_i = b_0 \ln c + b_1 \ln MS_i + b_2 \ln HHI + b_3 \ln X + b_4 \ln Y \qquad (4-19)$$

個別放送局の利潤は、各放送局間の利潤シェア MS_i、ハーフィンダール指数 HHI、放送全体の産出水準 X、地域特性を示す指標 Y と関連づけられる。すなわち上記関係式は、利潤が放送局の直面する地理的要因や参入状況および費用に影響を受けることを示している。なお HHI 指数は、

表 4-1 変数一覧

$RATE_i$	局別視聴率
HHI_i	視聴率を用いた集中度指数
$ASSET_i$	総資産額
$(HH/N)_i$	放送局あたり世帯数
Y_i	世帯あたり所得
$SELF_i$	番組制作能力

$$HHI = \sum_{i=1}^{n} S_i^2 = \frac{1}{n} + n\sigma^2$$

と当該市場の企業数の逆数 $1/n$ と市場シェアの分散 σ^2 の企業数 n から構成される。このため、市場において各放送局シェアが一定の割合で拮抗していたとしても、参入している放送局の数が異なる場合、HHI の値は異なったものとなる。

4-3 実証モデル

以下では（4-19）式で示された関係をもとにした以下の式を用いて分析を行う。

$$\ln \pi_i = \ln b_0 + b_1 \ln RATE_i + b_2 \ln HHI_i + b_3 \ln ASSET_i$$
$$+ b_4 \ln \left(\frac{HH}{N}\right)_i + b_5 \ln Y_i + b_6 \ln SELF_i$$

各放送局の利潤シェア MS については、代理変数として各放送局の年間視聴率 $RATE$ を用いる。放送事業者の利潤を決定するスポット広告料金が年間視聴率などをベースに決定されていることを鑑みれば、全体の利潤のうち当該放送局が獲得する利潤シェアが各放送局の視聴率を反映していると見なすのは妥当な仮定であろう。さらに視聴者総数を示す X には各地域の世帯数 HH/N、その他の構造的な特性を示す変数 Y については各放送局がサービスを供給している地域の県別所得を用いる。なお、各放送局の規模の差異を示す変数として総資産 $ASSET$[8]、番組制作コストの違いを示す変数として自局

---

[8] 総資産額のかわりに有形固定資産額を用いたケースでも推計を行ったが、ほぼ同様の傾向が見られたため、結果は省略している。

表4-2 変数の記述統計量

変数名 (被説明変数)		平均値	標準偏差	最小値	最大値
R	営業収入	20,613,020	507,241	953,966	318,589,400
$\ln R$	(対数値)	15.9447	1.0201	13.7684	19.5794
π	営業利益	2,167,510	68,901	2,468	62,498,160
$\ln \pi$	(対数値)	13.3699	1.3393	7.8112	17.9507
(説明変数)					
$RATE$	局別視聴率	7.8801	2.1519	2.2000	14.5000
$\ln RATE$	(対数値)	2.0212	0.3125	0.7885	2.6741
HHI	視聴率を用いた集中度指数	0.2627	0.0444	0.2120	0.3573
$\ln HHI$	(対数値)	−1.3496	0.1584	−1.5512	−1.0292
HH/N	放送局あたり世帯数	405,634.5	583,915.2	92,565.0	2,637,072.0
$\ln (HH/N)$	(対数値)	12.4195	0.8377	11.4357	14.7852
Y	世帯あたり所得(百万円)	10.3746	1.6062	7.2810	13.0832
$\ln Y$	(対数値)	2.3270	0.1593	1.9853	2.5713
$SELF$	番組制作能力	0.1093	0.1779	0.0019	0.9368
$\ln SELF$	(対数値)	−2.9161	1.1971	−6.2418	−0.0653
$ASSET$	総資産額(千円)	24,285,760	603,601	1,024,709	399,340,700
$\ln ASSET$	(対数値)	16.1179	1.0382	13.8399	19.8053

制作の番組比率SELFを説明変数として加える[9]。対象とする総世帯数や視聴率などの変数は、集中排除原則において集中度の判断を行う際に利用されている指標でもあり[10]、放送市場の範囲を検討する際に政策的にも意味のある項目と考えられる。

データは1998年度から2000年度の3年分の各放送事業者のデータをプー

---

[9] SELFは本来的には内生変数ではないかとの指摘もあろうが、我々の推計では外生的な環境変数として扱っている。主たる理由としては、①規制当局が5年ごとの免許更新に際し自社制作番組の放送時間が全放送時間の10%以上という番組編成条件を課してきたにもかかわらず、実際にはこの条件を満たす局が少なく、必ずしも個別局の自由な経営判断に依存しているとは言えない状況にある、②新規参入局は番組制作のノウハウに乏しく自主的な番組制作にも限界が見られるという、現実的な問題点が挙げられる。実際、キー局、準キー局、基幹局を除いた放送局で見ると、①について10%以上の自主制作比率を確保できている局は25.7%(49/191社)、②について3年連続で10%以上の比率を確保できた局は1969年以前に開局した11局に限定される、という結果が得られ、内生変数として扱うことの困難性を示唆している。

[10] 総務省放送政策研究会最終報告(2003)によれば、所有制限の尺度として、アメリカでは全国視聴可能世帯数、ドイツではテレビ市場における年平均視聴率の合計、イギリスでは合計全国視聴時間率を利用している。

ルして利用している。なおパネルデータとしての特性を活かすため、固定効果（Fixed Effect）、変量効果（Random Effect）の各モデルによって推計を行い、Hausman検定によりいずれのモデルを採用するかを決定する。

4-4 分析データ

分析に用いたデータについては、放送事業者の財務データは各年度版の『日本民間放送年鑑』および『通信産業実態調査経営体財務調査』を、視聴率データに関してビデオリサーチの放送局別年度平均視聴率を利用した。また、地域の経済変数は『全国市町村要覧』、『県民経済計算』を利用し、複数県をまたがって営業している場合には全エリアの値を合計している。なお名目変数は実質化し、ラジオ兼営局はテレビ営業に関する構成比率を乗じて調整を行っている。各変数の作成は以下のように行っている。

- π：営業利益を県別デフレータ（1995年基準）で実質化し、放送事業売上高のサービス構成比率から「テレビジョン放送」の割合を掛けて算出した。ただし当該放送局が複数県をまたがって営業している場合には、全エリアの値を合計して算出している。
- $RATE$：当該放送局の年間平均視聴率
- HHI：各放送局が事業を行っている地域での視聴率を用いて計算している
- HH/N：当該放送局が事業を営む都道府県の総世帯数を地上波放送局数で除した値
- $SELF$：民放テレビ系列別放送時間の自社制作番組の放送時間を総放送時間で除した値に、開局から2000年度までの経過年数を、最も開局が早かった（1953年）日本テレビ放送網を1とした比率を乗じて得られた値
- $ASSET$：当該地上波放送局の有形固定資産額に放送事業売上高のサービス構成比率から「テレビジョン放送」の割合を掛けて算出した値

なお、分析サンプルの選定は以下のように行っている。

1．各変数のうち、データが欠損している場合は除外した。
2．クロスネット局については分析対象から除外した。具体的には、福井放送（ANN&NNN）、テレビ宮崎（NNN&FNN&ANN）、テレビ大分（NNN&FNN）の3局である。
3．視聴率データが得られなかった放送局は、とちぎテレビ、群馬テレビ、テレビ埼玉、千葉テレビ、テレビ神奈川、東京メトロポリタン、岐阜放送、三重テレビ放送、びわ湖放送、京都放送、サンテレビジョン、奈良テレビ放送、テレビ和歌山、福井放送、福井テレビジョン、山梨放送、テレビ山梨、四国放送、サガテレビ、宮崎放送、テレビ宮崎、高知放送、テレビ高知、高知さんさんテレビである。
4．東京圏除外の場合にデータから除いた放送局は、日本テレビ、東京放送、フジテレビ、テレビ朝日、テレビ東京である。
5．三大都市圏除外の場合は、上記に加え、中京テレビ、中部日本放送、東海テレビ、名古屋テレビ、テレビ愛知、よみうりテレビ、毎日放送、関西テレビ、朝日放送、テレビ大阪を除いている。

4-5　推計結果

推計結果は表4-3、表4-4に示されている。サンプルの違いにより5つの推計結果が示されている。なおモデルに関しては、いずれも固定効果モデルより変量効果モデルが適しているとの結果を得ている[11]。

まず、各放送局の視聴率 RATE の係数は有意であるが、HHI の係数は統計的に有意ではなく、当該市場の構造的変数（参入状況）を示すと考えられる「集中度」は利潤に対して有効な説明力をもっていないことがわかる。なお、市場シェア RATE と集中度 HHI の相関は 0.4267 であるが多重共線性が発生している懸念を完全に拭えるわけではないため、推計②で HHI を、推計③で RATE を除いたケースについても推計を行ったが、ほぼ同様の結果となっている。

11　なお、営業収入を被説明変数として用いたケースについても推計を行ったが、この場合は変量効果モデルよりも、固定効果モデルを用いる方が適切との結果となっている。詳しくは Kasuga and Shishikura（2006）を参照のこと。

表4-3　推計結果1

被説明変数	ln (πi)：営業利潤 全地域		
説明変数	推計①	推計②	推計③
ln*RATE*	0.767 ***	0.618 ***	—
	3.539	3.235	
ln*HHI*	− 0.387	—	0.063
	− 1.440		0.260
ln（*HH/N*）	1.046 ***	0.999 ***	0.715 ***
	7.454	7.314	6.716
ln*Y*	1.068 ***	0.954 ***	0.798 **
	3.404	3.150	2.585
ln*SELF*	− 0.186 ***	− 0.182 ***	− 0.123 **
	− 3.153	− 3.078	− 2.133
ln*ASSET*	0.392 ***	0.440 ***	0.595 ***
	3.498	4.117	6.084
Constant	− 11.927 ***	− 10.130 ***	− 7.081 ***
	− 6.034	− 6.577	− 4.871
決定係数 R2乗	0.707	0.702	0.690
自由度調整済み R2乗	0.700	0.697	0.685
サンプル数	282	282	282
Wu-Hausman Test	5.462	3.133	0.980
（p-value）	0.486	0.679	0.964
Fixed or Random	Random	Random	Random

　一方、放送局当たり対象世帯数 *HH/N*、放送局の規模を示す *ASSET*、サービス地域の世帯当たり所得 *Y* については正の相関関係、自社制作比率 *SELF* については負の相関関係が示されている[12]。すなわち、1局当たりの世帯数が多い地域の放送局ほど、事業規模の大きな放送局ほど、サービスを供給している地域の所得が高い放送局ほど、利潤が高い水準となっている。

　また、自社で番組を制作するよりネットワーク間で番組を共有している放送局ほど、利潤が高いことが示されている。ただし、キー局や準キー局を除いたケースでは、自社制作比率 *SELF* の符号は逆に正に有意となっていることから、自社制作比率の影響の解釈には注意が必要である。地上波放送局で

12　Webbink(1973) でも 1966〜68年における地上波放送市場への新規参入状況を分析し、1局あたり世帯数と有意に正の相関があるとの結果が示されている。

表4-4 推計結果2

被説明変数	ln(πi)：営業利潤 サンプル数240	ln(πi)：営業利潤 サンプル数189
説明変数	推計④	推計⑤
lnRATE	0.815 ***	1.195 ***
	2.918	3.197
lnHHI	−0.280	−0.576
	−0.922	−1.532
ln(HH/N)	1.288 ***	1.429 ***
	6.862	5.076
lnY	1.137 ***	1.197 **
	3.117	2.591
lnSELF	−0.205 ***	0.210 ***
	−3.080	−2.855
lnASSET	0.340 **	0.214
	2.560	1.374
Constant	−13.959 ***	−15.715 ***
	−4.687	−3.846
決定係数R2乗	0.401	0.451
自由度調整済みR2乗	0.385	0.433
サンプル数	240	189
Wu-Hausman Test	4.857	4.857
(p-value)	0.434	0.434
Fixed or Random	Random	Random

は、キー局・準キー局が制作した番組がローカル局と共有されることは多いが、ローカル局で制作された番組がキー局や準キー局と共有されることは稀である。この意味で、地上波放送局間の番組共有は片務的（一方互換）となっている。このような片務的な共有は、番組制作費用の負担を通じて、キー局・準キー局とローカル局間で利潤の調整（内部補助）が行われていることを意味する[13]。このため、キー局や準キー局を含む推計①では、このような片務的な番組共有による利潤の調整が影響して、自社制作比率 *SELF*（番組の共有率

---

[13] なお、第3章で潜在的な加入シェアの大きな情報財供給者には、自らの情報財を共有する誘因は存在しないことを指摘したが、キー局・準キー局とローカル局では市場が立地的に異なっている（差別化されている）ことから、互いが視聴者の獲得を巡って競争関係にあるわけではない。このため、共同利潤を最大にするために番組を共有する系列が形成され、同一系列内でこのような片務的な共有が可能になっていると考えられる。

の逆数)の係数の符号は負となっていると考えられる。一方、キー局・準キー局をサンプルに含まない推計⑤では、このような調整の影響が含まれないことから、自社制作の比率と利潤が正の相関を示していると考えられる[14]。

4-6　多面市場と市場集中度

　集中度と利潤の間に相関が見られないことは、参入規制による事業者数の制限が、利潤の高さを説明する直接の要因ではないことを示唆する。これに対して、対象地域の潜在的顧客(人口)数や、サービスを供給としている地域の所得水準が利潤と相関を示していることは、地上波放送局の利潤に影響を及ぼす要因としては、これらの方が重要であることを示唆している。このような結果は、先行研究とも整合的である。

　Fournier (1986) は、394の放送局について、利潤および広告価格を被説明変数として、集中度(上位2社が占める視聴者数を用いている)との相関を推計した結果、集中度の相違は利潤率に対しほとんど影響を与えていないことを指摘している。また、Ekelund, Ford and Koutsky (2000) は、アメリカのラジオ局の広告価格を被説明変数とし、広告市場および利用者市場の集中度との関係を検証し、同様に集中度と利潤の間に有意な相関関係がないことを指摘している。一方、Besen (1976)、Fournier (1986) では、ネットワーク加盟が利潤に対して有利に働くことが指摘されている。また、Crandall (1972) は、ネットワーク化により、特に番組制作について規模の経済性が働き、利潤にプラスの影響がもたらされることを指摘している。

　地上波放送局の集中度と利潤の間に明確な相関関係が見られなかったのは、収入を主に広告に依存していることに原因がある。広告収入型メディアの利潤は広告料金によって決まるが、広告料金は広告市場における競争環境に影響を受ける。広告媒体としては放送以外にも複数のメディアが存在しており、これら他のメディアと広告媒体として競争関係にあるならば、利用者

14　なお、先に述べたように営業収入を被説明変数としたケースの推計も行ったが、この場合は、キー局・準キー局を含んだケースでも *SELF* の係数は正に有意になっている。このことから、当該変数の係数の符号や有意性については、結果が不安定であり、あまり確かなことは言えない。

市場で高い集中度を有する状況にあったとしても、そのことが広告市場での価格支配力につながるわけではない[15]。

Seldon and Jung (1993)、Seldon, Jewell and O'Brien (2000) は、広告主の立場から見た場合に、各種メディアが広告媒体としてどの程度代替関係にあるかを検証している[16]。結論として、広告主の立場から見た場合、各種のメディアは代替的な関係にあること、広告効果には規模の不経済が存在することを示している。また、各メディアが広告媒体として代替的と見なされている以上、ラジオとテレビなどの異なるメディアを統合しても、広告価格に対する市場支配力の強化にはつながらないことなどを指摘している。

また、Ekelund, Ford and Jackson (1999, 2000) は、ネットワーク化により各放送局に対する広告需要が地域間でシフトすることが容易となり、広告価格を引き上げると広告が他地域へ容易に移転してしまうため、各地域で放送局の集中度が高い値を示していても利潤の増加につながらず、集中度と利潤の関係を希薄なものにしていると指摘している。

5 収入方式と差別化

5-1 広告収入型と有料収入型の行動

広告収入型メディアの場合は広告効果の最大化、すなわち利用者数もしくは利用量の最大化が問題となるのに対して、有料収入型メディアの場合は利用者からの収入の最大化が問題となる。

広告収入型メディアの場合は、広告主からの収入が主な利潤の要因とな

---

[15] 仮に、ある地域内で独占的な地位（市場シェア100%）にあったとしても、当該地域の人口が少なければ、ローカルの広告主は別としても、全国を対象とした広告主にとっては、広告媒体としての価値は低くなる。一方、市場シェアが低くとも、事業エリアが広いもしくは人口が多いのであれば広告媒体としての価値は高くなると考えられる。

[16] 広告主である各企業は広告費用を最小化する形で、各メディア（新聞・雑誌、ラジオ、テレビ）に対する広告支出の配分を行うと想定して、広告量と商品の販売量の関係を示す生産関数からトランスログ型の広告費用関数を導き、各企業の広告費データをもとに同費用関数のパラメータを推計し、これをもとに広告媒体としての各メディア間の代替性と広告の規模の経済性の推計を行っている。

る。広告主が広告媒体としての価値（広告効果）が消費者の時間消費量に依存すると考える場合は、広告を組み込んだ情報財に消費者の時間をどれだけ振り向けさせるかが重要となる。コンテンツに対する利用者の支払意思の大きさは収入には直接関係がなく、情報財への支払意思が低い利用者でも、広告主の商品の購入可能性があるのであれば、広告効果を最大にするためにメディアはコンテンツを消費してもらうことを望むことになる。なお、支払意思が低い主体を含めた多くの利用者にコンテンツを利用してもらうために、利用者価格の引き下げが行われ、利用者価格をゼロと設定されることもしばしば生じる。一方、有料収入型の収入は、利用者の支払意思の高さと利用者数の積となる。通常、支払意思の高さと利用者数は反比例するため、価格差別を行うことができない場合は、両者のトレードオフを考慮して、最も利潤が高くなる供給量と価格を選択することになる。

　これら戦略の違いは、供給する番組の内容（情報財の供給量）や利用者数など情報財の最適な資源配分の条件とも関係する。広告収入型において価格がゼロとなる場合は、すべての利用者にコンテンツを供給できるため、利用者数について情報財の最適な資源配分の条件が達成されることが期待できる。しかし、広告収入型では、企業からの広告需要によって供給主体の数が制限される以上、消費者の多様な嗜好が満たされる保証はなく、供給量について情報財の最適な資源配分の条件が達成されると考える理由はない。一方、有料収入型の場合は、完全な価格差別を実施できなければ消費からの排除が生じるため、利用者数について情報財の最適な資源配分の条件は必ずしも満たされない。

5-2　広告放送の差別化戦略

　収入方式の違いは、上記の最大化目的の違いを通じて、事業者が供給する財の質に影響を及ぼすと考えられる。広告収入型のもとでは、利用者数や利用時間が利潤確保にとって重要であるため、平均的もしくは中位の嗜好に対応したコンテンツが供給される。一方、有料収入型の場合は、利用者数だけではなく利用者の支払意思の高さも考慮する必要が生じるため、利用者の数は少なくとも、競合他社の少ないコンテンツや支払意思が高いコンテンツが

供給されるため、利用者の多様な嗜好に対応した情報財が供給される可能性がある。

以下では広告収入型メディアの差別化戦略の特徴を、次節では有料収入型メディアの差別化戦略の特徴を確認する。

視聴者の利用時間を最大化する広告収入型メディアの戦略に関しては、伝統的な Hotelling（1929）の最小差別化定理が有効と考えられる[17]。通常、放送事業者は番組の編成や内容といった複数の質を変数として競争を行っているが[18]、以下では放送事業者が選択する質は1種類に限定して議論を行う。2つの広告放送事業者AとBが、番組内容もしくは放送時間といった非価格的な要素 a、b を変数として視聴者獲得の競争を行うとする。ただし番組制作費用は0とする。視聴者については以下のような状況を仮定する。

①視聴者の番組の質（番組内容）に対する選好 x は一様分布している。
②視聴者は嗜好に最も近い番組を選択する。
③各局が同質の番組を放送するとき、または視聴者の選好が2つの放送事業者について無差別であるときは、放送事業者は均等に視聴者を獲得する。
④放送事業者の利潤は視聴者数に比例する。すなわち放送事業者 i の利潤 π_i は、$\pi_i = rn_i$ で表される。n_i は視聴者数、r は視聴者1人当たりの広告収入とする。

仮に質を番組内容とし、利用者の番組内容に対する選好は1から5の整数値をとるとする。単純化のために、それぞれの番組を好む視聴者は1人、すなわち $n_i = 1$ とする。放送事業者Aの戦略を a、放送事業者Bの戦略を b として、各放送事業者がとりうる戦略は

$$a \in (1, 2, 3, 4, 5)$$
$$b \in (1, 2, 3, 4, 5)$$

---

[17] 以下の説明は Shy（2001）をもとにしている。
[18] Nilssen and Sørgard（1998）は、番組編成戦略モデルと番組内容モデルとを統合し、2つの次元（番組編成と番組内容）で競争する放送産業について分析を行っている。

表4-5　一様分布の場合の番組ゲーム

	$b=1$		$b=2$		$b=3$		$b=4$		$b=5$	
$a=1$	5/2	5/2	1	4	3/2	7/2	2	3	5/2	5/2
$a=2$	4	1	5/2	5/2	2	3	5/2	5/2	3	2
$a=3$	7/2	3/2	3	2	5/2	5/2	3	2	7/2	3/2
$a=4$	3	2	5/2	5/2	2	3	5/2	5/2	4	1
$a=5$	5/2	5/2	2	3	3/2	7/2	1	4	5/2	5/2

と表される。この場合の標準型ゲームは表4-5のように表される。

放送事業者Aの反応関数 $R_a(b)$ は

$$R_a(b) = \begin{cases} 2 & (b=1) \\ 3 & (b=2) \\ 3 & (b=3) \\ 3 & (b=4) \\ 4 & (b=5) \end{cases}$$

となる。放送事業者Bについても同様に反応関数を定義することができる。このゲームのナッシュ均衡は

$$a = b = 3$$

であり、各放送事業者の利潤は、視聴者が等しく2つの局に分散するため、

$$\pi_A = \pi_B = \frac{5}{2}$$

となる。なお、両反応曲線は $a=b=3$ で1度だけ交わることになる。このことは均衡が一意であることを意味する[19]。なお、放送事業者の行動集合が奇数である場合は、ナッシュ均衡は一意に決定されるが、偶数の場合は複数均衡となる。ただし、複数ナッシュ均衡であっても、同じ内容のコンテンツを選択する状況はナッシュ均衡となる。

19　ただし、放送局数が3局以上になる場合は、3局すべてが同じ質を選択するという均衡は生じないことが指摘されている。

このように、視聴者の番組に対する選好が一様に分布するとの条件のもとで、視聴者が自己の嗜好に近い番組を選択する場合は、2つの放送事業者は視聴者の嗜好の中間に位置する高い番組を供給することが最適な戦略となる。このことは互いの番組が同じような内容になるとともに、少数派の嗜好が満たされない可能性があることを示している。

なお社会厚生は、視聴者の効用と放送局の利潤の合計によって得られる。視聴者の理想的な質を$\hat{x}$、実際の番組の質をxとすると、効用関数は

$$U = \beta - \alpha |x - \hat{x}|$$

となる。βは視聴者が番組を見ることによる基礎的効用、αは視聴者が理想的な質と異なる番組を視聴することによって受ける不効用を意味する。一方、放送事業者全体の利潤は$\pi = 5r$で一定であるため、社会厚生最大化問題は利用者の負の効用を最小化することと同じになる。このため、選好の分布が一様である視聴者に直面する2つの放送事業者は、A局が$a=2$の財を供給し、B局が$b=4$の財を供給するとき社会厚生が最大化される。

このように両局が異なる質のサービスを供給することが社会厚生上最も望ましいにもかかわらず、両放送事業者は利用者を最大にするために、同質のサービスを提供することになり、市場の失敗が生じることになる。しかし、これら最小差別化定理はあくまでもそのような可能性を指摘しているに過ぎず、広告収入型の場合であっても、視聴者の選好の分布や放送事業者の数によって結論が変わることが知られている。仮に、市場に参入障壁が存在し、放送事業者の数が制限されているならば、複数の放送事業者が人気番組のみに特化して、人気のない番組は供給されない可能性はある。しかし、放送事業者の数が十分増加するならば、すべての種類の番組が供給されることになる。どれだけチャンネル数が増加すれば番組の偏りが解消されて、視聴者の嗜好が満たされるかは、利用者の選好の分布状況と放送事業者（参入事業者）の数に依存する。

5-3　有料放送の差別化戦略

一方、価格が戦略変数となる有料放送の場合、差別化戦略は広告放送のそ

れと異なるものとなる可能性がある[20]。以下では価格とサービスの質が戦略変数となる有料放送の差別化戦略の特徴を整理しておく[21]。

前節と同様に視聴者の嗜好は線分空間に位置づけられ、各嗜好に対して視聴者が一様に分布するとする。ただし、これまでのように離散的ではなく、0から1の間に連続的に位置づけられるものとする。2つの放送事業者A、Bは、このような視聴者の嗜好分布を所与として、提供する番組の質と価格を決定する。なお、各局は第1段階で番組の内容を選択し、第2段階で価格を決定する2段階ゲームを想定する。放送事業者Aは線分0からaの距離に位置する番組を供給し、放送事業者Bは線分1からbの距離にある番組を供給するものとする。よって$0<a+b<1$が成立する。また、仮に同じ内容であれば、視聴者は価格の安い方を利用するものとする。

放送事業者AとBが提供する番組と自己の嗜好が一致しない場合、自らの嗜好と異なるものを利用することにより不効用を感じるものとする。xに位置づけられる視聴者にとって、放送事業者Aが提供する番組との距離（不効用）は$|x-a|$、Bが提供する番組との距離（不効用）は$|x-(1-b)|$となる。不効用を金額に換算するため、それぞれの自らの嗜好と異なる番組を利用することによる負の効用は、上記距離との関数として$f(x-a)$、$f(x-1+b)$で表現されるとする。なお、これら負の効用に基づく費用を線形と想定する場合、aとbの値によっては反応関数に不連続な局面が生じ、純粋均衡が存在しないことが証明されている。このため負の効用を考慮に入れた視聴者の費用は以下のような非線形の関数を仮定する。

$$p_A + f(x-a) = p_A + t(x-a)^2$$
$$p_B + f(x-1+b) = p_B + t(x-1+b)^2$$

tは選好と異なることから生じる負の効用の大きさを示すパラメータである。

---

20 なお、価格と質の選択が戦略変数となるような一般的なケースにおける均衡の存在、もしくはいかなる戦略が生じるか（最大差別化か最小差別化か）については、モデルの設定により大きく異なる。このため、有料放送の場合に最大差別化がもたらされるということを確定的に言えるわけでない。なお差別化モデルのサーベイについてはMartin（1993）に詳しい。
21 以下の説明は小田切（2001）をもとにしている。

Aから購入してもBから購入しても費用が同じになる位置$\hat{x}$は、

$$p_A + (x-a)^2 = p_B + (x-1+b)^2$$

を満たすことから、これを解くことでAの需要量

$$\hat{x} = a + \frac{1-a-b}{2} + \frac{1}{2t(1-a-b)}(p_A - p_B)$$

を求めることができる。Bの需要量は$1-\hat{x}$より求めることができる。

有料放送事業者Aは、この需要関数を制約として利潤$\pi_A = (p_A - c)\hat{x}$を最大化するp_Aを決定する。事業者Bについても同様に$\pi_B = (p_B - c)(1-\hat{x})$を最大化する$p_B$を決定する。よって、これら最大化条件を連立させて解くことで、ナッシュ均衡価格を求めることができる。具体的には均衡価格は以下のようになる。

$$p_A = c + t(1+a+b)\left[1 + \frac{(a-b)}{3}\right]$$

$$p_B = c + t(1+a+b)\left[1 + \frac{(b-a)}{3}\right]$$

また均衡利潤は

$$\pi_A = \frac{t(1-a-b)(3+a-b)^2}{18}$$

となる。

この第2段階の均衡を予測して第1段階で有料放送事業者Aは番組の質aを、有料放送事業者Bは番組の質bを決定する。Aについては

$$\frac{\partial \pi_A}{\partial a} = -\frac{t(3+a-b)(1+3a+b)}{18} < 0$$

となるが、これによれば$0 \leq a < 1-b$の範囲で利潤を最大化するのは$a=0$となる。すなわち、事業者Aは、左端に立地するのが最適ということを意味する。同様にBについても$b=0$すなわち右端に立地することが最適となる。このように価格（支払意思の高さ）が問題となる状況においては、差別化競争は逆に最大差別化をもたらす可能性が存在することを示唆する。

5-4 放送事業者の差別化に関する先行研究

　以上、価格が戦略要素とならない広告放送では、類似した質（内容）のサービスが提供される傾向、すなわち最小差別化が行われる可能性があるのに対し、価格が戦略要素となる有料放送では、他と異なる質のサービスを提供する傾向、すなわち最大差別化が行われる可能性があることを示した。なお、いずれのケースも視聴者の選好に対応した適切な番組の供給は行われず、「市場の失敗」が生じる可能性がある。放送市場で提供される情報財の供給量が過小となるか過剰となるかといった問題はこれまでも議論されてきたが、近年はインターネットの普及によって改めて注目を集めている。

　Steiner（1952）は、競争的環境下（2社）では、より多くの利用者を獲得しようとする放送事業者間で番組プログラムの重複が生じる可能性があり、少数派の嗜好を満たすような番組の多様性は確保されないことを指摘している。これに対して、独占（2チャンネル保有）であれば、このような利用者の奪い合いは生じず、番組の多様性を確保することができると指摘している[22]。また Spence and Owen（1977）は、広告放送と有料放送の優劣、および放送局の数が過大もしくは過小になるかという問題に対して、番組間の代替性および補完性が重要な要因となることを指摘している[23]。

　一方、Cancian, Bills and Bergstrom（1995）は視聴可能な時間について不可逆性を仮定し、番組編成スケジュールの差別化戦略について分析を行った結果、番組編成スケジュール競争に純粋な均衡が存在しないことを指摘している。また Beebe（1977）は、好みの番組が放送されていない時は視聴しない可能性があることを考慮すると、独占では1つ以上の番組が供給されると考える合理的な理由はなくなるが、複数の放送事業者が存在する場合は、ライバルから視聴者を奪取するために異なる番組が供給されることを指摘している。

　また、Anderson and Gabszewicz（2005）では、広告需要が弱い場合は、

---

[22] ただし、これは利用者が広告に対して負の効用を感じないことが前提となる場合にのみ正しく、現実には利用者がチャンネルを変える、もしくはスイッチを切ってしまうことに関して配慮する必要がある。
[23] 同モデルの詳細については、第7章を参照のこと。

放送事業者は価格を巡る競争を回避するよう努めるため放送番組が多様化するが、広告需要が強い場合は、視聴率を巡る競争が激しくなるため、番組に対する最小差別化をもたらす方向に作用することを指摘している。Crampes, Haritchabalet and Jullien（2009）は、利用者がSalop型の選好を有する消費者を想定し、利用者収入と広告収入の2面市場にあるプラットフォームにおいて、仮に視聴者規模に対して広告収入が収穫一定もしくは収穫逓増であるならば、情報財供給に過剰参入が生じ、広告量が過小になることを指摘している。

5-5 差別化と視聴行動

　最小差別化にしても最大差別化にしても、利用者の嗜好に対応した多様な情報財が提供されないという点では市場の失敗を意味するが、この問題を避けるためにいかなる市場環境を確保することが適切であるかは、現時点では明確な結論が得られているとは言い難い。しかしながら、供給する主体、例えば放送事業者の数が多くなれば、いずれは消費者の選好に合致した質のサービスが供給され、多様性の欠如による市場の失敗（過小供給の問題）は解消される可能性がある[24]。このため、情報財を供給する主体が市場に複数存在することは依然重要であると考えられる。

　なお、過小供給か過剰供給かといった判断は、供給主体の数と供給されている情報財の質的差別化の程度の双方から判断する必要があるが、後者については利用者が各供給主体によって提供されているコンテンツをどのように認識しているかによって決まる。従って、続く第5章では、利用者の実際の放送サービスの利用もしくは視聴行動から、各供給主体が提供するコンテンツ（番組やチャンネル）が利用者にどのように捉えられているかを検討する。また第7章では、公共放送、有料放送、広告放送といった異なる収入方式を有する放送事業者間の競争を考慮した上で、これら質的差別化の問題を改めて論じる。

---

[24] ただし、事業者の戦略が最小差別化か最大差別化であるかによって、消費者の多様な嗜好を満たすために必要な局数（チャンネル数）は異なると予想される。

6 小括

　本章では、市場の多面性が、メディアの価格戦略もしくは差別化戦略に与える影響について検討を行った。メディアは利用者からの需要と広告主からの需要の2つの需要から収益を得ることが可能であるが、メディアの収入構成は、広告効果と広告に対する負の効用、コンテンツの代替性によって決まることを示した。特に、コンテンツが同質的・代替的である場合は広告収入型となるのに対して、コンテンツが独立的である場合は有料収入型となることを示した。

　次に、地上波民間放送局を取り上げ、広告収入型メディアの利潤がどのような要因によって影響を受けているか、特に利用者市場の集中度との関係について検討を行った。実証の結果、広告放送については、市場の集中度と利潤の間に相関は見られず、むしろ人口や立地などの環境要因、番組の制作費用などの内部要因の方が相関があることが示された。市場シェアと利潤の関連が希薄となるのは、利用者市場での集中度の高さが、広告市場における集中度には結びついていないことを意味する。広告収入型メディアは、広告市場において他のメディアと競争関係にあることから、広告市場における市場支配力は、当該メディアの利用時間や利用者数、利用者への影響力などによって決まると考えられる。地上波民間放送局の利潤が、立地や人口規模などとの相関が高いことは、このような要因の方が広告市場におけるメディアの価値を決める上で重要であることを反映している。

　またコンテンツの質的差別化という点で、広告収入型メディアは利用者数を最大化するために、複数の供給主体が存在しても多様なコンテンツが供給されないという可能性がある一方で、有料収入型メディアでは、多様なコンテンツが提供される可能性があることを示した。ただし、有料収入型は、完全な価格差別が行われなければ、利用者の排除が生じる可能性がある。なお、メディアの差別化戦略の結果達成される情報財の供給量が、最適な供給量の条件を満たすのかは必ずしも明らかではない。

第5章
メディア需要者の行動

これまでは主としてメディアの供給側からの分析を行ってきたが、本章では需要側の行動について考察する。第1節で利用時間や支出行動などの現在の状況と推移を概観した後、第2節ではメディアが情報の受け手である利用者に対しどのような影響を与えるかについて、主として経済学分野の実証研究に基づき展望することとしたい。

1 メディア利用の実態

人々のメディア利用行動を長期的視点から俯瞰する際の資料として、日本放送協会（NHK）が1960年から5年ごとに実施している『国民生活時間調査』が挙げられる[1]。同調査は、人々の1日の生活を時間面から把握し生活実態に沿った放送を行うのに資するため実施しているもので、サンプル数の多さからも信頼性が高いものだと言える。ここでは直近の2010年調査をもとに、現在の状況と過去からの推移について概観する。

テレビの国民全体の行為者率[2]はおよそ9割で、睡眠・食事などの必需行動に次いで高く、2010年時点でも極めて日常性の高いメディアとなっている。また時間量の面でも、曜日の別を問わずレジャー活動や他のメディア接

---

[1] 2010年調査は、睡眠や仕事、テレビなど28に分類した行動と在宅状況について、2日間にわたって15分単位に記入してもらう方式をとっている。10月14〜24日の期間で連続する2日ずつを4回、計8日間について、全国10歳以上の7,200人を対象に調査を行った。1曜日でも有効な回答のあった人は4,905人（68.1％）である。なお他にも東京大学が実施している「日本人の情報行動調査」が知られている。詳細については橋元（2011）を参照。
[2] 行為者率とは、1日のなかである行動を15分以上した人が全体に占める割合を言う。

表 5-1 マスメディア接触時間

(分)

	平日				土曜				日曜			
	1995	2000	2005	2010	1995	2000	2005	2010	1995	2000	2005	2010
テレビ	3:19	3:25	3:27	3:28	3:40	3:38	4:03	3:44	4:03	4:13	4:14	4:09
ラジオ	0:26	0:21	0:23	0:20	0:24	0:21	0:18	0:19	0:17	0:18	0:18	0:15
新聞	0:24	0:23	0:21	0:19	0:23	0:23	0:25	0:21	0:21	0:21	0:21	0:19
雑誌	0:07	0:07	0:13	0:13	0:09	0:08	0:16	0:14	0:10	0:09	0:17	0:15
マンガ												
本	0:09	0:09			0:10	0:09			0:11	0:10		
CD・テープ	0:10	0:10	0:09	0:07	0:13	0:11	0:12	0:08	0:13	0:10	0:12	0:10
ビデオ	0:06	0:06	0:08	0:13	0:09	0:09	0:10	0:20	0:10	0:10	0:12	0:20

注:「テレビ」はワンセグの視聴を含む(2010年)。「CD・テープ」はデジタルオーディオプレイヤーなどラジオ以外で音楽を聴くことを含む。「ビデオ」はDVD・HDDの視聴を含む。2000年調査までは、「雑誌・マンガ」と「本」を分けて調査していたが、2005年調査以降「雑誌・マンガ・本」としている。
出所:NHK放送文化研究所編(2011)より作成。

触よりも格段に長く、平日でも3時間28分の接触時間を示すなど自由行動のなかで別格的存在と言える(表5-1)。ただし2005年と比べてテレビの行為者率はいずれの曜日も前回調査を下回って9割を切っており、特に若年層の行為者率は減少傾向にある[3]。

ラジオ・新聞も接触時間が減少傾向にある。行為者率も減少しており各曜日ともそれぞれ約1割、約4割となっているが、これは第1章で見た広告費シェアの減少と表裏一体の関係にある。ラジオの行為者率の減少の原因としては、聴取層の高齢化に加え、同じ世代でも行動が変化していることが挙げられる。具体的には、2000年の女性20・30代がそれぞれ30・40代になって、ラジオを大幅に聴かなくなっている姿が読み取れる。また新聞の主な読者層は60歳以上であるが、若年層や中年層で「新聞離れ」が観察される。

一方でビデオとインターネット[4]は大きく増加しており、ビデオ視聴は平

---

[3] 男女20代は7〜8割程度となっている。諸藤・渡辺(2011)参照。
[4] 2000年調査まで「趣味・娯楽・教養」に含めていた自由行動としてのインターネットを、2005年調査から「趣味・娯楽・教養のインターネット」として独立させた。従って、仕事や学業、家事でのインターネット利用は含んでいない。

日でも男性20・30代などでは2割近くになっている。またインターネットも行為者率・時間量ともに増加し、男女20代ではいずれの曜日の行為者率も3割を超えている。

このように人々の生活のなかで主要な位置を占めているテレビであるが、視聴時間の長期的な変化を見ると、行為者率が減少傾向にありながらも視聴時間が高い水準を維持しているのは、60歳以上の高年層に支えられている側面が大きいことが読み取れる（表5-2）。この層はすべての曜日で4時間を超える視聴時間を示しており、人口構成比における高年層の割合が増加傾向にあることとも相まって、若年層の短時間視聴を補い、国民全体では長時間視聴が続いている結果となっている。また自由時間が長い曜日ほどよく見られている。30分ごとの平均行為者率を見ると、テレビ視聴には朝・昼・夜の3つのピークがあり（図5-1）、日曜は平日・土曜に比べて日中の時間帯も比較的見られている。1日でテレビが最もよく見られている時間帯は、平日が20・21時台、土曜・日曜は20時台となっている。

もう少しテレビ視聴の実態を詳しく確認しておこう。まず「自宅外」視聴については、従来から職場や学校などでの視聴が想定されていたが、ワンセグサービスが2006年4月に始まった影響もそれほどなく、平日の「自宅外」視聴は2005、2010年とも13分、自宅内視聴が9割以上と圧倒的に多い状況であった。NHKの別の調査である「デジタル放送調査2010」によると、ワンセグを週に1日以上見る人は国民全体の7％に過ぎず現段階では少数派だと言える。また他の行動と重なり合っている「ながら」視聴については、平日で1時間20分と全視聴時間（3時間28分）の4割弱を占めており、食事（35分）や家事（23分）のほか、新聞（7分）やインターネット（4分）など、他メディアとの重複も観察される。

メディア多様化による重複接触について、電通総研編（2014）は特集で「ランダム・デュープリケーション理論」をもとに興味深い考察を行っている。これは独立のメディアA・Bがあった場合、双方のメディアに接触する人の割合は（Aの接触率）×（Bの接触率）で表されるとする法則で、この式から導かれる値を実際の値が上回っていれば、単独に接触するよりも高い満足を得ていると想定されることから両メディア間に補完性・親和性があり、逆の関

表5-2　テレビ視聴の行為者平均時間の推移

(分)

年	平日			土曜			日曜		
	1990	2000	2010	1990	2000	2010	1990	2000	2010
全体	3:13	3:44	3:54	3:35	4:01	4:14	3:58	4:36	4:40
男性	2:54	3:25	3:36	3:33	3:59	4:22	4:13	4:49	4:59
10歳代	2:21	2:22	2:15	3:04	3:05	3:05	3:26	3:43	3:22
20歳代	2:25	2:51	2:26	3:05	3:25	3:55	3:57	4:10	4:13
30歳代	2:28	2:51	2:33	3:21	3:41	3:44	4:10	4:23	3:55
40歳代	2:32	3:00	2:54	3:23	3:52	3:33	4:12	5:04	4:22
50歳代	2:55	3:00	3:15	3:38	4:04	4:41	4:26	5:06	5:18
60歳代	4:00	4:26	4:48	4:17	4:48	4:56	4:51	5:43	5:44
70歳以上	5:03	5:44	5:47	5:02	5:03	5:34	5:16	5:28	6:24
女性	3:31	4:01	4:09	3:37	4:02	4:06	3:45	4:23	4:23
10歳代	2:10	2:39	2:25	2:38	3:08	3:12	2:59	4:08	3:07
20歳代	3:03	3:25	3:14	3:14	3:15	3:13	3:31	3:51	3:42
30歳代	3:27	3:24	3:10	3:30	3:31	3:23	3:27	3:30	3:38
40歳代	3:25	3:46	3:45	3:37	3:48	3:44	3:42	3:58	3:43
50歳代	4:03	4:19	4:17	3:59	4:14	4:16	4:04	4:24	4:42
60歳代	4:34	4:48	4:50	4:21	4:36	4:43	4:21	4:56	5:11
70歳以上	5:00	5:24	5:47	5:01	5:28	5:04	5:03	6:03	5:22
有職者	2:54	3:11	3:19	3:22	3:44	3:53	4:00	4:25	4:19
農林漁業者	3:43	4:07	4:08	3:26	4:04	—	3:37	4:01	—
自営業者	3:30	3:30	4:06	3:37	3:51	3:48	4:06	4:28	4:06
販売職・サービス職	2:57	3:33	3:36	3:11	3:20	3:40	3:41	3:41	4:04
技術職・作業職	2:50	3:07	3:23	3:16	3:54	4:14	4:11	5:07	5:03
事務職・技術職	2:25	2:42	2:46	3:20	3:39	3:51	3:58	4:19	4:04
専門職・自由業・その他	2:58	3:14	3:10	3:16	3:56	3:06	3:58	4:05	3:43
主婦	4:31	4:57	4:51	4:22	4:24	4:31	4:07	4:44	4:50
無職	5:21	5:48	6:02	5:23	5:39	5:35	5:20	6:00	6:11
学生	—	2:34	2:21	—	3:04	3:08	—	3:46	3:18
小学生	2:08	2:34	2:15	2:34	3:12	3:43	2:50	3:39	3:21
中学生	2:08	2:20	2:06	2:52	3:18	3:09	3:11	4:20	3:12
高校生	2:23	2:39	2:32	2:56	2:40	2:37	3:29	3:31	3:02

出所：NHK放送文化研究所編（2011）より作成。

係にあればどちらか片方に接触すれば十分だと考えている可能性が高いことから代替的だと考えられるとしている。特集では、ビデオリサーチ社のMCR（Media Contact Report）を用いて最近8年間の動向について検証を行っ

図 5-1　30 分ごとの平均視聴率（全国・週平均）

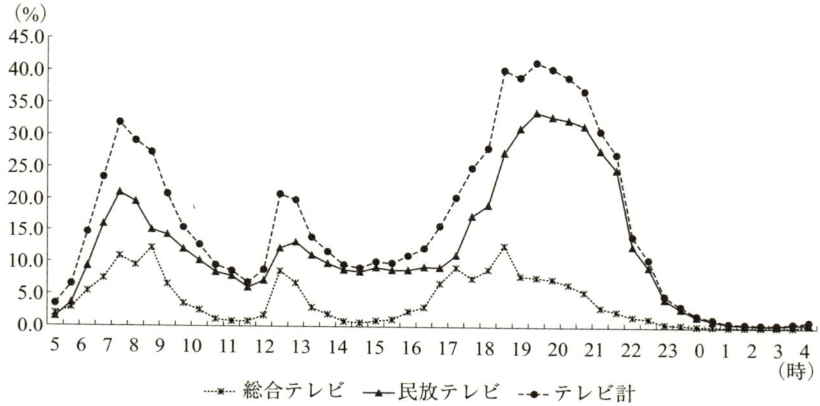

出所：NHK 放送文化研究所『全国個人視聴率調査』（2013 年 11 月）より作成。

ている[5]。全体で見ればほとんどが補完的に利用されておりその指標は上昇していること、しかしその結果は、代替的利用を行いメディア間の棲み分けが進んでいる 10 代に比べ補完的利用をしている高齢者割合が増加しているためであること、特に 10 代男性では複数メディアにバランスよく接するよりも特定のメディアから集中して情報収集を行う傾向があること、などの結果を得ている。

また表 5-1 からはテレビ番組を録画して見る「タイムシフト視聴」の進展も伺えるが、この実態を詳しく調査した結果に基づいて諸藤（2012）は、リアルタイム視聴 9 割に比べて 1 割程度とそれほど高くなく夜中や日曜の日中に視聴が行われていること、リアルタイム視聴の補完的利用が多くタイムシフト視聴のみは 3% 程度と少ないこと、リアルタイム視聴に比べながら視聴の割合が若干低いこと、などを報告している[6]。

視聴者市場においては、放送局が予算額や総合編成の責務といった制約の

5　検証を行っているメディアは、TV（地上波）、TV（BS）、TV（CS／CATV）、ラジオ、新聞、雑誌、ネット（PC）、ネット（モバイル）計 8 種の組み合わせである。
6　2012 年 3 月に NHK が実施した「メディア利用の生活時間調査」（全国 3,960 人対象、有効サンプル数 64.7%）に基づいている。

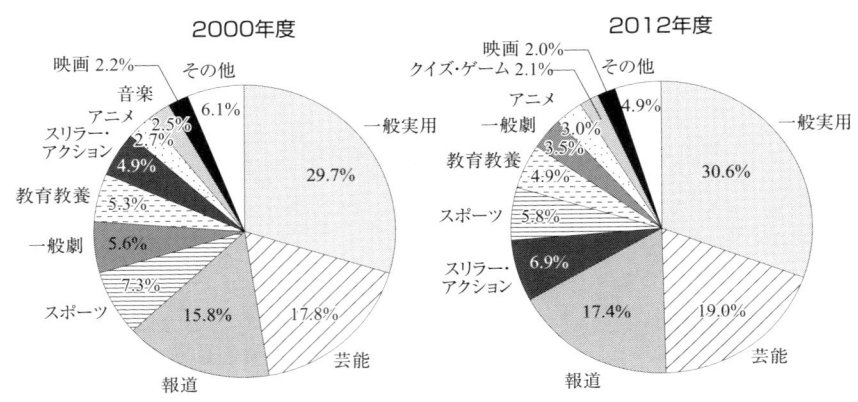

図 5-2 番組種目別放送時間（6〜24 時、年間総放送量）

2000年度
- その他 6.1%
- 映画 2.2%
- 音楽 2.5%
- アニメ 2.7%
- スリラー・アクション 4.9%
- 教育教養 5.3%
- 一般劇 5.6%
- スポーツ 7.3%
- 報道 15.8%
- 芸能 17.8%
- 一般実用 29.7%

2012年度
- その他 4.9%
- 映画 2.0%
- クイズ・ゲーム 2.1%
- アニメ 3.0%
- 一般劇 3.5%
- 教育教養 4.9%
- スポーツ 5.8%
- スリラー・アクション 6.9%
- 報道 17.4%
- 芸能 19.0%
- 一般実用 30.6%

出所：日本民間放送連盟編『日本民間放送年鑑』2001、2013 より作成。

もとで視聴者需要を勘案しながら最適な番組を提供すると考えられるため、時代の変遷によって放送される番組の種類も変動する。図 5-2 は関東地区の地上波放送局による番組種類別の放送時間を示しているが、近年になってスリラー・アクションの割合が増え、一般劇（ドラマ）の割合が低下している状況を知ることができる。

しかし放送の「多様性」を論じるには、番組タイプの他にも考慮すべき要因が多々考えられる。その扱いや解釈は一様ではないが、例えば音・日吉・莫（2008）、音・日吉・中田（2010）では、映像の背景・作り・焦点などを代理変数としたフォーマットや、多様な文化的背景を持ち合わせる人がメディアでどのように描写されているかをもとにした内容とともに測定し評価を試みている。その結果、番組の全ラインナップを通じた多様性である垂直的多様性は全般的に観察されず、一定時間に選択できる番組数で表される水平的多様性もそれほど大きな差異はないこと、ただし BS を含めると水平的多様性が観測されること、NHK4 チャンネル（総合、教育、BS1、BS2）間では差異が見られること、などを報告している。いずれにしても視聴者市場の分析は相当複雑な要素を含んでおり、多面的な評価が必要であることには留意しておきたい。

図 5-3 家計の放送サービスに対する支出

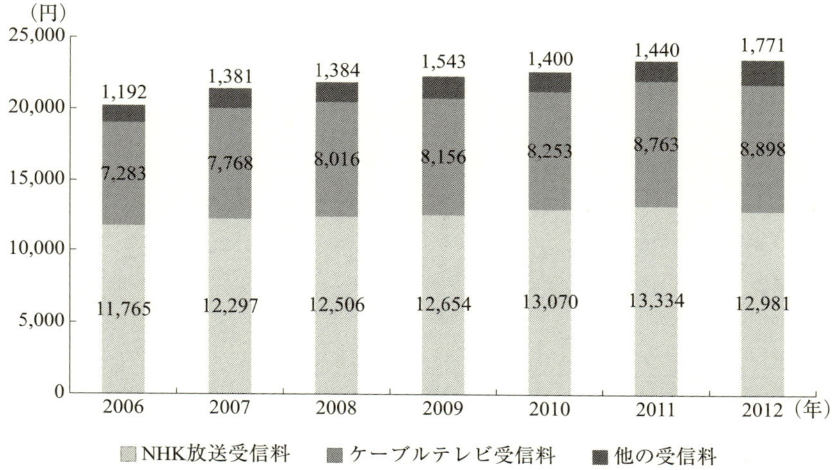

年	NHK放送受信料	ケーブルテレビ受信料	他の受信料
2006	11,765	7,283	1,192
2007	12,297	7,768	1,381
2008	12,506	8,016	1,384
2009	12,654	8,156	1,543
2010	13,070	8,253	1,400
2011	13,334	8,763	1,440
2012	12,981	8,898	1,771

出所：総務省（2013）『情報通信白書 平成 25 年版』より作成。

最後にメディア・サービスに対する需要を、支出面から検討しておこう。2012 年の 1 世帯当たりの年間放送関連支出額は 23,651 円で、7 年連続の増加となっている（図 5-3）。これは有料放送契約世帯が増加している状況と整合的であり、NHK 受信料が若干低下しているのは、2012 年 10 月から受信料が引き下げられたことを反映していると考えられる。また放送以外のコンテンツ利用に関する支出額は 80,567 円で前年と比べて 1.2％減少しており、書籍・他の印刷物が 44,339 円と最も大きく、放送受信料が 2 番目に多くなっている。2003 年を 100 とした指数の動きを見てみると、テレビゲームの変動幅が最も大きく、書籍・他の印刷物や音楽・映像収録済メディアは低下傾向にあり、特に後者の落ち込み幅が著しいことが分かる（図 5-4）。そのなかで放送受信料に関する支出は着実に上昇していると言うことができる。ただ地域により若干の相違が見られ、東北・北関東では NHK-BS の契約率が相対的に高く、それ以外ではケーブルテレビの契約率が高い状況にある（図 5-5）。

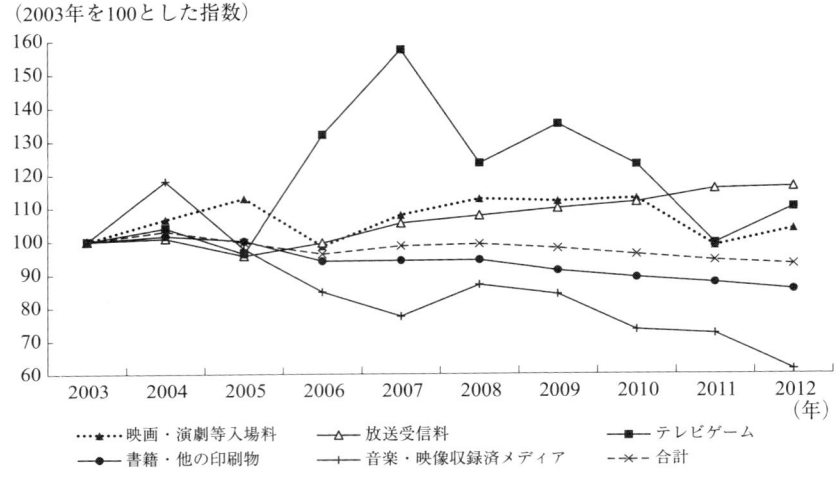

図 5-4　コンテンツ関連の年間消費支出額

（2003年を100とした指数）

凡例：
‥‥●‥‥ 映画・演劇等入場料　―△― 放送受信料　―■― テレビゲーム
―●― 書籍・他の印刷物　―+― 音楽・映像収録済メディア　―※― 合計

出所：総務省（2013）『情報通信白書 平成25年版』より作成。

2　情報の受け手に対する影響

　「メディア」という単語の意味を辞書で引くと、「媒体。手段。特に、マスコミュニケーションの媒体。」（『広辞苑 第六版』岩波書店）のように説明されている。この情報を伝達する「手段」も、少数の送り手から不特定多数の受け手への情報伝達手段としてテレビ、新聞、雑誌、ラジオなどの4大マスメディア、映画等と、送り手と受け手の1対1のやりとりを基本としつつ、その関係が網の目状に拡大することによって密な情報伝達の手段として機能するインターネットに代表されるメディアに、さらに区分することができる[7]。いずれも情報を効率的に伝達する手段であるため、新しいメディアが登場し普及することによって、ミクロ経済学で仮定される「完全情報」の状態に現実を近づける効果を持つと考えられる。

　さらに「媒体」という言葉は、「人と情報を結ぶもの」と解釈できるから、

---

[7] あるいは、利用者の能動的行動によってはじめて情報を利用することが可能な新聞、雑誌、インターネットなどに対し、電源を入れておき、流れてくる音声や映像を受動的に楽しむことができるラジオ、テレビなどに区分することもできる。

図 5-5　都道府県別情報化指標

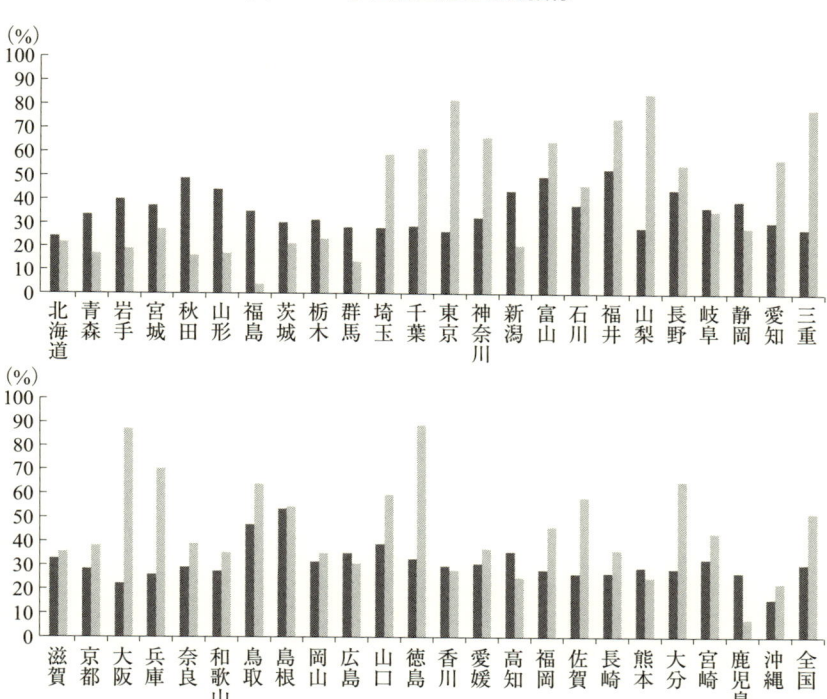

出所：総務省（2013）『情報通信白書 平成 25 年版』より作成。

　ある事実を伝えるために必要な言葉や映像、表現技法なども「メディア」と捉えることも可能である。その意味で、メディアによって人々の行動も影響を受けていることになる。

　本節では、メディアが受け手の行動に与える影響について、経済学的視点から行われたいくつかの実証的研究を、タイプ別に 4 項目に分類してサーベイする[8]。先述のメディアの情報伝達の効率化という観点からは価格や株式市

---

[8] 従って包括的なサーベイというよりは、各タイプで主要なもののみを説明している。より詳しくは Gentzkow, Shapiro and Stone（2014）などを参照されたい。

場に与える影響の研究が、人々の行動への影響という観点からは政治活動に与える影響の研究が、高い関心を持たれてきたようである。なおメディアが受け手に与える影響という同様の問題意識からマーケティングや広告の効果分析が行われることがあるが、これらは消費者がある商品を知ってから購入に至るまでのプロセスをモデル化し、アンケートによって把握された消費者意識を因子分析などによって精査して、いかに消費者を購買行動に向けさせるかについて検討を行う手法をとることが一般的である[9]。一方経済学の手法では、顕示選好理論をベースにして、メディアの存在や提供された情報と、外形的に判断可能な最終段階の消費者行動との関係を直接調べようとするところに主要な関心がある点が大きな相違点となっている[10]。

2-1　メディアの存在と人々の行動

　本項では、メディアの存在の有無が人々の行動にどのような影響を与えるかに関する研究をレビューする。これらの研究は特に新しいメディアとして登場してきた際に、どのような影響を与えたかについて考察している。

　Besley and Burgess (2002) は、有権者の要求に対してより敏感な政治家の規律づけにメディアがどの程度役立つかを、政治経済学の観点から分析している。実証に利用したのは1958-1992年間のインド16州に関するパネルデータだが、重要なポイントは、インド各州はかなり独立性が高く、分析対象期間において最も広く世論形成に役立っていたと考えられる新聞の発行部数が州によって大きく異なっていたという事実である。この場合、情報伝達を効率的に行うことのできる新聞へのアクセスの容易さが異なることで人々の行動パターンに相違が観察されるか、という点が彼らの問題意識であった。具体的には、情報伝達を効率的に行うことのできる新聞へのアクセスが

9　代表的な消費行動仮説にAIDMAがある。これは消費者がある商品を知ってから購入に至るまでのプロセスを、Attention（注意）、Interest（関心）、Desire（欲求）、Memory（記憶）、Action（行動）の頭文字を取って説明したものであり、この過程の関係をうまく把握する工夫からモデルに種々のバリエーションが生じることになる。

10　もちろんその他の要因が重要ではないと主張しているわけではない。近年発展してきている行動経済学や神経経済学、複雑系科学の動向と経済学での採用の可否に関する議論については、川越編著（2013）を参照のこと。

容易な地域では、報道によって有権者に対して政治成果が効率的に伝わるため、政治家が自らの成果を出すことにより敏感になるという仮説を立てた。そして実証分析の結果、公的な食物分配と災害救済基金への支出は、投票率が高い地域に対して多いだけでなく、新聞発行部数が多い地域に対してもより多かった、との結果を得ている。

またStrömberg（2004）は、1930年代のアメリカにおけるニューディール政策を取り上げ、当時新たに登場したラジオというメディアが人々の行動に与えた影響について調査している。人々の行動を直接調べるのではなく、大衆から得られる支持を気にする政治家の行動を検証するという点でBesleyらのものと類似しており、比較的小規模なサンプルの検証で結果を吟味可能にしている点で工夫が見られる。彼の仮説は、マスメディアが適切な情報を有権者に伝える役割を果たすため、より多くの得票を望む政治家は、メディアへのアクセスが容易な地区に対してより有利な政策を実施する、というものである。論文では、全米2,500の郡のデータを利用して、連邦緊急救済局からの基金配分先と人々の投票行動、およびメディアの影響を測定している。その結果、ラジオ保有世帯比率が高い地域ほど救済基金の配分がより多くなっており、ラジオ保有世帯比率が1%増加すると1人当たりの救済基金が0.61%増大すること、そのなかでラジオ保有の直接の効果は0.54%で、残りの0.068%は、ラジオが人々の投票率を0.12%上昇させる効果と、投票率の上昇によって救済基金が増加する効果0.57%の積で表される間接的な効果を含んでいること、ラジオ保有世帯比率のシェアが最下位の郡から中位の郡になると1人当たりの救済基金が60%増加すること、さらに、ラジオが農村部への情報伝達を高めたことにより救済基金の獲得能力を都市部より50%も高めたこと、などを報告している。当時は新メディアの普及段階であり、ラジオ保有世帯は所得・資産が多い比較的裕福な層だと考えられるため、本来そのような世帯が多い郡への基金配分額は少なくなるはずであるが、現実は逆になっていたことが興味深い。彼は、1950年代のテレビの登場も、アフリカ系アメリカ人や低識字率の人々へ政治参加を促すことにより同様の恩恵をもたらしたはずで、インターネットの普及によっても同様の効果がもたらされた可能性を指摘している。

Gentzkow（2006）は、1940-1970年頃のテレビの普及時期の相違と選挙の投票率との関係について検討している。その結果、テレビの普及は投票率に負の影響を与えており下落の1/4～1/2ほどが説明可能であること、テレビ普及が新聞・ラジオの利用低下をもたらすと同時に選挙調査から読み取れる政治的知識の低下をもたらしていること、このような投票率の低下は、新聞において熱心に報道される一方、テレビにおいてはほとんど報道されない大統領選挙のない年の議会選挙において顕著に表れること、などを指摘している。

　さらにインターネットが登場した初期の1990年代には、情報伝達スピードが向上して市場がより完全情報の状態に近づくとの仮説が、価格水準や価格弾力性、価格の「ばらつき」など種々の角度から盛んに検証された。例えばBailey（1998）やBrynjolfsson and Smith（2000）は、書籍やCDなどについてインターネット上で取引される価格と従来の市場価格を比較し、インターネット上の価格が従来市場に比べて必ずしも価格のばらつきが少ないわけではないことを指摘している。特にBrynjolfsson and Smith（2000）は、両者の価格の相違が平均で書籍33%、CD25%にものぼり、小売業者によっては50%もの相違が見られるなど、品質が一定で差別化されていない財であっても価格差が縮小していないことを報告している。またClemons, Hann and Hitt（2002）は、オンライン旅行業者が販売する航空券の市場動向を調べている[11]。航空券は、同地点間を結ぶフライトであっても予約方法や予約時期、接続便の待ち時間などで差別化されている財であり、そのような差異の影響を除去した上で価格比較をしなければならないが、調整後も20%価格が異なる事例があることを報告している。その後も類似の研究が行われ、このような差異をもたらす要因について論争が行われてきた。

　その後時間が経過し商品価格についてのマイクロ・データが大量に利用可能になると、このようなデータを用いた研究が報告されるようになってきた。例えば水野・渡辺（2008）、Mizuno and Watanabe（2010）は価格比較サ

---

[11] 彼らの論文がWorking Paperとして最初に刊行されたのは1998年であり、先駆的業績であることを示すため、この時点での論文を参考文献として挙げる例も多い。

イト「価格.com」のデータを利用して、価格が割高でも「ひいき」の店で商品を購入する傾向が観察されること、価格競争が激しいオンラインの家電市場における商品の値動きは資産価格の動きと同様ランダムウォークすること、ときには値崩れなど一方向への価格変動が起きること、などを報告している。これはむしろ一物一価に近づくとする予想とは反する結果であり、注目に値すると言えるだろう。このような問題は実証的に解決する以外にはなく、今後もデータ収集と分析を地道に行っていく必要がある課題であると言える。

近年ではさらに、ブログやツイッターなどの新しいメディアにおいて発せられるコメント数や内容を分析し、購買行動や売上高、選挙結果等を予測する際の基礎データとする研究が工学や商学の観点から行われてきているが、今後さらなる分析の余地があると考えられるため詳細には立ち入らない[12]。ここではブログやツイッターなどが、従来型メディアであるテレビや新聞などで発信された情報を拡散・誘発することで、直接メディアを利用していない人々に対して補完的に機能する側面があり、情報の受け手に一層複雑な影響を与える可能性があることだけ指摘しておきたい。

2-2 メディア報道と政治行動

メディアは単なる手段ではなく、伝達する内容も同様に重要であることは言うに及ばない。特にマスメディアは、不特定多数の人々に正確かつ公平に情報を伝える責務があり、民主主義の発展や世論形成に重要な役割を担っていること、また新聞や放送では業界団体が自主的に倫理規定を設けるなど高いモラルに支えられていることは、第1章でも指摘したとおりである。

このようなメディアの政治的重要性を勘案してか、政治学のみならず経済学の一流雑誌においても、メディア報道と投票行動に関する実証分析が、最近になって種々の角度から盛んに実施されている。特にアメリカのように地理的に広大で各州の独立性が高く人種的にも複雑な構成を示している国家においては、利害関係者の主張の偏差が大きいだけでなく、メディアの主張自

---

12 濱岡・里村（2009）、Ishii et al.（2012）などを参照のこと。

体も多様であり、独自の見解を表明する傾向が見られることから、そのような相違がもたらす影響を検討することは極めて重要である。また3大全国紙[13]の全米総発行部数に対する比率は10数％に過ぎず、地方紙の発行部数が大部分を占めるという、多くの先進各国とは異なる独自の産業構造を有していることから、その意味でも示唆に富んだ結果を得ることができる。この項では特に、新聞報道の「バイアス」や、報道が投票行動や政治活動に与える影響に関する研究に焦点を当てて見ていこう。

新聞報道の「バイアス」に関する研究としては、Gentzkow and Shapiro (2010) が挙げられる。彼らは、共和党と民主党に対して新聞社が使用する言語について調べ「偏向 (slant)」に関する指標を作成した上で、このような「偏向」を明示的に取り入れた新聞需要モデルを構築し、この場合に新聞社が利潤最大化を行うことが可能な点と実際の新聞社の選択点とを比較検討している。その結果、読者は自分の好みに合致した (like-minded) ニュースに対して有意な選好を示すことを示し、新聞社はそのような読者の傾向を踏まえて行動することを指摘している。対照的に、新聞社の所有者や現職政治家、レポーターの好みなどは、彼らの提示した指標にはほとんど影響を与えていないとしている。

アメリカでは大統領選挙の際、主要な新聞がどちらの候補を支持するかという立場を事前に打ち出すことが多い。このような状況を利用し、Chiang and Brian (2011) は、2000、2004年の2回の大統領選を取り上げ、各新聞による支持が表明された後、有権者は推薦された候補者を支持する方向に影響を受けることを指摘している。ただし、その影響は支持の「信頼度」に依存しており、左寄りの意見を表明する新聞が民主党を支持しても、右寄り・中道の新聞が支持を表明するより場合よりも影響が少ない（逆の場合もあてはまる）こと、より中道の支持者や、新聞を読む頻度が高い読者がより大きな影響を受けていること、などを発見している。

Gentzkow, Shapiro and Sinkinson (2011) は、1869-2004年という長期間にわたる全米日刊紙の市場参入・退出状況に関するデータを利用し、当該地

---

[13] *New York Times, Wall Street Journal, USA Today.*

域の新聞産業構造の変化が有権者の政治参加や政党への投票率に与える影響について調査している。その結果、新聞は住民の政治参加に対して正の影響を与えており、新聞社が追加的に1社参入すると大統領選および議会投票率を約0.3％押し上げること、当該地域における第1位の新聞による影響を最も受けること、などを報告している。加えて、大統領選の投票率に対する新聞の影響はラジオやテレビの登場以降減少しているが、一方議会選挙の投票率に対しては最近まで従来と同程度の影響を与えていること、党の機関紙がその党の得票を上昇させる統計的な証拠は見い出せないこと、などを報告しており、地方紙の影響が依然として健在であることを指摘している。

Larcinese, Puglisi and Snyder（2011）は、1996-2005年間の選挙期間中に新聞報道された政治課題に着目し、失業、インフレ、連邦予算、貿易赤字といった基本的な経済課題に関する報道の回数と、現職大統領の所属政党との関係を検討している。その結果、民主党に賛意を示す傾向がある新聞は、大統領が共和党所属であるときに高失業率に対する報道を多く行う傾向にあり、当該地域の得票率を制御しても頑健な結果だと言えることを報告している。貿易赤字に関しても類似の傾向が見られるが、頑健性は失業率の場合に比べて低く、財政赤字やインフレに関しては弱い関係しか見い出せなかったこと、などを報告している。

Snyder and Strömberg（2010）は、新聞報道が市民の知識や政治家の行動、政策などに与える影響について検討している。彼らは、有権者の居住地域において連邦議会の状況に関する新聞報道が少なくなると、議員の名前を思い出せなくなったりその主張を評価できなくなったりする傾向が見られることを示し、新聞が政治情報の伝達に一定の役割を果たしていることの証左を得ている。また、報道が少ない下院議員は有権者のためにあまり働いていないことを発見している。具体的には、議会の聴聞会前に参考人として証言台に立たなくなる傾向があり、選挙区の政策に密接に関連する委員会よりも名声や政策志向の委員会で奉仕するようになる傾向があり、所属する党が決定した方針に反する投票を行う傾向があるなど、新聞報道が政治家活動を刺激するインセンティブになっている可能性を示している。さらに、連邦議会議員に関する報道が少ない地域では連邦からの支出が少なくなる傾向が見られる

ことも示しているが、これは Strömberg（2004）の指摘が現在の地方新聞における報道にも当てはまることを意味するものだと考えられる。

　新聞報道が単独では政治に関する情報伝達を促進する役割があるとしても、差別化されたメディアの相互作用によって全体が必ずしも積極的な効果をもたらさない場合もありうるという、興味深い研究もある。Gorge and Woldfogel（2008）の論文がそれで、彼らは全国的なメディア（具体的には New York Times）の地域市場への参入と浸透が、地域メディアの消費に与える影響について考察している。その結果、New York Times の購読が多い地域では、ターゲットとしている高い教育を受けている読者層の地方議会選挙に対する参加を、むしろ抑制する傾向があることを指摘している。これは全国紙である New York Times では地方議会の報道が少ないためであると考えられ、その証拠に投票率の抑制傾向は地方選挙について顕著であり、全国紙においても関心が高く報道も多い大統領選においては抑制傾向があまり観察されないことを指摘している。

　このようにアメリカでは、新聞報道が人々の政治行動に与える影響が顕著であり、様々な効果が観察されるとの指摘が多く行われている。一方、日本においては、新聞社や放送局の相違によって報道姿勢が異なることが指摘されているものの、アメリカほど明確な差異は観測されないと考えられる。しかしこうしたメディア報道が与える影響の大きさについて認識しておくことは、メディア関係者のみならず日頃メディアに接する有権者にとっても非常に重要なことだと考えられる。

2-3　メディア報道と株式市場

　メディア報道と人々の行動との関係は、経済学的視点からは例えば株式市場に対する影響に注目する研究が代表的であり自然に思えるかもしれない。以下ではそのような研究を中心に検討していこう。

　初期の研究に Huberman and Regev（2001）がある。彼らは特定の癌治療薬を取り上げ、製薬企業の新薬開発と株価反応との関係をイベント・スタディの形で検討した。この事例で特徴的なことは、研究段階において治療に有効な新物質の可能性が示された際にはそれほど市場の反応がなかったにも

かかわらず、後日新聞で大きく報道された際に株価に大きな反応が見られた点である。より具体的には、1997年11月に研究成果が自然科学系の権威ある学術誌 Nature に掲載され、その概要が一部の大衆紙でも報道されたが、株価に目立った反応は見られなかった。ところがその約5カ月後の1998年5月、日刊紙 New York Times で報道された際には、金曜日にもともと \$12 程度だった株価が月曜日には一気に \$85 まで跳ね上がり、終値でも約 \$52 を維持、さらにその後3週間は \$30 以上の状態が続くこととなった。この時点の報道では新しい情報が何も追加されていないことから、メディアによる報道が、ファンダメンタルズを超えて大きな影響を与えていることを、彼らは指摘している。

同様に Tetlock, Saar-Tsechansky and Macskassy（2008）は、1984-2004年の Wall Street Journal と Dow Jones News Service に掲載された S&P500 企業に関する記事の単語を一定の規則に従って分類・数量化し、株価との関係を見ることでメディアの影響を測定した。企業の株価は本来、売上高や利益といった業績や資産・負債などの財務状況などのファンダメンタルズによって決定されるはずであるが、メディアが流す情報によっても影響を受けることを彼らは示している。具体的には、収集した個別株のなかに否定的語句が含まれていると企業の低収益が予想できること、特にファンダメンタルズに関する否定的語句が予測に有益であること、などの結果を得ている。すなわち、メディアは「数量化するのが困難な」情報を伝達しており、株式市場の価格形成に貢献しているとの結論を得ている。

Fang and Peress（2009）もマスコミ報道[14]と株価の期待収益率との関係を分析し、報道が純粋な意味での「ニュース（≒新しい情報）」を提供しない場合でも株価形成に影響を与える可能性を検討している。その結果、マスコミ報道がない株式は報道がある場合に比べてより高いリターンを獲得できること、それは小型株や個人所有比率が高い場合、またアナリストがあまり関心を持っていない場合、特異なボラティリティを示している場合に顕著である

---

14 New York Times、USA Today、Wall Street Journal、Washington Post という4つの影響力のある全国紙を対象にデータ収集しているが、これは発行部数計600万部、アメリカにおける全日刊紙の11%に相当する規模となっている。

こと、を報告しており、メディアによる情報拡大が株式市場の収益に影響を与えることを指摘している。

　Engelberg and Parsons（2011）では、実際に起きた出来事とメディア報道の影響とを区分して株価に与える影響を把握しようと試みている。具体的には、インターネットが普及する前の1991-1996年のデータに基づき、S&P500企業に関する収益情報の公開と、異なる地方紙が流通していることから異なる報道が行われる全米19地域における投資家行動を比較検討した。種々の要因を制御して計量分析した結果、メディア報道は当該地域における取引量（特に購入行動）と強い相関を持つこと、さらに地域における株式の取引量は地域における報道時期と強い相関を示していること[15]、などを発見し、効率的市場仮説では説明困難な現象をメディア報道で説明している。

　日本においてもメディア報道と株式市場の関係が報告されている。Aman（2011）は、株価変動と情報との関係に注目した。ある企業の株価変動は、市場全体の変動と企業固有の変動より構成されるが、このうち企業固有の株価変動の程度が高まることは、市場において価値の高い情報が流通していることを反映しており望ましいと考えられる。ここで情報の「価値」とは情報の「質」と「量」の積で表されるため、両者が高まると企業固有の株価変動も高まると予想される。そこで情報の質の代理変数として企業経営者による事前の業績予想と本来の業績との乖離を、量の代理変数として新聞報道における企業の登場回数を利用して実証分析した結果、情報の質・量が高まるほど企業固有の株価変動の程度も高まるとの結果を得ている。この結果から、新聞メディアの報道が市場の効率性を支える大きな役目を担っていることを読み取ることができる。

2-4　テレビ報道と利用者行動

　本項では特に、テレビで放送される内容と利用者行動との関係に焦点を当てた先行研究のサーベイを行う。その理由はテレビが現時点において最も主

15　一例として、水曜に *San Francisco Chronicle* で収益情報が公開されると湾岸地帯における水曜日の取引を増大させ、同じ出来事を木曜に *Journal Constitution* が報じるとアトランタにおける木曜の取引が増大するような事象を挙げている。

要なマスメディアだと考えられるためであり、本書でもこれまで広告費や利用時間の観点から説明してきたが、ここではもう1つ別のデータを示しておこう。

総務省では、旧郵政省時代から30年以上にわたって「情報流通センサス」という指標を計量し公表していた。ここで情報流通とは、「人間によって消費されることを目的として、メディアを用いて行われる情報の伝送や情報を記録した媒体の輸送」と定義されるもので、電話やインターネット、テレビなどの情報通信系メディアに加え、郵便物や新聞・雑誌、CDのようなパッケージソフトなどの輸送系メディアも対象としている。2011年には新たに「情報流通インデックス」と称し、対象20メディアをビット換算した情報量を推計し新たな指標として提示している。

図5-6は、情報受信点まで情報を届ける「情報流通」量と、情報受信者が受信した情報の内容を意識レベルで認知している「情報消費」量に関する各メディアの割合を、円グラフで示したものである。定義から「流通」よりも「消費」が、より利用者の実態を反映している統計だと考えられるが、映像を送出し続けており、利用者ニーズに従っていつでも利用可能なテレビ「放送」が70％超を占めており、依然として圧倒的な情報伝達量を誇るメディアだということが分かる[16]。

このようなテレビの社会的影響力の大きさに着目し、政治的な興味に基づき人々の投票行動に与える影響に関する研究が行われてきている。

Groseclose and Milyo（2005）は、主要な報道各社が提供するニュースに限定してイデオロギー・スコアを推計し、メディア・バイアスの測定を試みている[17]。具体的には、特定の社が種々のシンクタンクや政策集団を引用する回数をカウントし、議会が同じグループを引用している回数と比較すると

---

[16] ただし利用行動の節で指摘したように、視聴が能動的か否か、「ながら視聴」か否か等、情報消費の「質」を問うていないため、解釈にはより慎重な検討が必要である。なお「放送」にはラジオも含まれるが、資料中の計算式からテレビの情報量が圧倒的に多いことが分かるため、ここでは放送＝テレビとして記述している。

[17] 調査対象は、3大ネットワーク（NBC、CBS、ABC）の朝夜のニュース番組やFox NewsのSpecial Report等のテレビ番組、*New York Times*、*Washington Post*等の新聞、*Newsweek*や*TIME*等の雑誌、Drudge Report等のウェブサイトなど全20区分となっており、編集後記や書評、投書欄などは除外されている。

図5-6 情報流通インデックスの計量結果

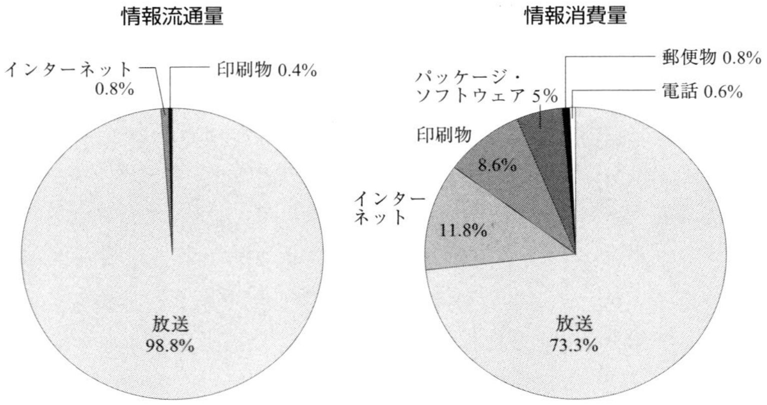

情報流通量
- インターネット 0.8%
- 印刷物 0.4%
- 放送 98.8%

情報消費量
- パッケージ・ソフトウェア 5%
- 郵便物 0.8%
- 電話 0.6%
- 印刷物 8.6%
- インターネット 11.8%
- 放送 73.3%

出所：総務省（2011）より作成（2009年度データ）。

いう手法をとっている。その結果、*Washington Times* や Fox News の Special Report を除いたほとんどの社が議会の平均的メンバーよりも左寄りの強いリベラル・バイアスを示すこと、CBS Evening News や *New York Times* は中央よりもかなり左寄りのスコアを示すこと、最も中道のメディアは PBS NewsHour、CNN の Newsnight、ABC の Good Morning America であること、印刷メディアでは *USA Today* が最も中道であること、などが報告されている。

DellaVigna and Kaplan（2007）は、上記のように保守系放送局と言われる FOX News が地域ケーブル市場に参入してきた時期（1996-2000年頃）に焦点を当て、同局を視聴可能な地域か否かと保守系の共和党の得票シェアとの関係を分析している。その結果、Fox News の視聴が可能な地域では、この時期の大統領選において共和党の得票シェアが0.4～0.7ポイント上昇したこと、上院議員選挙の投票率や共和党の得票シェアにも影響を与えていることを指摘し、合理的投票者による一時的な学習効果の可能性と非合理的投票者への説得による恒常的な効果の可能性について検討している。

Di Tella and Ignacio（2011）では、1998-2007年におけるアルゼンチンの

主要新聞4紙一面に掲載された政府汚職報道と政府広告との関係を調べ、異なるいくつかの代理変数間に負の相関関係が見られることを指摘している。この現象は、政府広告により収入を得た各新聞社において汚職追求の姿勢に抑制効果が働いていると捉えることも可能なため、政府権力の濫用を監視すべき新聞社の在り方に対して警鐘を鳴らしている。

　Enikolopov, Petrova and Zhuravskaya（2011）は、ロシアにおける1999年の議会選挙結果を、DellaVigna and Kaplan（2007）と同様に当該地区の選挙民が利用可能な放送局との関係で分析している。当時ロシアにはORT、RTR、NTVという3つの全国ネット放送局があったが、このうちNTVは独立の商業放送局で、オーナーのグシンスキー（Vladimir Gusinsky）氏はプーチン氏の政敵であり、NTVは当時の政権を公に批判していた。また当時は、人口の75%程度のみがNTVを視聴可能な状況であった。このような状況を踏まえた上で、彼らは、NTVの存在が政府与党の得票を約8.9%低下させた一方、反与党の主要政党への投票を約6.3%上昇させたこと、投票率を約3.8%低下させたこと、などを報告している。

　以上のように、テレビと投票行動との関係を分析した研究が多く見られる一方で、市場への影響を分析した研究はまだそれほど多く存在しない。しかし、これまでの流れから推察するに、分析対象としては極めて重要な分野であると言うことができる。

　数少ない研究の1つに、Busse and Green（2002）がある。彼らの研究は、ある特定の番組を放送した前後で、情報が流れた企業の株価にどのような変化が見られるかを検討するものである。事例として取り上げているのは、アメリカのケーブルテレビにおける代表的な金融情報提供チャンネルCNBC[18]で、1999年第4半期には「平日最も視聴される局」としてCNNを超える支持を獲得したこともある。このチャンネルの「Morning call（11:05-11:10）」と「Midday call（2:53-2:58）」という2番組のなかで、各2分間「アナリストの視点」が放映されているが、株式投資に有利（Positive）または不利（Negative）なニュースの種類によって、その後の株価がどのように変化す

18　アメリカ4大ネットワークの1つでNBCの子会社。

るかを調査した。その結果、「Midday Call」で有利な情報が放送されてから1分以内に当該株式の急激な上昇が見られる一方、「Morning Call」の有利な情報ではほぼ変化しなかったこと、不利な情報の場合の株価下落の程度は比較的緩やかなこと、放映してからの1分間で取引量が2倍になること、放映後15秒以内に取引した場合小さいが有意な利益を得ることができること、などを報告している。

また Takeda and Yamazaki（2006）では、日本の NHK が放送していた「Project X[19]」を取り上げ、放映日の前後3日間／7日間の株価変動率[20]との関係を調べている。すなわち、テレビ放映の前後で取り上げられた企業の株価に大きな変動が生じ、かつ、当該企業の株価を左右するような目新しいニュースが他に存在しない場合、それをテレビ放映が企業イメージに与えた影響として捉えようとする試みである。必要な条件を満たす放映全69回分に関して統計的検定を行った結果、放映後に市場平均よりも有意に高い収益率が観測されたこと、なかでも製品開発やマーケティングに関する内容の番組に登場した企業の収益率が高いこと、さらに高視聴率回ほど正の効果があるとは必ずしも言えず番組内容や企業属性の影響が少なくないこと、などを報告している。

Kim and Meschke（2011）では、企業のファンダメンタルズに関する情報そのものではなく、CNBC での経営者インタビューと株式市場との関係を調べている。その結果、放送時点で株価が正の方向に反応し超過利潤が観測される一方、その効果は一時的であり、すぐに反転する現象が観察されることを報告している。これは、一時的ではあるがテレビ報道の強い影響を示していると考えられる。

さらに Aman, Kasuga and Moriyasu（2012）は、日本の株式市場に焦点を当て、一定の期間内（2010年）にテレビ番組で企業名が報道された回数と株

---

[19] NHK 総合テレビのドキュメンタリー番組で、全放送作品は特別編4本を含む191本。2000年3月28日から2005年12月28日までの、火曜日 21:15-21:58 の時間帯で放送された。
[20] より具体的には、株価を P、基準となる日を t として、個別企業の株価収益率は $(P_{t+1} - P_t)/P_t$ として表せる。これから市場全体の平均株価収益率を除いたものが、その企業固有の株価収益率となる。

式市場の流動性との関係について調べ、新聞やディスクロージャーサイト（東証 TD-net）での報道回数を制御したうえで、流動性の尺度のうちビッドアスク・スプレッドや、現在の市場価格に影響を与えずに執行することができる取引サイズ（デプス）との関係について検討している。その結果、テレビ報道の増加はスプレッドの増加をもたらしており、テレビを通じた新たな情報流入が投資家間の情報非対称性（不確実性）を増幅させる効果があるとする仮説と整合的である。他方でデプスは、テレビ情報流入に際して増加傾向があり、投資家による企業情報への認知度が増加すると主張する仮説と整合的な結果になっている。

　本節では、メディアが受け手の行動に与える影響について経済学的視点から行われた実証的研究を中心にサーベイしてきたが、近年話題となっているビッグデータ分析の内容に近いものも多いと考えられる。そこでの分析枠組みは主として相関関係を調べることが主目的ではあるものの、その他の考えうる変数を制御した上での分析を多数補完的に行っていること、また類似した内容の研究が多数蓄積されてきていること、などを考慮すると、信頼性はかなり高いと言えるだろう。特に研究があまり存在しないテレビ放送と市場との関係分析については、今後も精力的に検討していくことが必要である。

第6章
メディア市場の制度設計

　本章では、メディア市場の制度設計について考察する。隣接する電気通信市場と同様に技術進歩の著しいメディア市場では、種々の新しい技術やサービスが登場し融合化が進むにつれ、メディアの枠を超えた規制制度を再設計する必要性に迫られてきた。ただしメディア市場で注意が必要なのは、経済的側面・技術的側面に加え、文化的側面にも一定の配慮が求められる点である。そのため設計段階でも慎重な議論が積み重ねられることが常であり、さらに新しい制度を導入した後も揺り戻しが起きるなど、時計の振り子のように左右に触れながら緩やかな速度で進展してきている。その意味で検討すべき内容の根源的部分は古くて新しい問題と言うことができ、1980年代後半から近年に至るまでの議論の内容を整理しておくことは、今後の制度設計の方向性を考える上でも有意義だと考えられる。

　以上のような問題意識に基づき、本章では分析の対象として特にEU域内のメディア市場を取り上げる。理由の1つは、EU統合を志向する過程で、経済的視点を優先しつつも各国メディア市場における言語や文化・制度などの相違をいかに調和させるかという点にも苦心している状況を知ることができるためである。また加盟国には、ドイツやベルギーのように電気通信分野の規制を連邦レベルで行う一方、放送分野の規制は州・地域レベルで行う国もあり、メディア市場の集中問題を考える際に示唆に富んでいる点も挙げられる。さらには伝統的に公共放送の比重が高い国々が多い点で日本と類似しており、今後の我が国におけるメディア市場の制度設計を考える際の参考にもなる。

　以下、第1節で欧州におけるメディア市場をめぐる制度設計の歴史的変遷を概観し、伝統的な放送市場を中心に据えながらメディア市場全般に対象が

拡大している状況を確認する。第2節では特にドイツの放送市場に焦点を当て、メディア分野における集中の問題について検討する。第3節ではメディアの「公共性」を考察するために EU 域内における公共放送の取り扱いに関する最近の動向を概観し、世界的に有名な公共放送 BBC を要するイギリスにおける議論の推移を追ってみることで、今後の制度設計に関する示唆を得ることとしたい。

1　通信・放送の融合と規制制度

1-1　国境のないテレビ指令

　欧州における視聴覚（Audiovisual）政策の嚆矢というべき指令は、1989年10月の EU 閣僚理事会で採択された「国境のないテレビ指令[1]」であった。映画や放送番組などの視聴覚メディアは、市場を流通する商品やサービスとして捉えれば EU が権限を持つ競争法や通商分野に属する。同指令はこのような背景を踏まえて発出され、国境を越えた番組の自由な送受信の保障を行い EU 域内のテレビ産業の発展を図るものであった。

　指令において、テレビ放送は、「公衆による受信を意図したテレビ番組の、暗号化された形式あるいはされない形式で、衛星を含む無線あるいは有線による初期的送信である。それは公衆への中継するための企業間の番組のコミュニケーションを含む。それはファクシミリ、電子的なデータ・バンク、その他の類似するサービスのような個別の要求に基づく情報あるいはその他のメッセージのアイテムを提供するコミュニケーション・サービスを含まない[2]」と定義された。またこの指令に従う限り国境を越える放送を自由に行うことができることとし、他の商品やサービスの自由移動と同様、相互認証原則[3]を基本とする「発信国原則（principle of country-of-origin）」が採用された。これと同時に、共同規制体制と欧州メディア文化の保護を目的とした措置がとられることとなった。

1　Directive 89/552/EEC.
2　すなわち放送サービスは「非要求型」のサービスであると分類された。
3　ある加盟国で認められた商品は、域内市場で自由流通を認められるというもの。

共同規制体制の内容は、未成年者保護や広告に関するものが主であった。具体的には、テレビ広告を番組本体と明確に区別し番組編集のスポンサーからの独立を求める、たばこや処方箋薬の広告禁止、広告の時間的規制を設ける[4]、未成年者の保護[5]、などが確認された。また欧州メディア文化の保護としては、放送時間の過半数を「欧州の番組」が占めることを加盟国に義務づけたクォータ（quota）制が導入された。当時、劇場放映される映画のクォータ制はGATTでも認められていたが、テレビ番組のクォータ制については、適用を主張する欧州やカナダと、適用に否定的なアメリカとの間で対立があった。特にアメリカはハリウッドの番組制作産業を抱えており、GATTのウルグアイ・ラウンドなどで貿易障壁の問題として取り上げる意向であったが、最終的には交渉の対象からは除外されている。

本指令はその後、自由化された市場においてEUが視聴者保護の観点からより適切な規制を行う責任があるとの視点を取り入れ、1997年に改正案が採択された[6]。主な内容としては、①裁判管轄に関する詳細な規定設定、②重要イベントに関する放送の確保、③青少年保護のための新施策の検討、が挙げられる。①については、89年指令で定められた発信国主義の「発信地」について詳細な規定を示すことで、各国裁判所間における役割分担を明確化した。まず原則として、発信地は本社所在地で「編集上の決定」がなされる加盟国にあるとし、本社と編集上の決定が行われる場所が異なるときは「編集作業の主要な部分」が行われる加盟国が管轄する。もし複数の国で編集作業が行われていれば本社所在地が発信国となる、などの規定が設けられた。②では、各加盟国にとって大きな重要性を有するイベント（例：オリンピックやサッカーW杯など）は、スクランブルをかけずに生放送または時差放送によって放送することを義務づけた。有料放送事業者が独占放送権を獲得す

4　広告放送の時間量は全放送時間の15%を上限とし、1時間当たりでは20%までとする。また広告による番組の中断は、劇場用映画またはテレビ映画の場合45分につき1回、その他の番組は20分に1回に限る。ただし30分未満の番組は広告による中断はできない。

5　精神や肉体の発達の妨げになる番組、特にポルノや無用な暴力を含む番組は放送しない。

6　Directive 97/36/EC.

ること自体は EC 条約に抵触しない限り違法ではなく認められるが、加盟国は社会的に重要と考えるイベントについて有料放送事業者に独占権を認めないリストを作成することができ、当該イベントについては他放送局も一定の時間に放送する権利が認められ、一般市民が放送を視聴できない状況を回避する規定が設けられた。また③では、欧州委員会は 1998 年 7 月末までに、各国政府と連携してフィルタリングなどの青少年保護のための新たな施策の利点と欠点の可能性を検討することとされた。検討に際しては、V-Chip の受信機への内蔵義務づけ、家族視聴のための施策や教育、意識向上のための施策を取り上げることとされた。これらに加えて、加盟国政府は視聴覚分野での多元性および健全な競争が確保されているかどうかについて、常時監視しなければならないとされた。

　これら以外にも、技術的課題としてテレビ伝送方式の域内調和問題やデジタル化時代を迎えての標準化問題が議論されているが、ここでは割愛する。またメディア集中排除や公共放送への政府補助金問題についても活発な議論が行われているが、これらはそれぞれ第 2、3 節で再論する。ここでは電気通信との融合化に関する議論について、少し触れておくこととしたい。

　これまで見たように、放送を主とする視聴覚政策については市場原理の波に揉まれながらもその社会的影響力に配慮し独立の検討が行われてきた。一方で隣接する電気通信分野との融合問題も顕在化してきたため、何らかの対応を考えることは不可避的な状況であった。最も初期の頃の検討は、1997年末の「融合化グリーンペーパー[7]」に見ることができる。その後、1998 年の技術標準および規制の分野における情報提供の手続きを定めた指令[8]において、「情報社会サービス（Information Society Service）」という用語が導入され、「サービスを受けることの個別の要求により電子的な手段によって離れたところで対価と引き替えに通常提供されるサービス」と定義された。先述のように国境のないテレビ指令において放送サービスの定義が「非要求型」であると分類されることになったが、ここにおいて情報社会サービスが

7　European Commission（1997）.
8　Directive 98/34/EC.

「要求型」というもう1つの極にあるサービスとして整理されることとなった。

その後、欧州委員会はサービスから規制を考えるのではなく、伝送とコンテンツという区分から規制を考える方向に変化し、「電子通信（Electronic Communication）ネットワークおよびサービス」という概念が2002年電子通信規制パッケージにおいて導入された。ここにおいてネットワーク（伝送設備）とサービスに着目した枠組みが構築されることになる。EU競争政策の大きな道標となる2002年電子通信規制パッケージは、このような背景のもとで設計された制度であった。

1-2　2002年電子通信規制パッケージと放送分野

ここで「2002年電子通信規制パッケージ[9]」について確認しておきたい。視聴覚分野と密接な関係がある電気通信分野においても、EUにおける従来の規制枠組みの総合的な見直しや、欧州経済において有望な成長分野と考えられる電気通信産業の競争促進と活性化、さらにはインターネットに代表される新サービスの普及に伴う需要変化に柔軟に対応できるよう、新たな規制枠組みの策定が進められてきた。当時20程度あった電気通信に関する各種指令は、「競争指令」、「枠組み指令」、「認可指令」、「アクセス指令」、「ユニバーサル・サービス指令」および「データ保護指令」などの一連の指令[10]に集約され、EU加盟各国は国内法制化し2003年7月から施行する義務を負うこととなった。

この新しい規制枠組みにより市場参入規制は簡素化され、特定の市場において競争が有効なものになれば規制を廃止する方向が打ち出された。市場支配力と市場シェアを関連づけてSMP（Significant Market Power）事業者を定義づける従前の方式から、欧州司法裁判所の判例における競争法上の定義と

9　正式名称はNew Regulatory Framework for Electronic Communications Infrastructure and Associated Services（電子通信基盤および関連サービスのための新たな規制枠組み）。本パッケージの全体像と当時の状況については、佐々木（2003）、渡邊（2010）を参照のこと。

10　順に、Directive 2002/77/EC、Directive 2002/21/EC、Directive 2002/20/EC、Directive 2002/19/EC、Directive 2002/22/EC、Directive 2002/58/EC。

同等とすることとし、市場が競争的か否かを評価するためのガイドラインが策定された。また加盟各国における電気通信関連の EU 法実施をより効果的に行い公平な競争条件を整備するため、欧州規制庁グループ（European Regulations Group）を設立することとした。ここにおいて原則競争法に基づく「事後規制」への移行が示され、競争が有効ではない市場についてはあくまで例外的に分野固有の事前規制を残すこととする体制が志向されることとなった[11]。

　この新しい枠組みでは先述のように「電子通信ネットワークおよびサービス」という定義が採用されたため、放送の伝送部分についても規制対象とされることとなり、その意味で競争法の適用分野が拡大されたと言うことができる。しかし同時に、「枠組み指令」の第 1 条 (3) では「この指令および特別の指令は、全般的な目標、特にコンテンツ規制および視聴覚政策に関する目標の追求のため、共同体法に従う共同体あるいは国内レベルの措置を侵さないものとする」と述べている。つまり伝送以外の部分については当規制枠組みの対象外であることを明記しており、視聴政策の根幹にかかわる部分は、依然として別扱いであることが確認できる。以下、2002 年 6 月に発表された「2003 年電子通信のための規制枠組み─放送への含意[12]」に沿って、具体的にどのような変更がなされたのか、主要なものについてのみ整理しておこう。

(1) 放送サービス提供の認証と放送目的のための周波数利用

　「認証指令」では、利用技術にかかわらず同様な方法での免許制度を確立する目的で、個別免許と一般認証の 2 本立てによる従来の免許制度を一般認証だけとすることにし、必要な場合の届出（notification）だけの手続きに緩和した。これにより、衛星放送・地上波放送あるいはケーブルテレビのよう

---

[11] 欧州では競争評価と事前規制との相互連関運用が図られており、競争が不十分な領域では事前規制による是正も視野に入れた強硬な姿勢が見られることが指摘されている。また 2009 年の改正では、競争評価に関連した EU 権限の強化や「機能分離」という SMP 事業者に対する是正措置が導入されるなど、単一市場実現に向けた動きを読み取ることができる。

[12] Open Network Provision Committee (2002).

な放送コンテンツ伝送のためのネットワークとサービスは、当該認証制度に従うことになった。ただし、「公衆に対する放送コンテンツ提供」の認証手続きは原則対象外とされ、国内あるいは欧州放送法制（例えば「国境のないテレビジョン」指令）に由来するコンテンツに関する追加的条件が課されるよう整理された。

また、無線周波数の個々の「利用権」の交付については、「オープンで、非差別かつ透明的な手続き」に従う必要があるが、「共同体法に従い、全般的利益の目標を追求する観点を持つラジオあるいはテレビの放送コンテンツ提供者に対して、無線周波数利用権を交付するための加盟国による特別の基準および手続きを侵すものではない」（「認証指令」第5条）とされ、例えば、公共サービス責務を担う放送事業者についての特別の基準ないし手続きの存続を認め、その責務達成に必要な無線周波数の利用権を直接交付することができるとした。

(2) マスト・キャリー（Must-Carry）責務

「ユニバーサル・サービス指令」は電子通信サービスに関して利用者が持つ権利のうち、特にユニバーサル・サービスの権利を定めており、「マスト・キャリー」ルールに関する規定が含まれている（ユニバーサル・サービス指令第31条）。この規定では、ラジオ・テレビの放送サービスが利用者にあまねく利用できるようにすることを保証するよう求めている。それら責務は「明確に定義された全般的利益の目標を満たすために必要な場合に限り課され、比例的で透明的である」こととし、その責務を「定期的に見直す」こととした。

(3) ネットワークと関連設備へのアクセス

放送分野に関する「アクセス指令」では、第三者が電子通信サービスを配信するための放送目的に利用される伝統的ネットワークへのアクセスを求める場合について規定されている。一般的には市場参加者間の交渉がまず商業ベースで実施されるべきであるが、競争が特定の市場で有効でない場合、国内規制機関の「市場分析」に従い、特定市場において有意な市場支配力を持

つと指定された事業者にアクセス措置を課すことができる（アクセス指令第8条）。放送分野では、デジタル・ラジオおよびTV放送への条件つきアクセス・システムが問題となるが、基本的には市場分析が鍵となっており、どのように市場が有効に競争的であるのか、またSMP事業者をどのように決定するのかが問題であるという点では、電気通信分野と類似しているということができる。

1-3 国境のない視聴覚メディアサービス指令

　視聴覚政策については、「国境のないテレビ指令」のさらなる修正として議論が続けられた。2004年11月には、これまで担当委員が別々であった通信・放送の統合が行われ、融合化時代の「情報社会」と「視聴覚メディア」の政策統合を目指す「i 2010[13]」と呼ばれる政策パッケージが示された。主要な政策の柱は、①単一の欧州情報空間（Single European Information Society）の形成、②研究分野におけるイノベーションと投資の強化、③社会的一体性、よりよい公共サービス、生活の質の向上、が政策目標とされ、①において「国境のないテレビ指令」の現代化が行われることとなった。その背景には、相次いで登場する新サービスの司法判断に際し、実際の現場から定義解釈の明確化が求められるようになったという事情もあった[14]。これらの要請を受け、「視聴覚メディアサービス指令（以下、「新指令」という）[15]」が2007年12月に採択された。

　新指令では、従来型のテレビ放送だけでなく、ウェブテレビやビデオ・オン・デマンド（VOD）、携帯端末向けサービスなどのニューメディアを含む「視聴覚メディアサービス」全般を視野に入れ規定を示した点で画期的だと言える[16]。その際、リアルタイム視聴を前提とする「リニア型」サービスと、

13　i 2010 - A European Information Society for Growth and Employment, SEC (2005) 717.
14　新指令の前文には、オランダの *Mediakabel* 事件の概要が記されている。'Filmtime' という Pay-per-View サービスが、メディア法における「特別放送に対する番組」にあたり認可が必要とした同国メディア委員会と、「情報社会サービス」にあたるものでテレビ放送ではないとする Mediakabel 社の間で争いがあった。
15　Directive 2007/65/EC. 正式名称は「Audiovisual Media Services without frontiers Directive」という。本指令の全体像に関する解説として、市川（2008）も参照のこと。

受け手が視聴のタイミングを選択できる「ノンリニア型」のオン・デマンド・サービスが区別された。前者については、視聴者にコンテンツを「送り出す」形となる従来型のテレビ放送やストリーミングによるウェブテレビなどサービス提供者が番組のスケジュールを管理するサービスが、後者については視聴者がネットワークから「引き出す」形となるVODなどが含まれる。前者にはテレビ放送に適用されているルールが適用されるが、後者には青少年保護、人権などに基づく憎悪助長禁止、消費者をミスリードする広告（不正広告）の禁止など、基本的で最低限の原則のみが適用されることとなる。

その他、主なものとして以下のような変更点が挙げられる。

(1) 広告規制の緩和

新指令では、番組と広告との分離を原則としつつ、新たな広告形態の登場などの多様化に配慮し、放送事業者が確固たる経営基盤を確保できるよう従来からの規制が緩和された。

まず旧指令で定められた、1時間当たりのスポット広告量を20%までとする総量規制は維持されたが、1日の総量規制は撤廃された。ただし映画や子供番組については、広告による中断は30分間に1度しか認められない。またプロダクト・プレースメント[17]については、視聴覚メディアサービス全般で原則禁止としたが、放送の冒頭や終わりに明示されるなどの条件をクリアした場合には認められるとした。またタバコや処方箋の必要な薬のCMは禁止され、脂肪、塩分、糖分の多い食品の消費を子供に促すような広告を回避するための倫理綱領策定を提供者に奨励することとした。また加盟国がより厳しい規範を設けることも認められた。

---

16 一方で、「視聴覚メディアサービス」は不特定多数の公衆を対象としたテレビ放送類似の映像コンテンツを配信するマスメディアとして定義されるため、個人のウェブサイトやブログ、オンラインゲーム、ラジオ放送、新聞・雑誌の電子版などにはこの指令は適用されない。

17 映画やテレビ番組などのコンテンツ中に特定の製品を登場させることにより広告を行う手法。以前の指令では、広告は番組本体と分離するという原則はあったが解釈は明確ではなく、判例では「間接的広告」という表現で判断が示されてきた。

（2）発信国主義の維持

　加盟国の権限を明確にするため、新しく定められたすべての視聴覚メディアサービスに対しても、従来からの「発信国原則」は維持される。これは、域内市場における情報と視聴覚番組の自由な流通を保障するためにも必要であるとの認識に立っている[18]。また旧指令と同様に、加盟国は域内での受信の自由を保障するともに、他加盟国からの放送の再送信制限を禁止している。

（3）視聴覚メディアサービス提供者にかかる透明性確保義務

　新指令より新たに設けられた規定で、少なくとも以下の4つについて、加盟国は管轄下にある視聴覚メディア・サービス提供事業者に関する情報を、容易に、直接的かつ永続的にサービス受信者にアクセス可能にしなければならないとした。①メディア・サービス提供事業者の名称、②開業地の住所、③直接的、有効かつ速やかにコンタクト可能な e-mail アドレスなど、④（もしある場合）規制権限を持つ規制・監督機関。

　その他、文化的多様性の維持や加盟国メディア規制機関の独立性の保障についても規定が設けられている。また同時期に、欧州の視聴覚メディアへの支援措置として、欧州文化の競争力強化と文化的多様性の保護を掲げて「MEDIA 2007」が採択されている[19]。このなかでは、文化的側面の強化はもちろんのこと、視聴覚部門の競争力を高め雇用を創出することも目標とされており、目標達成のために必要な予算も計上されている[20]。欧州の視聴覚メディア政策に対する複合的な考え方の一端を伺い知ることができる点で、非

18　前文28段落には、「EUの視聴覚産業が強力で競争力を持ち統合されたものであるよう促進し、メディア多元性を高めるためには、ただ1つの加盟国が視聴覚メディア・サービス提供者に対して管轄権を持つべきであり、情報の多元性はEUの基本原則の1つであるべき」と謳っている。
19　Directive 2007/65/EC.
20　2007年から13年までの期間で約7億5,500万ユーロ。作品制作の技術面での援助や、商品の配給やマーケティング・宣伝など事後的支援も含む。資金の内訳は、脚本やデジタル技術などの訓練に7％、新たな才能発掘や共同制作支援などに20％、配給支援に55％、フェスティバルなど宣伝に9％とされている。

常に興味深い動向だといえる。

　この新指令も、2013年4月に採択されたグリーン・ペーパー[21]により見直しが示唆されており、さらなる放送と通信の融合時代に対応した制度設計が進行しつつある[22]。

2　メディア集中排除原則 ── ドイツの事例

　本節では、欧州におけるメディア集中排除に関する議論について特に見ておきたい。1992年12月、欧州委員会は言論の多元性とメディア集中に関するグリーン・ペーパーを発表し、メディア（特にテレビ放送）が国境を越えて広がるなかで、メディア所有規制を各国に任せたままにするかEUレベルで調和すべきかを問うた。パブリック・コメント募集後、この結果は1994年10月に「欧州委員会コミュニケーション（COM（94）353）」として発表され、賛否両論の意見があるものの、欧州委員会としてはEUレベルでの調整が必要であるとした。

　以後EU指令の内容をどうするかについて幾度か検討がなされたが、欧州委員会でも各国政府に任せるべきとの意見が多数となり、1997年頃には指令案の策定は立ち消えとなっていった。この際、「国境のないテレビ指令」の見直し時にはメディア集中排除について検討の対象となる可能性もあるとされたが、第1節で見たとおり欧州委員会による独自の施策は現在に至るまで発表されていない。

　結論から言えば、欧州における近年のメディア集中に関する問題は、メディア政策というよりも競争政策の観点から問題となってきたと言ってよい[23]。例えば過去イギリスで、1996年放送法に基づいて放送市場の規制が行

21　European Commission（2013）.
22　欧州では、2016年にはインターネットにも接続されたテレビが過半数の世帯に普及すると予測されており、この通信と放送の融合が与える影響について調査するべく同年5月から8月末までヒアリングが実施された。
23　舟田（2011）は、言論の競争と経済的競争の相違という目的の相違はあるが、放送事業者間または放送事業者と新聞社などの企業結合が進むにつれ、独占禁止法による規制がかかる可能性が増すことを指摘している。

われていた時は、①一事業者がイギリスにおける放送全体に占める視聴シェアは 15% 以下でなくてはならない、②一地域で二免許を保有してはならない、などの規定が設けられていた。しかし前節でも触れた「2002 年電子通信規制パッケージ」が成立し、融合化への対応と競争法を基本とした制度設計が欧州レベルで確立されると、イギリスにおいてもその流れに沿った制度的対応がとられていった。2002 年 3 月には OFCOM 法（Office of Communications Act 2002）が成立し、主として通信分野を監督する電気通信庁、主として民間放送事業者を監督する独立テレビジョン委員会など、複数あった規制機関の集約が図られ、公正取引庁と競争法を共管する新設の統一監督機関 OFCOM が設立された。またメディアの相互・複数所有緩和や外国資本規制の大幅緩和を企図した 2003 年通信法が、7 月に女王の裁可を得ることとなった。このような過程を経て現在では、放送分野といえども、民間企業（商業放送）に関するカルテル・合併規制については、競争法に基づいて審理されることとなっている[24]。これにより、BBC1 の次に高い視聴シェアを誇る Channel 3 の 1 社による所有が認められることとなり、免許を保有する企業同士の合併が進行した。その結果、交付時 16 企業によって保有されていた免許が 4 社によって保有されるという市場集中が発生した。

　例外としてドイツがある。本節では以下、ドイツの事例を参考にしてメディア集中に関する問題を考察する。ドイツにおける放送の意見多様性確保に対する思想と制度は、第二次世界大戦時にナチスが放送の濫用による混乱を招いたとの歴史的反省から配慮が行き届いており、メディア集中の問題に関しても極めて敏感である。メディア分野において集中の問題を直接扱うのは州メディア委員会連盟（Landesmedienanstalten、以下「ALM」という）とメディア分野集中審査委員会（Kommission zur Ermittlung der Konzentration im Medienbereich、以下「KEK」という）であるが、市場競争という観点から重

24　ただし EC 合併ガイドライン 21 条 3 項の例外規定（メディアの多元性）により、一定の制限が加えられている。テレビ放送においては全国・地域レベルでの所有規制は存在しないが、特定の合併事例に関して関係大臣が media public interest の観点から介入する際に、合併による影響を報告する義務を OFCOM が負うこととされている。一方、新聞とのクロス所有規制に関しては、相対的に厳しい規制が設けられている。

要な役割を担う連邦カルテル庁も存在し、これらが相互に役割分担することで放送市場の多面性を考慮した制度となっているところにドイツの特徴があると言える。各種文献や資料とともに放送を含むメディア関連規制機関でのヒアリング結果にも基づきながら[25]、参考にすべき点と限界について考察していくこととしたい。

2-1 ドイツにおけるメディア監督制度

　ドイツは連邦国家であり、連邦基本法によって連邦の権限が認められたもの以外の事項に関する規律は州の権限に属している。電気通信に関しては連邦の専属的立法権および放送の送信業務はこれに含まれるが、それ以外の放送事業は州が規制権限を持っており、複数の州間協定により基本原則を定めつつ各州が立法を行っている。

　各州における放送規制機関は州メディア監督機関が行う。州間協定（RStV）[26] による基本原則に基づき州法によって原則州ごとに設立されており、放送局に対する免許付与の他、番組基準や広告基準などの遵守に関する規制監督を行っている。また複数州にかかわる問題を取り扱うため ALM という連合組織が設立されており、全国共通の方針を規定している。またメディア分野における集中化の問題を管轄する組織として KEK がある。ただしこの権限は民間放送にのみ及び、公共放送の監督は各州の公共放送組織内部に設置された機関である放送評議会が行っている。

　ALM の組織は図6-1のようになっている。ALM はさらに（a）～（e）のような組織に分かれており各項目について意見調整しながら運営されている。ALM はもともと州メディア委員会の連合体として出発したが、下段に記載されている（a）～（c）はその名残を残す任意組織であるのに対し、上段に記載されている（a）、（d）～（f）は公式組織でその決定には強制力もあ

---

[25] 訪問調査は2010年3月16日～21日にかけて実施された。訪問先はKEK、ALM、連邦カルテル庁の3カ所である。
[26] 州間協定のうちもっとも基本的なものがRStVである。従来は「放送に関する州間協定」という名称だったが、2007年の第9次改正でオンラインコンテンツ（テレメディアと呼ばれる）についての規定も統合され名称が変更された。

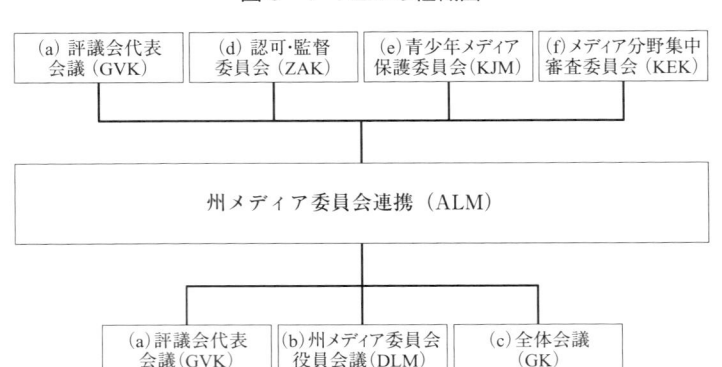

図 6-1　ALM の組織図

```
┌─────────────┬─────────────┬─────────────┬─────────────┐
│(a) 評議会代表│(d) 認可・監督│(e) 青少年メディア│(f)メディア分野集中│
│  会議（GVK）│ 委員会（ZAK）│保護委員会（KJM）│審査委員会（KEK）│
└─────────────┴─────────────┴─────────────┴─────────────┘
                           │
              ┌────────────────────────┐
              │ 州メディア委員会連携（ALM）│
              └────────────────────────┘
                           │
          ┌────────────────┼────────────────┐
    ┌──────────┐   ┌──────────────┐   ┌──────────┐
    │(a)評議会代表│   │(b)州メディア委員会│   │(c)全体会議│
    │ 会議(GVK) │   │役員会議(DLM)  │   │   (GK)   │
    └──────────┘   └──────────────┘   └──────────┘
```

出所：ALM（2009a）p. 15、杉内（2010）p. 80 より作成。

る[27]。このような二重構造が形成されたのは、ALM の決定に一部の州メディア委員会が従わない事例[28]が過去にあったためで、このような混乱を回避するため 1996 年州間協定（RStV）により KDLM（現在は統合により消滅）とKEK が設置された。一方公式組織とされる（a）、（d）〜（f）については、第35 条に詳細な規定が設けられている。

ここで指摘したいのは、放送の視聴者市場における 2 つの側面、すなわち「質」と「量」に対して配慮が行き届いた規制を行っているという意味で、優れた制度になっている点である。

まず視聴者市場における「量」に関して見てみよう。ここで「量」とは、視聴者に対する影響力を量的に示す指標のことを意味する。ドイツにおいては、ドイツ公共放送連盟（以下「ARD」という）および第 2 ドイツテレビ（以下「ZDF」という）という 2 大公共放送がサービスを提供していたが、1984年以降各州が新しいメディア法を制定し商業放送の導入を図って以降急速に

27　ALM 議長 Thomas Langheinrich 氏（2010 年 3 月当時）からのヒアリングによる。
28　一例として、1993 年、ALM の意思決定機関である DLM が総合編成 Tele 5 を専門チャンネル DFS に変更する件について反対したが、バイエルン州メディア委員会は許可を与えてしまった事例が挙げられる。当時は明確な権限関係がなかったため、本件については一連の法廷闘争にまで発展してしまった。鈴木（2000）pp. 283-284.

第 6 章 メディア市場の制度設計　217

図 6-2　視聴率シェアの推移

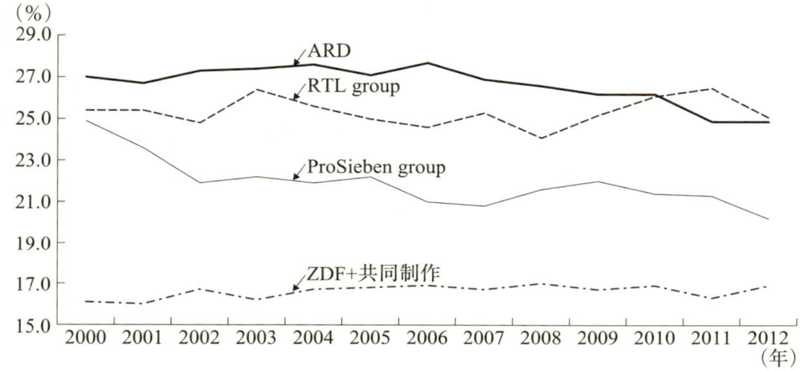

出所：KEK 資料より筆者作成。

　商業放送の浸透が進み、現在ではベルテルスマン（Bertelsmann、ドイツ法人名は Mediengruppe RTL Deutschland）とプロジーベン・ザットアインス（ProSiebenSat.1）・メディアの 2 大グループによりサービスが提供されている。この 2 大グループは専門放送を含む複数チャンネルを所有しており[29]、広告を主な財源とした運営が行われている[30]。図 6-2 は 2000 年代に入ってからの視聴率シェア推移を示したものだが[31]、2 つの公共放送とあわせ 4 大グループで 90% 以上を占める、かなり寡占化の進んだ市場となっている状況が伺える。

29　ベルテルスマン・グループは、傘下に RTL Television（総合編成、娯楽中心）、RTL II（総合、娯楽中心）、Super RTL（娯楽・アニメ）、VOX（総合、娯楽中心）などを有する。一方プロジーベン・ザットアインス・メディアのドイツ向けテレビチャンネルには、Sat.1（総合、娯楽中心）、ProSieben（総合、娯楽中心）、Kabel 1（総合、娯楽中心）などがある。NHK 放送文化研究所編（2010）、ALM（2009a）、KEK（2009）などを参照のこと。
30　ドイツでは商業テレビの導入時において放送の送信施設（ハード）は国有のものとして運営されていたため、商業放送事業者は放送番組（ソフト）の制作・編集に専念することになりハード・ソフトが分離されている。
31　ZDF には ARD や外国公共放送との共同制作チャンネル KI.KA、PHOENIX、3sat、ARTE を含めている。またベルテルスマン・グループには n-tv を、プロジーベン・ザットアインス・メディア・グループには 9 Live、N24 を、含めて計算した。

218

　こうした民間放送の急激な集中化に対し、1991年に「出資モデル（Beteiligungsmodell）」と呼ばれる排除措置が州間協定（RStV）に定められた。これは全国向け放送に関し、一定の資本拠出を根拠として放送事業者が所有または支配される数を制限しようとするものである[32]。さらに1996年には、需要側に対する影響力を明示的に考慮する「視聴率モデル（Zuschaueranteilsmodell）」を導入し、集中排除の一層の強化を行った。また1997年1月に発効した州間協定（RStV）第3次改正においてマスメディア集中排除規定を設け、意見の多様性を担保するため商業放送における集中度（所有規制）を審査する機関としてKEKが設立された。現在も基本的にはこの枠組みが踏襲されている。

　視聴率モデルでは、全国向け[33]民間放送において、1つの企業（放送事業者またはその株主）に帰責可能なテレビ番組の視聴率[34]が年間平均で30%を超えた場合支配的な意見の力が存在すると推定され、集中排除措置の基準とされる（第26条第2項1文）。また視聴率の算定にあたっては、放送関連市場における関係事業者の地位も考慮に入れられる。すなわち、国内視聴世帯のカバレッジで25%を超えメディア関連市場において支配的な事業者が出現する際にも、メディアと関係の深い市場において支配的な地位を有し、あるいは放送ならびにそれと密接な関わりのある市場での活動を総合的に判断し

32　資本または議決権の50%未満の出資に限り、全国向け放送は2つまでの番組を放送できるとするもの。
33　州単位での免許・監督が基本であるならば、州内における集中度を問題視することも理念的には可能だと考えられる。しかし特定州の内部のみで放送を行う放送事業者の殆どはグループ化されておらず、単体でのシェアもそれほど高くはないため、全国放送はあくまで全国レベルでの視聴率から集中度を判断するとのことであった。
34　ここで言う「視聴率」とは、いわゆる「占拠率」を意味する。すなわち、通常の意味での全世帯に占めるテレビ視聴世帯の割合ではなく、テレビを実際に視聴している世帯のなかで当該チャンネルを視聴している世帯の割合を表し、全チャンネルの「視聴率」シェアを合計すると100%になるよう計算されている。テレビを視聴していない世帯は「支配的な意見の形成」に関して影響を受けないため除外してよいようにも思えるが、州間協定の規定はそうなっていない。占拠率を用いることでチャンネル間でのシェアの相違がより明確に理解できるという長所はあるが、半面テレビという媒体のなかで閉じられた指標であるため、テレビ以外のメディアの利用時間や影響力が増大した事実を反映しにくいという短所を有するとも考えられる。KEKは、現時点ではテレビが最も影響力の大きなメディアであり特に問題だとは考えていないとの認識であった。

第 6 章　メディア市場の制度設計　219

て、所掌するメディア庁に対して報告、助言を行う。

　また資本関係の判断について透明性を高めるため、KEK は、すべてのチャンネルリスト、その放送事業者・所有関係等を調査している。放送事業者はこうした資本関係に関する情報について公表する義務を負っている（第 23 条 1 項 2 文）。KEK（2009）第 7 章には、大規模な資本関係を有するグループとしてタイム・ワーナーやディズニーなど、ドイツ国内に留まらず欧州およびアメリカ全体を拠点に活動するメディア・グループを含む 12 グループと主要チャンネルが挙げられている[35]。

　実際の審査は KEK と対象事業者との相互対話によって進められ、審査の過程で基準に抵触するおそれがある場合は、事前に相手に対して問題点を指摘し解決策・妥協案を検討する[36]。このため過去に KEK が市場集中度の観点から違反の判断を下した事例として文書の形式で参照できるものは数例程度しか存在しない。

　なおドイツにおける視聴率調査は、AGF（Arbeitsgemeinschaft Fernsehforschung）1 社が主体となって実施されており[37]、過去からの整合性は担保されていると考えられる。調査会社が同一であるため抽出方法自体に変化はなく、過去からの整合性は担保されていると考えられる[38]。1 社独占で、かつ調

35　先述の 2 大グループ以外に記載されているグループと主要チャンネルは以下の 10 グループである。Constantin Medien AG, Discovery Communications, Inc., Kabel-Deutschland-Gruppe, NBC Universal, Sky Deutschland AG, SPIEGEL-Verlag, Tele-München-Gruppe, The Walt Disney Company, Inc., Time Warner, Inc., Viacom-Gruppe.

36　KEK 担当者、Michael Petri 氏からのヒアリングによる。

37　この部分の記述は主として AGF（2008）に基づいている。AGF には当初 ARD と ZDF のみが参加していたが、商業放送が開始されてから間もなくの 1998 年半ば以降、2 大商業グループもメンバーとして加わることとなった。日本においても現在視聴率調査会社がビデオリサーチ 1 社しか存在せず、民放のキー局・準キー局・基幹局が主要株主に名を連ねている点で類似している状況にあると言える。調査対象世帯はドイツ国籍または EU 加盟国の国籍を持つ世帯であり、非 EU 加盟国の国籍を持つ世帯はカウントされない。また実際の調査は GfK という調査会社が実施している。

38　調査対象世帯数はドイツ全体の世帯数の約 6,000 分の 1 の規模であるが、精度を上げるために年々増加させている。5 年ごとに 4,700（1995 ～）、5,200（2000 ～）、5,640（2005 ～、EU 加盟国 140 世帯を含む、13,000 人）と増加してきている。放送受信の形態についても地上波／衛星／ケーブルという 3 形態が考慮されて世帯が選定されている。

査対象の放送事業者が資本参加している機関が実施する集中度測定ではあるが、商業放送はより高い広告料を徴収できるよう、その算定資料となる視聴率が高く計測されることを望む傾向にあることを考えれば、集中度上昇を避ける目的で故意の下方バイアスをかけるインセンティブに乏しいとも考えられる[39]。

このように量的な尺度によって放送事業者の集中を排除する目的は、少数の放送事業者によって情報操作される危険性を排除し、意見の多様性を確保することが主要な目的である。KEK ではこれを「構造的多様性」と呼んでいる。

一方 ALM では、質的な観点から「内容的多様性」に関する評価も同様に実施している。ALM の内容的多様性評価に関する代表的出版物としては、ALM（2009b）が挙げられる。この報告書では、1998 年以来ドイツで最も重要な全国放送 8 チャンネル、すなわちベルテルスマン・グループの 3 チャンネル（RTL, RTL II, VOX）、プロジーベン・ザットアインス・メディアグループの 3 チャンネル（Sat.1, ProSieben, kabel eins）に、公共放送である ARD、ZDF という主要チャンネルについて、番組ジャンルの統計を掲載したり種々の内容評価を行ったりするほか、番組内容に関するレポートが掲載されている。

さらに図 6-1 の（e）青少年メディア保護委員会は、商業放送およびテレメディアにおける青少年を保護する中心的機関として、番組批判や潜在的に法的問題のあるコンテンツに関する調査を行い、全国共通の方針を決定している。このような放送とテレメディアの有害情報規制は、RStV とは別の「放送とテレメディアにおける人間の尊厳の保護と青少年保護に関する州間協定」によって規律されている。

内容的多様性をどのように確保するかについては、規範的な方向性を示すことはできても「客観的」な規準を示すことは困難だと考えられる。構造的多様性を検討する KEK のレポートが機関名で出されているのに対し、番組内容に関する ALM（2009b）のような報告書の各章が執筆者名を明記した「論文」形式になっているのは、その表れだと考えられる。表明された論文や内

---

39 ただし後述するベルテルスマン・グループのように、近年視聴率シェアが上昇し 30% を超えるおそれが生じる場合にはこの限りではなくなる。

容的多様性に関する評価についても、種々の批判や反論が残ることとなろう。しかしこのような報告書が定期的に刊行されること、またここで概観した内容を検討する分権的機関が州間協定（RStV）によって制度的に担保されていること自体が、極めて重要だと考えられる[40]。

このようにドイツのメディア規制においては、視聴者市場における2つの側面を考慮し、量的な観点から連邦レベルでの集中化対策が、質的な観点から州レベルで内容面での多様性確保が図られている。

また実際の事案処理に対する姿勢も、両者では相当に異なっている。例えばKEKが支配的地位を認定するに際し恣意性が混入する可能性も否定できないが[41]、KEKではこうした恣意性を回避するため可能な限り視聴率という数値に換算して判断する姿勢がとられている点で、ALMの内容的多様性の検討姿勢とは異なっている[42]。こうした規制手法はどちらが優れているというものではなく、複数基準による多面的なチェックを怠らないことが放送サービスにおける規制では重要な意味を持つということであり、見習うべき点であろう。

---

40 中村（2009）によれば、オランダの研究者グループを中心に「Reflective Index」という指標が検討されているようである。具体的にはテレビ番組を分野ごとに分類し、供給の分布と視聴者側の需要の分布の間の乖離を求めることで多様性の指標として用いることを意図しているが、その根本となる番組ジャンルの決定方法には客観的基準を設定しにくく、この点について十分な検討を行わないまま安易な数値化を行うことに対する批判は根強いものがある。

41 より具体的には、放送関連市場における関係事業者の地位を考慮に入れる際、「メディアと関係の深い市場において支配的な地位を有し、あるいは放送ならびにそれと密接なかかわりのある市場での活動を総合的に判断して、意見形成に対する影響力という点で30％の視聴率を獲得している事業者と同等であることが明らかになる限り」という条文に照らして判断を行う過程で、恣意性が入る余地が存在する。西土（2004）p. 63では、「このようなモデルには多くの批判が投げかけられるであろう。例えば、『支配的な意見形成の力』の存在の調査とはいえ、KEKという組織が各番組の質を調査する権限を有していることにより、このモデルでは集中排除原則と番組の質・多様性に関わる規律とが結合していることになる。」と述べており、『「国家からの自由」のためにKEKの人的構成やその選任手続などが重要となる』ことを指摘している。

42 こうした姿勢は、過去の反省に基づくものである。次頁2-2で見るAxel Springer新聞社によるProSiebenSat.1 Media買収問題の際、事案を却下するというKEKの判断が数値以外の面で行われたとの批判が原因で、以前の専門家委員6名の体制から、州メディア委員会代表者6名を加えた現行の12名体制に変更が行われた。

2-2 競争当局によるメディア規制

　ドイツの競争政策は連邦カルテル庁（Bundeskartellamt）が所掌しており、競争制限禁止法に基づいて規制されている。すなわち純粋に競争法の基準に沿った判定が行われており、意見多様性の確保やメディアの「質」に関する要素を特段考慮しているわけではない。合併審査でも、合併企業に印刷メディア（新聞・出版）／電気通信／放送その他の分野の企業が含まれているか否かにかかわらず、合併によって支配的地位が創出または強化されるかという点を介入の基準としている。

　ただし競争制限禁止法が制定された1957年以来現在まで、2度ほどメディア分野に関連した大きな改正が行われてきており、比較的規模の小さい企業に対しても規制の網がかけられる制度になっている[43]。このような規模に関する特則は必ずしもメディア分野に限定的なわけではないが[44]、メディア企業の場合には社会的影響力が大きいため、一般企業より厳格な合併規制がかけられる制度となっている[45]。また連邦カルテル庁の決定は現在12ある決定

43　OECD（2003）pp. 241-245. 1976年の第三次改正では、地域における印刷メディアの著しい集中に直面し、企業結合規制に、①合併規制を小規模出版社の場合に適用する（売上高の20倍を基準とする）、②合併後の国内売上高が2,500万ユーロを超える場合にカルテル庁の承認を条件として課す、などの特則が設けられた。また1999年の第6次改正（第38条第3項）では、この条項が放送部門を含むメディア部門全体にまで拡大された。OECD（2003）は、印刷メディア部門の合併でそれ以降約30件の差し止め事例があり、メディア企業Kirch/Bertelsmann/Premiereの合併を却下した点からも、この分野の集中抑止効果は大きかったとしている。なおここではOECD（2003）記載の通貨単位をそのまま利用している。

44　他の事例として、商社の場合売上高の3/4のみを考慮すればよいとの規定がある（第38条第2項）。

45　1976年の第三次改正では、印刷メディア市場における独占・集中が進行し、社会的に大きな影響力を持つ表現手段が少数の人々の手に握られることで市民の意見形成を自由に行うことが困難になることが危惧されたという社会的背景があった。特に①少数の大新聞グループへの発行部数の集中、②新聞の少なくとも一般政治面を基本的に自己編集している編集局数の減少、③ただ1つの日刊紙しか購読できない地域の増加、という3つの集中化現象は、その是正のために国家の積極的な介入を促す論拠を提供することとなった。そこから第三次改正のほか、印刷メディアの集中化の現状認識と対処のための基礎となる公式統計資料の作成について定めた印刷メディア統計法の制定、経済的に弱小な印刷メディア企業に対する助成措置の構想などが派生した。浜田（1990）pp. 50-53を参照のこと。

部において行われるが、各決定部は担当分野が決められており、第 7 部がメディア分野を、第 8 部が電気通信分野を担当している様子から[46]、重要な分野と認識されている様子が伺える。

　メディア市場の「市場画定」は、概ね以下のように行われている。まず印刷メディアについては、収益が購読料と広告収入から構成されているため、読者市場・広告市場という「市場の 2 面性」を考慮に入れた評価を行う。このうち読者市場がさらに分割可能ならば、外形的に判断可能な基準（例：刊行周期、スポーツ／一般紙／大衆紙などの別）を考慮に入れて判断する。内容に基づく分類は行わない。また広告市場については、出版／ラジオ／テレビは異なる市場として評価している。印刷メディアとインターネットも、非代替的メディアとして扱われている。有料放送と広告放送については収入源が異なることから区別して扱うが、アナログ・デジタルの区別はしない。広告放送に関しては、直接対価を徴収しているわけではないので視聴者市場に関する評価は行っていない。以上は、市場画定の際に一般的に用いられているSSNIP テスト[47]の結果に基づいて設定されている。

　先述の 2 大商業放送グループについて見ると、連邦カルテル庁の規制は広告市場について及んでいるのみである。しかしここで、前節で概観したKEK の役割をあわせて考えると、実は放送市場における視聴者市場と広告市場に対する監視の目が行き届いていることに気づく。この様子は図 6-3 のように示すことができる。

　図 6-3 で放送事業者は、視聴者市場と広告市場の 2 つの市場に直面している。このようにプラットフォームが 2 つの異なるエンドユーザーを仲介者として機能する市場は「2 面性市場（two-sided market）」と呼ばれ、通常は両市場に課金しているため、取引量は、料金の総和だけでなく料金が両市場にどのように振り分けられるかによっても変わっている点が特徴となってい

46　Bundeskartellamt（2009a）p. 52.
47　SSNIP テストとは、ある商品に関する独占企業を想定し、当該企業が、小さいが重要な一時的ではない程度の値上げ（Small but Significant and Non-transitory Increase in Price）を行った場合における隣接商品への顧客の乗り換えに着目し、もはや隣接商品への乗り換えが生じなくなった範囲をもって関連市場を画定する手法であり、今日では欧米ともに一般的に採用されている手法となっている。

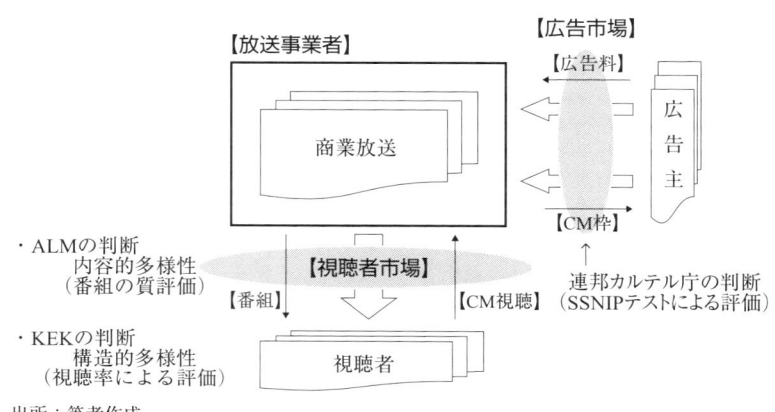

図6-3 競争当局とメディア規制機関の役割分担

【放送事業者】　【広告市場】
　　　　　　　　【広告料】
商業放送　←　広告主
　　　　　　　【CM枠】

・ALMの判断
　内容的多様性
　（番組の質評価）

【視聴者市場】
【番組】　【CM視聴】
視聴者

連邦カルテル庁の判断
（SSNIPテストによる評価）

・KEKの判断
　構造的多様性
　（視聴率による評価）

出所：筆者作成。

る。放送では有料放送の場合がより典型的に適合し、先述のとおり視聴者からの直接の対価に依存しないドイツ商業放送の場合は若干形態が異なるが、それでも需要面（視聴者市場）と供給面（広告市場）という2つの市場に直面している点には相違ない。

需要側については、市場支配力ではなく視聴者に対する影響力を判断基準にしている点で印刷メディアとは異なるが、結果的に[48]商業放送が直面する市場を2面とも考慮している点には注目に値する。連邦カルテル庁は1999年秋にベルリンから移転して現在は北西部のボンに置かれており、KEKと地理的にも分断されて双方の独立性に対する配慮も行き届いている。

しかし連邦カルテル庁とKEKの関係については明確ではない。ドイツにおいても1991年にKEKを創設する際に競争法による規制を優先すべきだとの指摘もあったようである[49]。しかし放送メディアに固有の問題を解決するためには競争法だけでは不十分であるとの判断が最終的に優先され、現在の分担関係が形成された経緯がある。

通常用いる意味での「市場」という視点に立てば、対価を伴わないドイツ

48　出資モデルから視聴率モデルへの転換は単純に視聴者市場における事情のみを考慮した結果にすぎず、最初から広告市場との連係を意識されていたわけではない。
49　当時の指摘はDörr（1993）を参照のこと（鈴木（2000）p. 284）。

2 大商業放送における視聴者の側面は連邦カルテル庁として特段考慮に入れる必要がないという考え方は、合理的なように思われる。また現状のように、SSNIP テストの結果テレビ広告市場が他と区別された独立した市場と見なされている限り、KEK が用いる視聴率シェアと広告収入シェアは原則一致するはずであるから[50]、独立に判断を下しても同様の結果が得られるものと期待されるため、両者の関係は現時点ではあまり大きな問題とはなっていない。しかし SSNIP の結果、他の広告市場と代替的であると判断された場合、より広範囲の広告市場を対象とする連邦カルテル庁とテレビ市場のみの視聴シェアに基づく KEK の判断が異なる場合もありうる。この事例では KEK の判断の方が厳しい判定となることが予想されるため、連邦カルテル庁も KEK の判断を尊重し、自らの判断を再検討する余地が生ずる可能性もある。

両機関が同時に判断を下した事例は少なく放送市場固有のものは見られないが、ここでは大手新聞社による大手商業放送の買収計画について見ておこう[51]。2005 年 8 月、ドイツ最大の新聞出版グループ Axel Springer[52] が、アメリカの投資グループが所有するドイツの大手商業放送グループ ProSiebenSat.1 Media を買収すると発表した。この時点で、テレビ広告市場における ProSieben の市場シェアは 40% 以上[53]、Axel Springer のタブロイド紙 BILD-Zeitung の市場シェアは全国紙の広告市場において 40% 以上(読者市場では 80% 以上)という状況であった[54]。この買収が成立すればベルテルスマン・グループに次ぐドイツ第 2 位の規模のメディア複合企業が誕生するはずだったが、2006 年 1 月 10 日、KEK が州間協定 (RStV) に基づき、Axel Springer

---

50 広告収入は広告効果、すなわち視聴率と世帯数の積で表されるリーチによって原則決定されるため、広告収入シェアと視聴率シェアは一致することが期待される。現実には視聴率が計測されてから実際の広告料金に反映されるまでのラグが発生するため、必ずしも一致しない。
51 Bundeskartellamt (2009a) pp. 30–32.
52 主な事業は、新聞 (esp, BILD, Welt)、雑誌、出版物、ニューメディアと多岐にわたる。さらに、出版社や電子メディア、メディア流通企業への資本参加を行っていた。
53 RLT グループは 40% 未満、ARD および ZDF は 5% 以下の市場シェアしか有していなかった。
54 日刊購読紙である FAZ, Frankfurter Allmeine Zeitung とは異なる市場として扱われている。最大の競争相手であった FAZ の広告収入は、直前 3 期間で大きく減少していた。

が世論形成上支配的な地位を有するおそれがあるとして意見多様性確保の観点から買収の認可を拒否した。さらに連邦カルテル庁が同月24日、国内の新聞市場および新聞広告市場並びにテレビ広告市場のすべてにおいて寡占化が進展し競争が阻害されると判断し却下した。そのためAxel Springerは計画を撤回した。

　決定が同時期の2006年1月に行われたことから、決定の過程で何らかの情報・意見交換や連係の可能性について思い浮かんだが、実際には行政手続上時期がたまたま一致しただけのようである[55]。規定上も、ハード（放送の伝送に関わる）部門に関しては、ハードを規制する連邦ネットワーク庁（Bundesnetzagentur）と連邦カルテル庁との協力・分担関係が電気通信法123条に明記されているが[56]、ソフト部門（放送事業者）の需要面の集中度を審査するKEKと連邦カルテル庁との関係については特に明文化された規定はない。双方とも独立した機関として独自の判断を行ったのが真相のようであるが、視聴者市場・広告市場両面からのチェック機能が働いたという点では、興味深い事例であると言うことができよう。

2-3　ケーブルテレビ市場における競争当局の判断

　今まで見てきたように、ドイツでも競争当局に関してはメディア特有の規制が存在するわけではなく、対応する法改正も10数年前に行われたのみである。他方メディア関連の規制については、商業放送が導入されて以降の歴史が比較的新しいこともあり、州間協定（RStV）の改正という形で実情に合わせて頻繁に変更が行われている。

　例えばALMでは、環境変化に対応し放送事業者にできるだけ自由度を付与する方向に変化してきている。具体的には、免許手続において、商業放送導入当初の1980年代は伝送路の不足から免許を付与する際に「配分原理（申請者間で時間配分する方式）」を優先していたが、ケーブルテレビや衛星放送など伝送手段が充実してくるのに伴い、「選考原理（選考によって一部の申請

55　連邦カルテル庁Kai Hooghoff氏からのヒアリングによる。
56　稲葉（2005）pp. 37-38.

者にのみ許可）」が採用される傾向が強くなるなどの変化が生じた。また放送伝送用手段（ハード）については、事前に州メディア委員会・州政府と3者で協議した上で放送事業者に提示される方式がとられていたが、1999年にバーデン＝ヴュルテンベルク州においてメディア法が全面改正され、放送事業者は放送免許と伝送路の確保を別々に行うことが可能となった[57]。放送事業者は独自に伝送路を確保する事ができるようなった点で経営の自由度が高まり、市場原理がより働くようになったと言われている。現在ではこのような方式を採用する方向ですべての州メディア委員会から合意が得られており、議会に対し改正を要望している状況にある[58]。このようなハード面での制約が少ない場合、基本的には免許を付与する方向で審査をすすめ、運用面で問題が生じた場合に改めて対応策を検討するとの姿勢をとっている。

またKEKは、大局的な観点からALMと共同で2000年以降、約3年に1回報告書を作成している[59]。タイトルの推移だけ見ても次第に複雑化するメディア市場への対応についての関心が高まっている様子が伺え、視聴率計算においてKEKがAGF/GfKの会員ではなく詳細なデータを入手できないことから欧州統合以降の人口変化を反映できない弊害[60]や、新技術への対応に関する問題点[61]、さらにEUが進める競争政策との関係[62]、などについて指摘している。

57　鈴木（2000）参照。
58　ALM議長 Thomas Langheinrich 氏（当時）からのヒアリングによる。
59　州間協定（RStV）第26条第6項の規定による。タイトルは第一次レポートから順に「メディア集中による意見の多様性確保」「大変革期における意見の多様性確保」「クロスメディアの関係：メディア集中規制への挑戦」「クロスメディアにおける意見の多様性確保の途上で」となっている。KEK（2000, 2003, 2007, 2010）参照。
60　非ドイツ国民かつ非EU加盟国民ではあるが、近年人口が増加しドイツ国内で2大外国人グループを形成しているトルコ人・前ユーゴスラビア人に関するデータが得られない点。
61　2009年1月現在、DVDやHDD録画による視聴を測定する新技術については対応できているが、インターネット（IPTV）や携帯端末（mobile TV）を通じた視聴については、まだ計画段階であるという点。
62　欧州共同体における立法は放送分野においても次第に重要性を増しつつあるが、EUは意見の多様性を規制するための機関を有しておらず、競争環境の保証や経済的多様性に主眼を置いた政策を展開している点に言及している。

このようにメディア規制上柔軟な対応が見られる半面、競争政策面では伝統的規定を厳格に遵守するという非対称な規制状況が観察される。これは、内容規制は言論の自由に厳格なドイツの基本法に則って柔軟に、その他は通常の競争法規制に則って考えるという考え方を反映しているためだと考えられるが、その両点が衝突しているため幾つかの問題を惹起している。以下では、ケーブルテレビ市場における連邦カルテル庁の判断事例を3例ほど概観し、長期的視点からの評価について考えてみたい。

（1）リバティ・メディア社の地域ケーブル会社買収差し止め
　米メディア大手のリバティ・メディア（Liberty Media）社は、2001年6月、ドイツテレコムが所有している国内6地域のケーブルテレビ網を55億ユーロで買収することに合意し連邦カルテル庁の承認を待っていた。これに対し連邦カルテル庁は、2002年1月末、買収認可の条件としてケーブルのマルチメディア化への投資を大幅に拡大するよう求めた。同庁は、投資の拡充により利用者がブロードバンドによる電話およびインターネットサービスを享受できれば、高速インターネットと固定電話市場でのドイツテレコムの圧倒的優位を突き崩し、競争原理による市場開放が進むとした。
　しかしリバティ・メディア側は、ドイツテレコムとの競争は視野になく、むしろ買収予定6地域のケーブル接続済み1,000万世帯へのテレビ番組供給と、ケーブル網の残り3分の2を握っているNE4事業者の買収を狙っていたため、譲歩案を提示しないと発表した。このため同年2月、連邦カルテル庁は同申請を差し止めた。

（2）KDGの他ケーブル事業者買収案撤回
　（1）の結果誕生したKDGが、2004年4月、他3事業者のiesy, ish（2007年にUnity Mediaを形成）、Kabel Baden-Wurtemberg（Kabel BW）を買収することで個別に合意した。しかし連邦カルテル庁は、同年8月、KDGの市場支配的地位がさらに強まると否定的な中間判断を示した。その後KDGは修正案を提出したが連邦カルテル庁が否定的な見解を表明したため、10月上旬に予定されていた同庁の最終判断を待たず、9月22日に買収計画を撤

回した。

(3) KDG による Orion の一部買収認可

一方支配的地位形成のおそれがある場合でも、それを上回る競争条件の改善が見込まれる場合（いわゆる「バランス条項」）には、合併が認可される場合がある。

KDG（NE3）による NE4 事業者 Orion の一部買収計画に対し、ケーブルTV 事業の観点からはボトルネック独占の懸念を表明しつつも、ドイツテレコムが首位を占めるインターネット市場（広帯域および狭帯域双方）において競争改善が見込めるとの判断に立ち、本件買収は認められることとなった。

(3) についてはどちらかと言えば柔軟な対応を行った事例と捉えられるが、(1)(2) に関しては、原則に忠実な判断事例だと言うことができよう。この点、ケーブルテレビ市場を巡る連邦カルテル庁の判断を論じた杉内（2009b）の議論をここでは紹介しておきたい。

ドイツは世界でも有数のケーブル大国で現在でも加入者数は多いが、1980年代の成功から比べると現在は停滞していると言われている。杉内（2009b）はこの原因として、① NE4 と呼ばれる公道と敷地の境目に設置された引込み線（住宅に最も近い部分）を運営する事業者が、ケーブル事業者（NE3）がトリプルプレイ・サービスを開始しようとした時に非協力的だったこと、② ドイツテレコムがケーブル網の売却を必要以上に遅らせたこと、を挙げている。さらに一連の連邦カルテル庁の判断についても、「完全民営化後のドイツのケーブルの命運を左右したとも言える」施策として言及している。具体的には、上記 (1)(2) の事例に触れ、「評価が難しい」としながらも以下のように述べている。

> 「（連邦）カルテル庁が重視したのは、オープンなデジタルアクセス、公正な競争の機会という理念である。デファクトよりもデジュールを優先する姿勢は、短期的な経済成長と利回りの論理に時として反する。だがその文化的・社会的帰結については、長期的な視野でしか評価できないのかもしれない。」

換言すれば、連邦カルテル庁は、放送市場についてより静態的な視点を重

視した判断を下してきており、動態的な視点に対する配慮が必ずしも十分ではなかった可能性があると表現できるかもしれない。もっとも、動態的な視点とは「将来市場の見通し」という不確実性を伴うなかでの意思決定であるから、必ずしも最善の手段を講じられる保証はないという意味で、このような議論は後づけの謗りを免れないことも事実である。マイクロソフト・ケースでも大きな論争を惹起したことは記憶に新しいが、通信および放送の分野における競争政策を考える上で、考えさせられる事例であろう。

本節ではドイツの放送規制制度について概観してきた。視聴者市場においては、KEKが出資関係にも配慮しつつ「量」的な視点から視聴率に基づく集中規制を行っており、また各州の事情に配慮しつつ、州メディア委員会およびALMが番組内容に関する規制を行うなど、「質」的な視点から地域性・多元性・多様性の確保に配慮している。さらに連邦カルテル庁が広告市場に関する集中度規制を行うことで、視聴者市場を規制するKEKと役割分担しつつ「市場の2面性」にも配慮されている。

このような役割分担は独立性および自由度の観点から好ましい面もあるが、統一的に放送市場を監督する機関がないことから生じる短所も大きい。特に、市場の融合が頻繁に発生するメディア市場のような動態的市場ではその弊害が大きくなるおそれもある。ドイツの場合、連邦制を採用しており州との2層構造で意見多様性の確保に苦心してきたが、さらに欧州委員会という3層目が上部構造に加わった現在、動態的市場における規制制度として従前のシステムが適切か否かについて早晩見直しが迫られる可能性もある。部分最適化を図った結果、うまく機能しているように見える制度が、動態的市場における過渡的状況下で新たな制度設計に苦慮する状況は、ドイツにおいても例外ではない。

市場志向の改革を迫る欧州委員会とドイツのメディア規制機関との関係は、日本における新メディア・産業路線と従来型の放送産業とのせめぎあいのようにも映る。産業的側面を重視する方向に転換するならば、メディア規制を担う総務省が競争当局との協働関係をどう構築し両者の判断をどのように調和していくかについても、今後の課題となろう。さらに視聴者市場においては現在ほぼ手つかずの状況になっているが、資本集中が進んだ場合の意

見多様性確保についても、対応を検討しておく必要があると考えられる。

3　公共放送の扱い

　欧州の各国は歴史的経緯から独自の公共放送制度を有しており、財源にしても、イギリスのように受信料のみのケースもあれば、ドイツのように一部広告収入にも依存するケース、スペインのように政府交付金を主財源として広告料にも依存するケースなど、多様である。こうした公企業が私企業と共存する市場は、経済学では混合市場と呼ばれ、そのなかでもさらに市場に存在する企業数が少なく、一定の市場支配力を持っている場合には混合寡占（Mixed Oligopoly）と呼ばれる。ここでは De Fraja and Delbono（1989）を取り上げ、簡単に説明しておこう。

　今、利潤最大化を目的とする私企業 n 社と、社会的厚生の最大化を目的とする政府全額出資の公企業 1 社が存在する寡占市場を考える[63]。ここで公企業が 100% 民営化され、利潤最大化を目的として行動するよう改革が行われたと想定すると、社会厚生の変化は市場に存在する私企業数に依存する。ここで、民間企業数が少ない場合には混合寡占の場合の社会厚生が大きく、民営化によってかえって社会厚生が悪化してしまう、という事態が起きる。これは、混合市場において公企業は私企業に比べて消費者余剰をより重視した生産量決定を行うため、相対的に多く生産を行うインセンティブを持ち、寡占市場の問題である過少生産が回避されるためであり、この結果を根拠として公企業の存在を正当化する議論が行われることがある。単純に考えれば、放送市場でもこのモデルに基づき、公共放送の存在を正当化できる可能性もある。

　もっとも放送市場における「生産量」とは何か明確ではないし、商業放送の目的が利潤最大化であると言い切れるかどうかも定かではないため、このモデル分析の結果を放送市場に適用できるかどうかは慎重に検討する必要が

63　各企業は同質財を生産しており同一の生産技術を持つものとする。また企業の限界費用は逓増的で、各企業は他企業の産出量を所与とし利潤最大化するよう自己の産出量を決定するという、クールノー競争を仮定している。

ある。さらに私企業数が多い場合には、生産者余剰の増大効果が消費者余剰の減少効果を凌駕するようになり[64]、公企業の民営化が社会厚生の改善をもたらすとの結論が導かれるため、公企業の存在が望ましいか否かは前提条件に大きく依存することになり[65]、一義的な解を求めることは困難である。このような公共放送を含む市場のモデル分析については、第7章を参照されたい。

現実にはより文化的・政策的側面からその扱いが決定されてきた。本節ではEUにおける公共放送の扱いと各国の対応状況について、具体的に見ていくこととする。

3-1　EUにおける公共放送の扱い

EUでは経済的側面を重視して域内自由化が進められており、電力・ガス、鉄道、航空など公共部門の民営化も進められた。こうした政策の背景にあるのは、分野固有の事前規制をできるだけ廃止し、一般法である競争法による事後規制を原則とする極めてシンプルな考え方である。

EUの競争法はそれ自体独立した法体系を持っているわけではなく、主としてリスボン条約[66]（2009年12月発効）内の「EUの機能に関する条約（以下「EU機能条約」という）」101条、102条および理事会規則（2004年139号）に基づいている。ここで101条はカルテル規制、102条は市場支配的地位による濫用の規制、理事会規則は合併規制に関する規定が盛り込まれており、

64　混合市場の方が総生産量は多く価格は低いため、民営化によって消費者余剰は減少する。一方生産者余剰は、混合市場では公企業の生産量が多くなっており費用が高く価格も低いため、民営化によって生産者余剰は増大する。従って社会厚生の変化は両者の大小関係に依存するが、私企業数が多い場合には生産者余剰の増大効果の方が上回ることとなる。ただしこの場合も、消費者から生産者への余剰の移転が発生しており、分配の観点から見れば必ずしも望ましいとは言えない。

65　さらに完全民営化ではなく部分民営化まで選択肢に入れた場合にも、異なる結果が得られる。松村（2005）に、比較的緩やかな条件の下で部分民営化が最適になることを示したモデルについての分かりやすい解説がある。

66　正式名称は「欧州連合条約および欧州共同体設立条約を改正するリスボン条約（Treaty of Lisbon amending the Treaty on European Union and the Treaty establishing the European Community）」という。

現在では、放送分野といえども原則この競争法に基づいて審理されることとなっている。ただし EC 合併ガイドライン 21 条 3 項では、「国防」「金融機関の健全性の維持確保」と並んで「メディアの多元性」が例外として各国との共管事項となっており、この点で制限が加えられる可能性がある。

さらに EU 競争法には、これらに加えて「国家援助規制（State Aid Control）」（107～109 条）が含まれており、これがアメリカや日本の競争法と比べて大きな特徴となっている。国家援助とは、政府が加盟国産業に対して、直接的または間接的に公益上必要と見なされる場合に交付する金銭的な給付や税金・利子の優遇措置などを言う。経済統合を目指す EU においては共同市場の競争を歪める可能性があるため、競争政策上問題があるとされ国家援助は原則禁止されることとなった。一方で EU の諸政策の目標に貢献すると判断される場合には適用を免除されることとなっており、現在は、市場メカニズムが働きにくい産業部門に限定して国家援助を容認している[67]。

公共放送についても、依存している受信許可料や税金、受信料などの公的財源について、EU 委員会はこれらを総じて国家援助にあたるものと見なしており、原則禁止されている（EU 機能条約第 107 条第 1 項）。ただし例外として許される国家援助もあると定めており（同第 106 条第 2 項）、公共放送の財源は市場だけでは供給できない公益サービスとして認定され[68]、国家援助規制の適用から外すことを認めている。実はそれ以前の欧州憲法条約批准を巡る混乱もあり、リスボン条約では「自由かつ公正な競争の維持」が第 3 条から付属議定書に移管され、「社会経済市場」「経済秩序に基づく経済的自由の確保」という文言を新たに規定している。これについて和田（2011）は、公益事業サービスについて加盟各国の権限を尊重する措置となっており、競争政策に一定のブレーキをかけるものであること指摘している。

それ以前にも公共放送については、前段となるアムステルダム条約（1999 年発効）時から EU 法での特別な位置を認めた条文（付属議定書第 32 番）が

---

[67] 事例として、交通（道路、鉄道、内陸水路、海上と航空運輸）、漁業、農業、石炭、エネルギーなどが挙げられる。

[68] 条文中の文言は「一般的経済利益を有するサービス（Services of General Economic Interest）」である。

存在し、公共放送の任務範囲と財源のしくみを決定する権限が各加盟国にあるとされていた。ただし一方でそれは「競争に影響を与えることがない場合」に限定され、競争に影響を与えているか否かの判断権限は欧州委員会にあるともされている。その基準は欧州委員会の通達[69]に記されており、公共放送事業者によって開始される「大きな影響を与える新サービス」に関する事前評価（市場影響と公共的価値の比較考量）実施をはじめとするいくつかの基準[70]を満たした場合にのみ、国家補助規制適用外として認められることとなっている。

その基準を示したのが、EU委員会が2001年に発表した「公共放送への国家補助規制の適用についての通達」である。この通達は、以下の3つの基準を満たしている場合に、公共放送の公的財源は国家補助ルール適用外として、すなわち旧EC条約に違反しない公益サービスへの補助として認められる、としている。

① 公共サービス任務の明確な定義：任務の定義は、実際に提供しているサービスが任務内に入るかどうかということについて曖昧さを残してはならない。その判断は公共放送の裁量に任されてはならず、監督機関や市場参加者が客観的に判断できるものでなければならない。純粋な商業活動が公共サービスとして定義されている場合には、旧EC条約違反と見なされる。ただし商業活動を行ってはならないということではない。

② 公式の任務委託と監督：定義された任務は、法的行為（法律や事業契約など）により、事業者に公式に委託されなければならない。任務が委託された通りに達成されたかについて監督する機関は、事業者の外部にある独立の機関であることが望ましい。

---

69 Communication from the Commission on the application of State aid rules to public service broadcasting（2009/C 257/01）．なお市川（2010）に日本語訳と解説がある。
70 その他、課金サービスを許容する条件の明確化、国内での過度の補償に関する効果的な統制と公共サービスの使命に関する監督の導入、公共放送事業者の資金調達に関する柔軟性の増加などがあり、2009年にそれまでの通達を改正した際、この点に関する記述が大幅に増加した。

③財源の比例性と透明性：公的な財源が、委託された任務に必要な額を超えないような、制度上の措置を設けなければならない。また、公共放送が商業活動を行う場合、公共活動と商業活動の会計は分離していなければならない。また公共放送やその子会社が行う商業活動は、市場原理に照らして適切な行動でなくてはならない。

この2001年通達が示した条件は、サービスや財源の実質的な内容について規定しようとするものではなく、あくまで手続きの明確さと透明さを求める点が特徴だと言える。以上のような指針に基づき、EU委員会は2003年以降、各国で提訴された「民業圧迫」問題について判断を下している。

なおその後、本通達は2009年7月、大幅に加筆修正されている。特に通達の核となる第86条2項の判断に関する記述が詳細化され、通達の分量自体も増加している。主たる変更点は以下の4点となっている[71]。

①公共サービス放送事業者によって開始される「大きな影響を与える新サービス（significant new services）」について、事前コントロール（具体的には当該新サービスの市場影響と公共的価値の比較考量）を実施する。
②公共サービス付託権限において、課金サービスを許容する条件の明確化。
③国内レベルにおいて、過度の補償に関するより効果的なコントロールと、公共サービスの使命に関する監督の導入。
④公共サービス放送事業者のファイナンスについて柔軟性を増加させる。

3-2　イギリスの公共放送

イギリスの公共放送シェアはドイツやイタリアなどと比較すると著しく高いとは言えないが、BBCの財源規模は公共放送として世界最大級であり、また国内のみならず国際的な存在感が圧倒的に大きい。ここではサッチャー政権下の1990年放送法による改革以来、競争と選択の要素が大幅に取り入れられていく変遷の様子を概観し、イギリスの公共放送に対する考え方について確認しておく。後に見るドイツやフランスのようにEUとの司法対立を

71　本通達の訳および解説については、市川（2010）を参照のこと。

軸に制度変更が進んでいくというよりも、まずはイギリス国内における公共放送に対する考え方が先行している点が特徴となっている。

イギリスの公共放送BBCは、国王陛下が下賜する「特許状（Royal Charter）」と、時の政府と結ぶ「協定書（The Agreement）」を基本法規として運営されている[72]。10〜15年続く特許状の有効期間満了が近づく頃、政府が有識者による放送調査委員会を設置するという慣習があり、この委員会がBBCの将来およびイギリスの放送の将来について検討し、その助言をもとに政府が放送政策を決定してきた。決定された放送政策の内容は「放送白書（White Paper）」などの文書で示される。

現在BBCは、第8次特許状（有効期間は2007年1月1日〜2016年12月31日）に基づいて運営されているが、公共放送の在り方、特に財源を受信許可料[73]に求めることの是非についてイギリスではEUに先んじて議論されてきており、長期間の議論の蓄積が存在する。その意味で公共放送の在り方を考える際に非常に有益だと考えられる。

1980年代のサッチャー政権では競争原理の導入による活力ある社会の復活を目指し、BBCもその対象とされた[74]。まずBBCに広告放送を導入することを考え、「ピーコック委員会[75]」で審議された。委員会では、視聴者主権

---

72 「特許状」は、BBCの法人としての設立と目的を記載した基本法規（定款）である。一方政府と結ぶ「協定書」には、サービスを行う上で必要な取り決め事項（財源も含む）が規定されている。このBBCの法制度の枠組みは、1927年の公共法人化以後現在まで変更されていない。

73 「受信許可料」とは、テレビ番組サービスを受信できる装置を設置した者は受信免許を受けなければならず、受信免許を付与された者は受信許可料を支払う義務を負う、とする制度（2003年通信法第4部の他、1998年無線電信規則、1967年無線電信法を法的根拠としている）であり、受信許可料の不払いは刑事罰の対象となる。一方日本の「受信料」は、NHKが受信契約を締結した者から徴収する負担金とされており、何らかの事情により契約が成立していなければ、（契約をする義務はあっても）受信料を払う義務はない点が異なっている。

74 詳細な経緯については蓑葉（2003）を参照のこと。

75 文化経済学者の文化経済学者のアラン・ピーコックを長とする放送調査委員会の通称。正式名称は"The Committee on Financing the BBC"であり、主としてBBCの財源問題を中心に議論された。その他、ITVなどの免許を競争入札にかけることなども提言している。

と市場原理導入を理由に、BBC の財源として広告収入ではなく視聴料収入が望ましいとした（有料契約方式）。これを受けて 1988 年 11 月、サッチャー政府の放送白書『90 年代の放送——競争、選択、番組の質（Broadcasting in the '90s）』が発表された。主要テーマは商業テレビの改革であったものの、全 11 章のうち 1 章が BBC に充てられ、有料契約方式を段階的に導入していく考えが表明された[76]。

この結果は 2 年後に成立した「1990 年放送法」に結実したが、サッチャーが同年の保守党党首選挙に敗れて退陣したこともあり、BBC に対する世論の民営化要求自体は次第に勢いを失っていった。サッチャー首相の後を継いだメージャー政権からは「イギリスの中心的公共サービス放送機関」として改めて認知され、基本的に BBC の現状維持を肯定する立場がとられることとなった。それは例えば『BBC の将来[77]』というグリーン・ペーパーに表れている。このなかで政府は基本的な立場を、① BBC 公共サービス放送は将来も必要であり、② BBC は公共サービス放送としての特別な責務を負う機関として、③受信許可料を財源に存続すべきである、と記している。またその後の 1994 年放送白書『BBC の将来——国民に奉仕し世界に競う[78]』においても基本的路線は踏襲され、この時点で BBC は 21 世紀への生き残りを公式に保障されることとなった。

その後、1996 年放送法において BBC の所有する送信施設の売却が決定され、1997 年には国内向け送信施設を Crown Transmission Services が、海外向け送信施設を Merlin Communications International が落札することとなった。この送信部門売却には、異なる 2 つの背景がある点に注意が必要である。

まず当時のイギリスでは、鉄道（列車運行／インフラ会社）・ガス（生産／輸送／配給）・電力（発電／送電／配電）に見られるような「機能分離」を公

---

76 当時のイギリス放送産業は、公共放送と商業放送が「安楽な複占（Comfortable Duopoly）」を謳歌しサービス改善努力が十分ではないとの批判にさらされていた。先述の「混合寡占」理論が当てはまる状況ではなかったとの批判である。
77 The Future of the BBC, 1992.
78 The Future of the BBC: Serving the Nation, Competing World-Wide, 1994. 放送白書が発表された翌日の高級日刊紙は、BBC のバート会長の勝利を宣する論調が目立った（衰葉（2003）p. 131）。

益事業の一般原則としていた。放送事業でも、先に見たサッチャー政権下の影響を強く受ける1990年放送法において、送信設備を別法人にする仕組みが導入された[79]。当時の商業テレビは、放送免許と送信設備を有する独立放送協会（Independent Broadcasting Authority, IBA）と、全国14の地域ごとにIBAと契約を結ぶ番組制作会社（Independent Television, ITV）で構成されていたが、IBAの送信部門を別法人とする仕組みが導入され、送信部門は新会社NTL（National Transcommunications Limited）に移管された[80]。すなわち、まず商業テレビにおいて番組の提供（ソフト）と伝送（ハード）の分離が先行していたと言える。

　BBCの送信部門分離はこのような状況下で実施されており、その意味では競争導入の一環として捉えることもできる。しかし先に見たように、①サッチャーの後を継いだメージャー政権下でBBCの現状維持が肯定されており、政府との関係が良好であったこと、②他商業テレビはすでにNTLという送信会社で放送サービスを問題なく提供しており、分離されたBBCの送信部門を利用しなかったこと、さらに③メージャー政権下で成立した1996年放送法の主要目的の1つであるデジタル放送導入について、同時期にBBCは積極的な取り組み姿勢を示しており[81]、実際BBC送信部門の売却収入がBBCのデジタル化対応に利用されたこと[82]、などを考えると、イギリス国内におけるBBCの地位を薄める目的が主であったとは考えにくいのではないかと思われる。

　その後もBBCは政府と良好な関係を保ち、ブレア政権からも受信許可料

79　地域ごとの商業テレビ免許を競争入札制にし、これを規制する独立規制機関の設置も行った。清水（2008）p. 72.
80　NTLはITV（= Channel 3）だけでなく、Channel 4、Channel 5の送信も行っている。その後2004年にオーストラリアの投資銀行、マッコーリー・グループに買収され、現在は社名をArqivaとしている。
81　BBC（1996）. 本報告書でBBCは、それまで激しい論争の対象となっていた商業活動への進出を公共サービスとバランスのとれたものに留め、そのかわりに積極的にデジタル市場に打って出て、受信許可料支払い者に「デジタルの配当」を提供しよう、という考え方を示している。
82　BBCのHPには、"This money will be invested in the BBC's transition to the digital age."と記載されていた。

制度を少なくとも第7次特許状（1996年5月1日～2006年12月31日）の有効期限である2006年末まで存続するという保証を与えられた。第8次特許状に関する議論（2003年12月～2006年3月）は、このような状況下で展開されていったが、それまでと大きく異なる点が2つあったと言われる[83]。特に事実上の株主として、国民の意見を尊重している点が特徴的である。

　①急速に変化する不確実なメディア環境の中心に、独立性が高く強いBBCが必要であり、それがメディア政策の中心にあると位置づける。
　②国民が選択権を持つ時代に、かつてない大きな規模で国民の意見を募る。このため政府は重要な論点を提示し、意見を求める。

その結果決定された政府方針は、主として以下の4点である。

　（ⅰ）　BBCに2007年から2016年までの10年間有効の特許状を付与する。
　（ⅱ）　特許状有効期間を通じて、受信許可料をBBCの財源とする。
　（ⅲ）　BBCの現行のサービス規模と範囲を維持する。
　（ⅳ）　BBCが、公共の利益を守るという監督責任と、サービスを提供する執行責任を明確に分離するために、経営委員会を廃止し、新設されるBBCトラストと執行役員会による統治システムへ変更する。

以下ではBBCの財源問題に焦点を当てて、（ⅰ）～（ⅳ）を見ていくこととする。

国民からの意見聴取の結果、約75%がBBCの現行サービスに満足しており、業界関係者からも一部廃止や民営化の意見はほとんど表明されなかったと言われる。しかし一方で（ⅱ）の受信許可料財源については、すべての人々が全面的に支持したわけではなく、広告放送や有料放送と比べ相対的に望ましい選択肢（least worst option）と評価された。このため、（ⅰ）によりBBCの財源は2016年まで受信許可料であるという方針が堅持されることとなったが、その後2011年から現行の特許状が終了するまで額を据え置くことも決定されており、厳しい環境下にある。

83　第8次特許状に関する記述は、中村（2008b）に多くを依拠している。

(iii) の「現行サービス」には、「iPlayer」と呼ばれるインターネット・サービスも含まれる。これはパソコンを利用してテレビ番組をオンデマンド視聴できるキャッチアップ・サービスを中心に構成されているものだが、こうした新しい形態のサービスも、受信許可料を財源とする公共サービスとして1996年特許状から制度的保障を得ている[84]。

　また (iv) を決定する上記議論の過程では、外部にBBCを規制監督する新しい機関を設け、BBC以外の事業者に受信許可料を配分する権限を持たせようとする案も検討されたが、前提にはBBCの分割・縮小論があり、先の①で示した「独立して強いBBCを作る」という今回の政府方針とは立場が異なっているため導入が見送られることとなった。

　このような状況下で、公共放送を支える財源がどうあるべきかという課題は、以前にもまして大きくなっていると考えられる。BBCは10年間の特許状期間を通じて受信許可料財源を保障されたが、2012年までの6年間の受信許可料値上げ幅は、BBCが必要と主張した額を20億ポンド下回っていたし、自助努力として「より小さなBBC」への変化を求められている。2013年7月に公表された年次報告では、受信許可料に対する価値を高めるため、番組やサービスの質を下げることなく人員削減や業務体制の見直しを進めているとして、2012年は5億8,000万ポンド（約870億円）の、この5年間の累計では20億ポンドの経費を削減し、BBCトラストが設定した目標である3%を上回る年平均3.65%の削減率を達成したと報告している。

　BBCが近年直面してきた財源問題は、EU競争法との関連というよりはむしろイギリス国内における公共放送の位置づけという観点から議論されており、1つの道標となることであろう。

3-3　ドイツの公共放送

　ドイツでもしばしば公共放送の活動範囲について論争が行われてきた。ドイツでは従来、放送の社会的影響力が大きいことから特殊な規律が必要で、

84　2012年度の年次報告書において、このiPlayerや地上デジタル放送の双方向サービスなどを活用してロンドン・オリンピック放送が画期的であったと評価し、BBCが将来どのように視聴者にサービス提供できるかを示す手掛かりを与えたとしている。

多元性確保の必要性から商業放送の設立は困難だと考えられてきたが、それが次第に緩和され、1987年の連邦憲法裁判所による第5次放送判決においてついに、商業放送と公共放送が併存する二元体制によってジャーナリズム上の競争が生まれ、国内番組制作の活性化や言論の多様性の拡大につながりうる、という商業放送の積極的な存在意義を認める見解が示されたという経緯がある。この点で現状のEU委員会の方向性とは逆の経緯を歩んできていると言える。

代表的な事例として、2002年から欧州委員会に申し立てられた、公共放送が潤沢な受信料財源をもとに提供するサービス範囲を拡大しているとの苦情が挙げられる[85]。欧州委員会はドイツ政府と約4年半にもわたる協議を重ねた結果、2007年4月に合意に達し、その結果、商業放送導入以来最大のものだったと言われる第12次州間協定（RStV）の改正が行われることとなった[86]。この結果今まで規定のなかった公共放送のサービス範囲の明確化が図られ、結果的には公共放送のサービスが制限される方向への改正となった[87]。

ここで注意が必要なのは、競争政策を担う立場の連邦カルテル庁が、このような公共放送の民業圧迫問題について判断を行う立場にない点である。

具体的には、公共放送が視聴者市場で視聴率を獲得しても、受信料に依存している公共放送は商業放送から広告収入を奪うわけではないという点で広告市場におけるクラウドアウトをもたらさない。商業放送の視聴率競争はあくまでテレビ広告収入の枠内でのパイの奪い合いに終始するため、公共放送と商業放送が競合しているとは見なされないことになる。またインターネット放送などの付加サービスについても、連邦カルテル庁の現行の市場画定では、広告市場のみに焦点を当て商業放送はそれだけで閉じた固有の市場と判

85　第12次放送州間協定に関する以下の記述は、杉内（2009a）に基づいている。
86　主な改正点は以下の4点である。①インターネットサービス範囲の明確化、②デジタル専門チャンネルの再定義、③「三段階審査」の導入、④商業サービスのガバナンス強化。
87　この方向性はその後も継続しており、2010年4月に発効した第13次改正でも、プロダクト・プレースメント（映画などの小道具として目立つように商品を配置することで商品露出を高める広告手法）について、公共放送は商業放送に比べてより制限的な扱いを受けることとなった。

定しているため、影響を及ぼさないことになる[88]。

またメディア規制を行う機関についても問題が残る。例えば第 12 次州間協定（RStV）において、「三段階審査」の導入が決定された。これは、公共放送が今後新しいサービスを行う場合や既存サービスの目的・性格を大きく変更する場合、受信料を財源とする公共サービスとして提供する必要があるかどうか、市場へ必要以上の悪影響を与えないかという点について、事前に審査しなければならないとするものである連邦カルテル庁から、事業の推進が市場での公正な競争を阻害するおそれがあると指摘されたことを受けて判断した。しかし実際に公共放送のサービスを審査する主体は各公共放送の内部に設置されている監督機関、すなわちARD加盟の州放送協会では放送評議会、ZDFではテレビ評議会とされており、内部機関が客観的で実効性のある審査を行うことが可能かを懸念する声が改正案発表時から聞かれている。

その後も、公共放送ARDとZDFが共同で進めていたインターネットによる有料VOD計画について、2013年3月に連邦カルテル庁から公正競争阻害のおそれがあると指摘され、同年9月に計画を断念したという事例がある[89]。これについては商業放送のRTLとPro-SiebenSat.1による別のVOD計画についても連邦カルテル庁から事業を認めないとされており、上級裁判所でもこれを支持する決定が出されていることから公共放送に限った措置ではないが、公共放送の事業拡大に関する監視機関としての存在が大きくなって

---

[88] 厳密に言えば、ドイツの公共放送は広告収入にも依存している。しかしその割合は大きくなく（2008年度でARDの全収入に占める広告収入割合は約5.7%、ZDFは約5.8%程度）、さらにARD第一テレビとZDFでは1日平均20分まで、かつ平日20時以降と日曜・祝日の広告放送は認められないという制限が設けられているため、商業放送を現状以上にクラウドアウトする効果は限定的である。

[89] ARDとZDFが、過去60年に放送されたシリーズ番組、映画、ドキュメンタリーなどをVODサービスで提供しようというもので、両局の子会社が中堅の映画プロダクションなど11社と共同で事業会社を設立し準備を進めてきたもの。連邦カルテル庁はARDとZDFが動画視聴のサービス料金を決めたり、番組選択などの調整を行ったりすることは「競争制限禁止法」に定められた公正な競争を阻害するおそれがあるという見解を示した。その上で、両局が動画販売は別々に行うなどすれば計画は認めるとの判断を示し、見直しを求めていた。

いると言えよう。

　このようにドイツでは、いくつかの機関が役割分担し独立性に配慮しながら放送市場の多面性に注意を払った規制を行っている点が長所になっているものの、逆に放送市場を統一的に規制・監督する機関が存在しないことの弊害が公共放送の扱いでは露呈した形となっている。この点、メディア市場のように劇的な変化が生じる蓋然性が高い市場においては、各機関相互の調整が困難になる可能性がある点には留意する必要があろう[90]。

3-4　フランスの公共放送

　フランスにおいて放送の国家独占が放棄され、民間事業者が放送事業へ参入する道が開かれたのは 1982 年のことである。商業放送が次々と誕生し、現在商業放送最大手で視聴シェアの約 3 割を占める TF1 の前身、公共放送第一チャンネルが民営化されたのは 1987 年のことであった。その後、2000 年の放送法改正により政府出資の持ち株会社フランス・テレビジョン（France Télévision）が設立され、公共放送各局が子会社化されていった[91]。

　TF1 は 2005 年、公共放送であるフランス 2 および 3 に対する政府補助が「共同市場と両立する」と判断した欧州委員会を相手に、第一審裁判所に訴訟を提起した[92]。欧州司法裁判所はその判決のなかで、「政府補助は公共放送のコストと均衡のとれたものだ」としていた欧州委員会の判断を正当とした。この際、欧州委員会はフランス政府との間で、①フランス政府が 2 年以内に、国家補助は公共サービスの責務の範囲において使用され過剰にならないことを国内法に明記すること、また②公共放送の広告の扱いについて独立機関による年次報告を提出すること、を確認している。当時フランスの公共放送は、財源の 70% あまりが受信料、20% あまりが広告収入、残りはその他収入で、不足する場合は政府補助で補塡を行うという財源モデルをとって

90　直接の競争相手である商業放送を監督する立場の ALM は、公共放送の活動範囲を制限する最近の動きを基本的に歓迎しているものの、テストの実施主体については納得しておらず、現実には難しく今まで同様、審査結果に不服があれば連邦憲法裁判所に訴訟を起こすなどして結果の修正を要求していくしかないとの認識を示している。
91　新田（2011）参照。
92　欧州委員会との訴訟については安江（2011）に詳しい。

いたが、広告収入に関しては商業放送との競合が生じる部分であり、問題視されることとなった。

その後2009年3月の法改正によって、受信料が「公共放送負担税（contribution á l'audiovisuel）」として税制に組み込まれ、広告廃止に伴う財源補填も新規課税によるものに変更された。当時改革を先導したサルコジ大統領は、財源を全面的に国庫がバックアップすることで公共放送グループの財政基盤を強化し、メディア界の変化と国際的な競争に正面から対応できる組織に生まれ変わらせることを目指したとされている。

しかし2010年、この広告廃止措置に伴ってフランス政府が公共放送に1億5,000万ユーロの支援を行い、これを欧州委員会が承認したことが問題視される。この動きに対し商業放送のTF1とM6は、EU競争法を根拠に欧州裁判所に訴訟を起こした。結果として欧州司法裁判所は、欧州委員会の判断を認める判決を下したが、ドイツ同様公共放送との訴訟を通じた争いは、激しくなってきていると言うことができる。

なお2012年5月選挙において勝利したオランド政権のもとでは、前政権時代に約束された毎年平均2％程度の予算増加措置が見直され、フランス・テレビジョンは番組制作費や要員の削減などの合理化が求められている。また公共放送の財源モデルも、広告全廃による収入減を補う財源がないとして2016年以降も広告放送を継続することが決定され、放送法改正案に盛り込まれた。公共放送の役割を認めつつも、予算規模において厳しい運営を迫られているという状況は、イギリスやドイツと同様である。

第7章
公共放送

　テレビ放送を経営主体で分類すると、民間放送、公共放送、国営放送に分かれる[1]。テレビ放送は歴史的に公共放送によって開始された国が多い[2]。以来、特に欧州諸国において、公共放送は各国放送市場のなかで、継続して大きな位置を占めている。そうした歴史的な経緯を背景に、テレビ放送市場においては、現在も公共放送が大きな視聴シェアを持ち、特定の役割を担うことが期待されている。特定の役割とは、例えば

　　①不偏不党の独立したニュース、情報、解説などを提供して視聴者の市民性を涵養する
　　②人権を尊重する議論の促進
　　③多様で良質な番組の提供
　　④国民の帰属感、文化の多様性の促進

である[3]。
　こうした役割は民主国家において重要であり、これらの役割を担う存在として、公共放送が位置づけられるという議論は、より一般に、「市場の失敗」に関連づけて解釈することが可能である。「市場の失敗」は、ここでは、競

1　テレビ放送産業の分類を含む概観については本書第1章1節を参照されたい。
2　第6章を参照されたい。
3　Hargreaves Heap（2005）におけるまとめによる。Hargreaves Heapはこれらを公共放送によって、実現が期待される古典的公共サービスとしている。これらの放送される内容に対するものの他に、あまねく放送サービスを提供する（ユニバーサル・サービス）、政府およびその他の既得権益からの独立、番組制作者に対する創作の自由の確保などの、制度的な側面が指摘されることもある。Broadcasting Research Unit（1985）、Brown（1996）を参照せよ。

争市場において、利益を最大化することを目的とする民間企業によっては、社会的厚生を最大にする適切な財の供給が実現されないことを指している。「放送サービスのうち、特定の役割を担う部分については、競争市場と民間放送事業者に依存するだけでは適切な水準で供給され得ないので、公共放送が供給する」と考えることに対応する。「市場の失敗」は経済学において厳密に定義される概念である。「市場の失敗」を用いて、公共放送の存在意義を検討することは、上記の公共放送の役割について直接に議論することと同等ではないものの、分析を進めるために用いられることが多い。

　「市場の失敗」は、限界生産性の逓増、公共財、外部効果、情報の偏在などの特性が市場で認められるとき、競争市場において最適な資源配分が実現されないことを指す。これら、特定の経済的性質を財が持っていない場合にも、競争市場の在り方によっては、競争均衡が社会的厚生を最大にする状態と乖離することは多い。本章では、これら、競争均衡が社会的最適性と乖離することを、「市場の失敗」と総称する。競争市場の帰結が最適ではないということなのだから、競争の前提となる制度や環境を通して競争均衡に影響を与えることができれば、より望ましい状態に移行する可能性があることが示唆される。

　ここに、政府が市場に何らかの形で介入することの理論的根拠を、「市場の失敗」の議論が与えると考えられている。「市場の失敗」を補正する介入は様々な形で可能であるが、おおまかに分けると、政府が直接に財を供給することによって供給の確保を目指す場合と、民間事業者に供給を任せるが、その供給において直接・間接の規制を設けて目的を達成することを目指す場合がある。公共放送はこのどちらでもない方法によって、目的を達成しようとする手段である。公共放送は、政府から独立した主体であり、政府の補助金、テレビ受像器を保有する主体からの強制的な視聴料収入、民間からの寄付、広告収入によって賄われる。経営の内容は、委員会などによってレビューを受けるが、この委員会の人選、予算の承認などによって、政府からの間接的な影響を受ける。これらの詳細は、第1章、第6章に示されているとおりである。

　そうなると、公共放送の存在意義を検討するという課題は、

①テレビ番組の市場全体における供給の在り方が、民間放送事業者のみ
　　の競争によっては最適な状態にはならない
　②公共放送が存在することによって、市場はより最適な状態に近づく

という命題を確認することによって達成されることになる。すなわち、公共放送の存在が現実に「市場の失敗」の解決になっているのかどうかを検討するという課題である。

　ここで、問題を単純化し議論を明確にするために、仮に「市場の失敗」が、民間放送事業者の競争によっては、ある特定ジャンルに属する番組、例えば古典芸能などの番組が放送されないという形で表れると特定して考える[4]。問題がこのように特定されれば、政府が公共放送経営主体と、そのジャンルに属する番組の供給を契約することにより、問題が克服されることは自明であると思われるかもしれない。そしてさらに、実際に視聴者がその供給に不満を持っていないことが分かれば、問題の解決となっていることが確認されるだろう。公共放送に対して、このような調査は頻繁に行われており、公共放送に対する評価も高いことが多い[5]。

　しかし、公共放送がこの点で貢献していることが確認され、その貢献が実際に評価されているからといって、「公共放送は『市場の失敗』の適切な解決である」ということが証明されているわけではない。第1に、例えばもし問題が上記のような特定ジャンルの番組供給ということであれば、政府が何らかの形で公的規制をかけることによって、民間放送事業者が競争している市場においても、実現されるかもしれない。実際に放送市場以外の多くの分野における「市場の失敗」においては、公的規制による補正が期待されている。政府も失敗することが認識されており、公的規制によって実際に「市場の失敗」が緩和されているかどうかについては、評価が分かれているところである。しかし、少なくとも多くの公的規制はそのような役割を期待されて

4　問題をこの形で特定化することは、問題を矮小化することになる。第1節における市場の失敗に関する議論を参照せよ。ここでは、あくまでこの段階での議論の便のために特定化している。
5　例えば中村（2007）の紹介などを参照のこと。

施行されている。なぜ、一般的な解決を目指さずに、公共放送という選択的かつ個別的解決を目指さなければならないのか。もし、公的規制によっても同じ目的が達成されるとすれば、どちらの方が、効率的に望ましい状態を達成し得るかという問題を考えなければならない。

　第2に、公共放送が存在する均衡において、特定ジャンルに属する番組が公共放送のみによって放送され、民間放送事業者によっては放送されていないという事実が確認されたとしても、その事実は、公共放送が存在しない仮想的な均衡において、民間放送事業者がその種の番組を放送しないということ、ないしはその種の番組を放送する主体の参入が実現しないだろうということまでは意味しない。公共放送は、いずれの国においても、特にテレビ放送において、重要な視聴シェアを占めている。したがって、公共放送の存在が、民間放送事業者間の競争に大きな影響を及ぼしている可能性は高い。もし公共放送が存在しない、ないしは公共放送の役割がより限定され、シェアも低い均衡で、民間放送事業者あるいは新規参入者がそれら特定ジャンルに属する番組を供給するとすれば、問題は、やはり、どちらの供給形態がより効率的であるかということに変化する。

　このように、公共放送が存在し、多くの国で一定の役割を担い、現実の貢献に対する評価が高いからといって、必ずしも「市場の失敗」への適切な対処であることが確認されているわけではない。本章では、この観点から公共放送の存在の意義を再検討する。すなわち、公共放送の存在が、放送市場における「市場の失敗」を緩和する機能を果たしていると考えてよいのかどうかを分析することを目指す。

　以下では、第1節において、「市場の失敗」の議論を整理する。幾つかの問題は自明ではなく、さらに検討が必要であることが明らかにされる。それら詳細な検討はモデル分析が必要であり、多くの研究が試みられている。これらの研究を、第2節で紹介する。これらの過程で、放送市場において十分な投資が番組作成に費やされるか、すなわち「質」の高い番組が供給されているかに着目することの重要性を確認する。第3節においては、公共放送の存在が、民間放送事業者の競争に与える影響を明示的にモデル化し、公共放送が存在していることの効果を分析する。特に着目するのは、民間放送事業

者が提供する番組の「質」に与える効果である。民間放送事業者による適切な番組供給の可能性があるとしたら、問題は公共放送の事業効率性であると前に述べた。特に非営利事業の事業効率性は、置かれている環境に大きく左右される。第4節では、こうした事業の事業効率性を高めるための方法について、やはりモデル分析を用いて議論する。

　本章のような構成で公共放送を論じることは、放送市場全体にわたって内在する問題を論じることに等しい。もちろん、ここでは公共放送が特性として持つすべての側面を包括的に論じているわけではないので、対象としている問題も限られている。それでも、本章の議論は、本書におけるここまでの分析に屋上屋を架すところがあるのを否めない。本章の目的はあくまで公共放送の存在を改めて検討するところにある。その範囲内で敢えて重複や細かな議論における非整合性を恐れずに説明を行うことを許されたい。

1　放送における「市場の失敗」

　放送市場における「市場の失敗」が指摘されてから長い[6]。それ故に、近年の通信・放送技術の変化によって、「市場の失敗」の程度と内容が変化したことを認識しなければならない。同時に、放送市場における「市場の失敗」への適切な対処も変化しているはずである。一般に、制度の変化は経済の変化から遅れざるを得ない。放送制度に関する議論も、現実のキャッチアップを目指す多くの理論的分析によって、変化してきた。

　例えば、本章冒頭で示したように、公共放送に従来期待されてきた最大の機能の1つは、多様な番組の提供である。特にテレビ放送においては、従来周波数制約が強く、チャンネル数に技術的限界があったので、この問題は切実であると考えられてきた。現在、デジタル化や代替的な伝送手段の出現によって、周波数制約の問題は技術的に克服されているので、番組多様性の問題もすでに解消されたかに見える。しかし、単に周波数制約によるチャンネル数の制限が無くなったからといって番組多様性の問題が解決されたという

6　Coase（1950, 1966）などを参照されたい。

わけではない。民間放送事業者間の競争の帰結における問題として、依然として番組多様性の確保は重要な課題であると主張されている。チャンネル数がいかに多くとも、競争の結果、どの放送局も類似した番組しか提供していないとしたら、多様性が提供されているとは言えない。技術革新により、それまで存在していた技術的制約が無くなったからといって、必ずしも問題が解消されたことにはならない。「市場の失敗」は、競争市場で最適な供給が実現できないことを指すので、技術的制約の有無にかかわらず、依然として、望ましい多様な番組の提供が実現されない可能性が残るのである。このような問題は番組多様性に限られない。以下では、順に放送市場における「市場の失敗」について紹介する。それぞれ、本書ですでに説明したことに重複するところが多いが、後半での分析に関連するところをまとめ再構成している。

1-1　公共財

　公共財とは、一般に財の消費の非排除性と非競合性を持つ財である。どちらか片方のみの性質を持つ財を含める場合も多い。非排除性は、第1章および第2章で説明したとおり、財の供給において、特定の対象者以外に供給を併せて行うことを排除することができない、ないしは排除するためには禁止的に高い費用がかかることを指す。放送サービスは、初期には無線によって供給されることが一般的であり、有線による供給が可能となる、ないしは無線がデジタル化され暗号化が可能となるまでは、非排除性を持つ財の典型であった。一方、非競合性についてもすでに説明したとおり、ある主体が財を消費するとき、その行為が、他の主体の消費を妨げないことを指す。やはり無線による供給においては、追加的な視聴者の視聴が、他者の受信によって妨げられたり、混雑の問題が生じたりすることはないので、放送は非競合性を併せ持つ財の典型であった。しかも、無線による放送の場合、ユーザーの数が増加しても、伝送のコストは増大しないので、供給の（視聴者数＝需要者の数に対する）限界費用はゼロである。

　財が公共財であると、競争市場での供給は過小となる。放送事業は、ネットワークを形成・維持しなければならないので、固定費用が一般に大きい。そのために、供給そのものが難しくなる。従来、民間放送事業者は無料広告

放送を行ってきた。広告によって、収益を確保することができれば、視聴者から直接料金を徴収しなくとも、経営を維持できる。伝送に対する限界費用がゼロなので、社会的余剰を最大にする、最適な（伝送に対する）価格もゼロとなる。したがって、無料広告放送によって、最適な供給、ないしはより望ましい水準の供給が可能となる可能性がある[7]。

　しかし、公共財の供給が最適となるためには、別の条件が必要である。各消費者の公共財に対する評価の和が、公共財の供給量に対する限界費用（放送の場合には番組を追加的に作成し放送するための費用）に等しくなければならない（サミュエルソン条件）。無料広告放送の場合には、放送事業者に価格シグナルとして伝わるのは、広告収入である。広告収入は基本的に視聴者数のみに依存する。すなわち、公共財供給に対する評価の和が視聴者数のみに依存する値として伝わり、広告放送事業者は、それをシグナルとして利潤最大化を行うことになる。このとき、それぞれの視聴者がとても高く評価する財があったとしても、対象となる視聴者の数が少ないと、その高い評価は伝わらない。逆に、それぞれの視聴者がそれほど高くは評価しない財も、対象となる視聴者の数が多いと、高く評価される可能性がある。こうした形で、番組のジャンルなどによって、提供される番組にバイアスが生じる。

　1970年代以後、ケーブルテレビによる有線放送が普及を始める。さらに、1990年代以後、衛星放送、地上波放送においてデジタル化が本格的に始まり、放送の暗号化が容易になる。これらの技術革新によって、放送の非排除性は消失し、有料放送が可能となった。しかし、有料放送が可能となったからといって、無料広告放送が廃れたわけではない。それは広告放送が、外部効果の存在を利潤機会とする2面市場として、合理性を持っているからであろう[8]。広告が収益源として働くということは、潜在的に存在していた（正の）外部効果を発揮する機会の顕在化と考えられる。広告放送は、放送というシステムが外部効果を発揮する場である。放送事業者は、有料放送か無料広

---

[7] Spence and Owen（1977）。ただし、広告放送においては、番組に広告が組み込まれるので、視聴者に不効用が発生する。これを考慮すれば、広告放送においても、視聴の支払う実質的な視聴費用はゼロではない。この部分は後述する。
[8] 2面市場についての問題は後述する。第4章の考察も参照せよ。

告放送かのいずれかの供給方法を選択する。ここに新しい問題が発生する。

　①放送市場において、より望ましい状態は、有料放送によって達成されるのかそれとも無料広告放送によって達成されるのか
　②民間放送事業者間の競争によって望ましいシステムが選択されるのか

という問題である。有料放送において、デジタル化された伝送によって非排除性が消失したとしても、引き続き最適な価格からの競争価格の乖離が起こりえるし、広告放送においては、やはり前述の番組バイアスという問題が継続する。

1-2　不完全競争

（1）独占的競争

　各放送局が供給する放送サービスは、それぞれ密接な代替財であるが、完全な代替財ではない。需要関数は完全に弾力的であるというわけではなく、右下がりとなる。このような個別需要関数の下での市場の均衡は、独占的競争均衡として知られている。独占的競争均衡では、各企業の供給量は平均費用を最小にする水準より低くなり、限界費用よりも高い価格が設定される。したがって、個々の財の供給は一般に過小となる。一方で、限界費用より高い価格の設定は、無料広告放送によっては実現されない種類の番組を供給可能とする。また、独占的競争均衡における企業数は、自由参入が許される場合、それぞれの企業が利潤を最大化する価格を設定しつつ、収支相等となるところで決定される。すなわち、企業数は内生的に与えられる。ここに、さらにもう1つの検討課題が明らかとなる。すなわち、独占的競争の結果与えられる企業数、ここでは民間放送事業者間の競争で与えられる放送局の数は、最適な状態と比べて過大であろうか、過小であろうか、それとも最適な水準であるかという問題である。それぞれの放送局は、差別化された番組を提供すると考えられるので、この問題は、放送市場で望ましい水準の多様性が実現されるのかという、公共放送に課せられた役割に関わる問題となる。周波数の利用における技術制約によって、従来はチャンネル数が制約されていた。米国におけるように、技術制約よりさらに厳しくチャンネル数が規制

されていたこともある。現在、多様な伝送経路の利用と、周波数利用における技術革新により、技術的制約は大幅に小さくなっているので、特にこの問題が重要となる。

　寡占における均衡企業数は過大であるか過小であるかという問題は、多くの研究者によって分析されてきた。自由参入の下で企業数が過剰になるというモデルは多く示されている[9]。例えば、各企業がクールノー型の競争を行うときには、自由参入の下で企業数が過大になる。参入者が獲得する利益は、既存の事業者から奪う利益と需要拡大による利益からなるが、後者が0になっても前者による参入が続くことによる（Mankiw and Whinston（1986））。この命題は、企業数がより少なく、各企業の供給量が増大すれば、より効率的に生産できる可能性があることを意味している。しかし、設定が変わり、消費者が多様な消費、すなわち多くの企業の産出物を同時に消費することを評価する形の効用を持つと考えると、逆のケースがあることも知られている。この場合、自由参入の下では企業数は過小となる[10]。

　ここまでに紹介した独占的競争における議論は、番組の生産には高い固定費がかかるという前提に立っている。固定費の水準が競争により内生的に与えられるとすれば、番組作成の国際間競争において、市場規模による優位性の問題が生じることが指摘されている。Hargreaves Heap（2005）に従って、この議論を紹介する。Sutton（1991）が示しているように、財の品質が固定費支出によって決まる産業は多く、そうした産業では固定費水準が内生的に決まる。テレビ放送市場においても、番組制作費と視聴シェアは強く相関しているので、この内生性を考慮して競争の効果を考えなければならない。チャンネル数の拡大が可能となった場合、放送事業者には、これまで供給が手薄だったジャンルの番組を供給するか、それとも固定費支出をより積極的に行って品質を高め、既存の人気ジャンルの番組を供給するかという選択肢がある。放送事業者が後者の選択肢を選ぶ可能性があるので、技術的制約が緩くなって多チャンネルが可能になったからといって、必ずしも多様性の問

9　そのなかで代表的なものは、Salop（1979）、Mankiw and Whinston（1986）であろう。
10　Spence（1976）, Dixit and Stiglitz（1977）.

題が解決されるとは限らない。さらに、米国のように一国の放送市場が大きいと、より高い固定費支出を行うインセンティブも高くなる。そのために、米国で制作された番組は、他国で強い競争力を持つ傾向がある。一方、国民の帰属感を涵養することは重要であると個人としての視聴者が考えていても、1人の視聴者の番組選択が放送局の意思決定に与える効果は極めて小さいので、実際の視聴者の行動はそれらの価値を反映したものとはならない。そのために、たとえ各視聴者が国民の帰属感を涵養するような番組を一定程度求めていたとしても、供給には反映されず、競争の結果、米国で制作された番組が、当該国の放送市場を席巻してしまう。なお、この議論の後半における、個人の視聴行動に個人の価値評価が反映されにくいので、市場で視聴者全体の評価が表れないという問題は、公共財において前に指摘した問題と同じ構造を持っている。

(2) 空間的競争

　十分に多様な放送サービスが提供されているかという問題は、空間的競争モデルからも分析される。ホテリングが空間的競争モデルの原型を示して以来、多くのモデルが考案され分析されている[11]。空間的競争モデルの場合、問われるのは企業数ではなく、消費者の選好空間において、各企業が提供する財の適切なちらばりである。数多くの企業があっても、どの企業も類似した財を供給していたとすれば、ほとんどの消費者にとって、提供されている財は求めるものと遠くなり、不満（不効用）を感じることになる。望ましいのは、多くの財が、消費者の選好の分布にあわせて、適切に分散している状態である。それら多種の財によって、消費者が感じる不効用の和が最小になっているとき、位置取りは最適となり、多様性が実現されていると考えられる。種類の異なる（選好空間のなかで異なる位置にある）財の供給には、それぞれ固定費がかかると考えると、最適な財の種類の数と、それぞれの望ましい位置取りが決定される。

　ホテリングが提示した命題は、競争の結果、各企業が供給するサービスは

11　Hotelling（1929）．

同一のものとなってしまい、たとえ供給する企業数が多くとも多様性は実現されないというものであった。この命題は、最小差別化の原理と称されて、多くの議論とモデルの検討を引き起こした。同時に、社会学や政治学など、隣接分野にも影響を与え、数多くの応用分析をもたらした。冒頭に示したとおり、多様性の実現は、放送事業において重要な課題として認識されており、しかも、問題となる均衡の状態は、各放送局がほぼ同じ内容の番組を提供する行動を描き出すものであったから、より直接的に含意が理解された。すなわち、競争がいかに厳しくとも、多様な番組は提供されないかもしれないということが理論的に示されていると捉えられた。

ホテリング以後の研究の結果、価格競争の有無などのモデルの設定如何では、多様性が過小となる場合も、過大となる場合もあるということが知られている。多様性が過小となる場合とは、前に説明したように、どの企業も同様な製品を供給する傾向を指すが、多様性が過大となる場合とは、財の属性に対して有限な空間を仮定すると、均衡では各社の財がその有限な空間の端点に位置するようになることを指す。すなわち、極端に性質の異なる財のみが供給される傾向を過大な多様性と考えている。

以上の分析は放送局の特性が属性空間上の1点として表わせるとき有効である。ある放送局が多くの番組を提供するとき、その放送局が代表的な視聴者を意識し、その選好に即した番組を制作・放映しようとする傾向が、もし実際にあるとすれば、こうした分析によって、多様性の多寡の最適性を議論できるかもしれない[12]。

最近になるまで空間的競争の枠組みで多様性の最適性を直接議論する研究は現れてこなかった。しかし、1990年代の終わりぐらいから、放送局を2面市場として捉え分析する研究が盛んになるに伴って、明示的に放送局の選好空間上の戦略的位置取りが分析されるようになった。2面市場とは、第4章で詳述されているとおり、インフラや場所を提供するプラットフォームと呼ばれる事業者と、そのプラットフォーム上で取引を行う2つのグループに

---

12 この点について、鳥居（1997）を参照せよ。実際の視聴行動の分析から、空間的競争モデルの有効性を確認している。

分かれる顧客とからなる市場を指す。異なるグループに属する顧客は、プラットフォーム上で、相互にまたがる何らかの経済活動を行う。その際に、プラットフォーム利用について、外部効果を及ぼし合うことが特徴である。例えば、あるプラットフォーム上の、一方の側のグループに新しい顧客が参加すると、反対側の顧客の期待効用ないしは期待利益が増大する。広告システムは典型的な2面市場である。プラットフォームが提供する、新聞やテレビ放送などの媒体の読者や視聴者が増えると、広告主の期待利益が増大する。プラットフォームは、媒体の利用者を増やすと、広告主からその分高い料金を徴収できるので、媒体の利用者獲得をめぐって複数のプラットフォームが競争する。

　放送局をプラットフォームとして考える場合、選好空間上の位置取りが変わると、視聴者をめぐる競争の在り方が影響を受けることが重要である。有料放送であれば、均衡における料金が影響を受け、広告放送であれば、均衡での広告料収入が変わる。それらの戦略的効果を考えて、放送局は自らの位置取りを決定する。例えば、あえて放送局間の差別化を小さくすると、放送局間の競争が厳しくなる；そうなると広告の多さが視聴者の離反を招く効果をより大きく考慮せざるを得なくなる；これは差別化を小さくして広告量を減らすことにコミットしたのと同じことになる；広告が少なくなると消費者に伝わる生産者の情報量が減り、広告主の財市場における競争が緩和される；競争の緩和は広告主の利益を増大させ、交渉により放送局はより高い広告料金を徴収できるとする理論が示されている[13]。この理論では、番組の多様性、有料放送の料金水準、広告放送の広告料が、それぞれ内生的に決まる。最適な状態との関係もそれだけ複雑になる。多様性はもはや競争の結果として実現されているか、実現されていないかを評価する対象ではなく、放送事業者にとって競争の在り方そのものを決める重要な戦略変数であり、過大な広告供給をもたらしたりすることによって社会厚生の水準に影響を与える存在となる。

13　Gal-Or and Dukes（2003）.

(3) 番組重複の問題

競争によって、多様性の実現に問題が生じるというメカニズムは他にも示されている。視聴者を引きつける非常に強い番組があったとする。同じ時間帯に他の番組を放送してもそれほど視聴者を獲得できないとすると、そのような競合番組を放送するよりも、あえて番組の重複を選び、視聴者の分割を目指した方が、より多くの視聴者を獲得できる場合がある。同一のスポーツ中継が同時に複数のチャンネルで放送されるようなケースである。このとき、実際に放送される番組数は、放送局の数であるチャンネル数よりも小さくなってしまう。これは番組重複の問題（duplication problem）として知られている[14]。これが問題となるのは、あくまでもチャンネル数に技術的制約があるからである。もし、十分なチャンネル数があれば、たとえ人気番組において重複があったとしても、それによって少数者を対象とする番組が排除されることはない。したがって、この問題も少数者による競争の帰結の問題として捉えることができる。状況は異なるが、競争によって望ましい番組の配分が行われないこと、その帰結が多様性の実現の失敗となることを主張しているという点では、(2) で挙げた問題と同じ構造を持っている。

(4) 公共放送の存在と不完全競争

以上、不完全競争による、放送資源の最適な配分からの乖離の可能性を検討した。ここで、2点指摘しておく。まず、不完全競争は、多くの市場で頻繁に観測されるので、他の市場においても供給や参入の過不足が課題となるはずである。特に放送市場において多様性の欠如として問題とされるのは、過小供給が懸念されるジャンルの番組は後に示す価値財と考えられる番組と重なるからである[15]。単に、番組数やチャンネル数が低下するだけではなく、特に期待される特定種類の番組が供給されない可能性が高くなってしまう。

---

14 Steiner（1952）、Beebe（1977）を参照せよ。Cancian, Bills and Bergstrom（1995）は複数チャンネルによる番組の放送時間についての空間的競争を分析し、純粋戦略のナッシュ均衡が存在しないことを証明している。

15 Hargreaves Heap（2005）の議論を参照せよ。

第2に、公共放送に供給を期待するだけでは、多様な番組が提供されないという問題の解決とならない可能性があることである。競争の帰結の最適性からの乖離は、放送局による有料放送と無料広告放送との選択、放送局間の競争、そして多様性そのものに対する放送局の戦略に依存する。そのため、競争市場に公共放送が参入した場合、これらすべてに公共放送の存在が影響を与えると考えなければならない。その効果は、民間放送事業者の戦略的行動に与える影響を詳細に分析して初めて評価されるものである。例えば、公共放送が質の高い番組を提供することによって、民間放送もより質の高い番組を提供するようになるという議論がある[16]。この命題は、モデルを分析することによって検証することが可能である[17]。検証するためには、民間放送事業者間の競争の在り方を理解する必要がある。

　この番組の質に関わる問題については、(1)で紹介した内生的固定費用と独占的競争の議論において類似した指摘がなされている。放送局がどれだけ固定費に支出できるか、すなわち番組制作のために投資できるかが、視聴者獲得競争における優位性を決めるとすれば、公共放送の存在を評価する際には、内生的に決まる投資水準と、民間事業者間の競争の程度とをあわせて分析する必要がある。

1-3　外部効果、価値財、不確実性

　番組内に暴力行為の描写を含んでいる場合、その番組を視聴した人の行動を変化させることがあると考えられている。番組を供給する主体は、こうした効果の可能性を見込んで内容を決定しているわけではないと考えられるので、外部効果の問題として捉えられる。負の外部効果だけでなく、放送に正の外部効果を期待する場合もある。市民性（citizenship）を涵養する番組の視聴により期待される行動の変化や、正確なニュースを知ることにより、市

---

[16] 例えば Hargreaves Heap (2005) 内に収録されている J. Peter Neary のコメントなどがある。Neary は Hargreaves Heap の議論を批判し、独占的競争モデルではなく、ホテリング型空間競争モデルを用いて分析することによって、公共放送が質の高い番組を放送すれば、異なるジャンルに属する番組を放送する民間事業者も品質を高めることが確認できるのではないかと主張している。

[17] Armstrong (2005).

民が政治をより厳しくチェックするようになるため、より望ましい行動をとる政府による利益を期待できることなどが挙げられている。詳しくは第5章で紹介されているとおりである。競争市場における均衡では、負の外部効果を持つ番組の場合、過大供給が懸念され、正の外部効果を持つ番組の場合、過小供給が懸念される[18]。

　類似の議論として、放送を価値財（メリット財）として見ることがある[19]。価値財においては、消費の選択時点では認識されない価値が、ないしは社会として認められる価値が、消費から時間を経過した後に実現される。義務教育、健康診断などが例として挙げられている。教育効果のある放送番組にこのような価値が期待される。個人が消費を選択する時点では、このような価値は考慮されないので、競争市場では過小供給となる。さらにテレビ放送の場合、視聴に習慣性が認められると指摘される。価値財では初期の選択時点で認められない価値が後になって認識されるので、消費の習慣づけのために、放送時点では評価されにくい番組をも、提供し続けることが重要であるとされる[20]。

　放送番組は極めてリスクの高い財である。このために、民間放送事業者では、供給される財にバイアスがかかることがあると指摘される。ここでは、Hargreaves Heap（2005）に従って、この可能性を説明する。放送番組はリスクが高いだけでなく、ほとんどすべての製品が新製品である。アーカイブによる利益機会が小さい場合には、さらにこのリスクは高くなる。視聴者も、新機軸の番組には価値を見込みにくくなるので、保守的に行動する傾向がある。そのために、番組のフォーマットが定まり、視聴者が価値を見込みやすい定番の番組に供給がバイアスする傾向がある。また、視聴者行動の保守的な傾向から、直近の番組の成果に過度に敏感となりやすい。このために、過度に流行を追い求める傾向がある。これらは、バンドワゴン現象として知られており、革新的な番組を阻害してしまうかもしれない。これらの傾向は、単に供給される番組にバイアスを生じさせるだけではなく、番組制作におけ

18　Armstrong（2005）など。
19　第1章の説明を参照のこと。
20　Armstrong and Weeds（2005）、Brown（1996）、Martin（1996）など。

る技術革新を遅滞させる原因ともなる。

2　多様な番組の供給と無料広告放送・有料放送

　第2節では、第1節の考察を受けて、放送事業における番組供給の最適性と、無料広告放送・有料放送というビジネス・モデル、広告量の最適性に関わる代表的なモデル分析を簡単に紹介し、第3節での分析につなげる。本節で紹介するのは、近年の多くの放送市場分析の基礎となっている Spence and Owen（1977）、放送局の嗜好空間上の位置取りと競争の関係を分析した Peitz and Valletti（2008）、および放送の質の決定を明示的に分析している Armstrong（2005）である。

2-1　Spence and Owen（1977）のモデル分析

　Spence and Owen（1977）では、独占的競争を放送市場に適用して、番組提供におけるバイアスを分析している。さらに、放送局数で示される多様性の確保が、無料広告放送と有料放送でどのように異なるかを分析している。放送局は n だけある。i 番目の放送局の視聴者数を $x_i(i=1, 2, \cdots\cdots, n)$ で表し、視聴者数のベクトルを $x \equiv (x_1, x_2, \cdots\cdots, x_n)$ で表す。ここで、x だけの視聴があった場合、視聴者全体で発生する便益 $B(x)$ が

$$B(x) = \sum_{i=1}^{n} \phi_i(x_i) - \sum_{j=1}^{n} \sum_{i=1, i \neq j}^{n} A_{ij} x_i x_j \qquad (7-1)$$

$$\phi_i' > 0, \quad \phi_i'' < 0, \quad A_{ij} > 0 \qquad (i=1, 2, \cdots\cdots, n, j=1, 2, \cdots\cdots, n, i \neq j)$$

で示されるものとする。$\partial/\partial x_j(\partial B/\partial x_i) = -A_{ij} < 0$ なので、異なる放送局が供給する番組はすべて互いに代替財である。各放送局の番組に対する（逆）需要関数は、

$$p_i = \frac{\partial B}{\partial x_i} = \phi_i'(x_i) - \sum_{j=1, j \neq i}^{n} (A_{ij} + A_{ji}) x_j \qquad (7-2)$$

で与えられる。ただし、p_i は放送局 i の番組を視聴するための料金である。

このような設定の場合、留保価格は限界便益で与えられる。番組には広告が附帯し、放送局は広告主から視聴者あたり z だけの収入を得る。また、放送局には番組制作費として固定費 F_i がかかる。このとき、放送局 i の利益は

$$\pi_i = p_i x_i + z x_i - F_i \tag{7-3}$$

で表される。このモデルにおいては、有料放送事業者は、視聴者に課す料金と、広告収入を得る。無料広告放送事業者との違いは、単に視聴者に料金を課すか課さないかの違いのみである。放送局と視聴者の余剰の合計（以下総余剰と略称する）は

$$T(x) = B(x) + \sum_{i=1}^{n} (z x_i - F_i) \tag{7-4}$$

で表される。なお、π_i、$T(x)$ はそれぞれ放送局の利益と、余剰の合計を示している。

まず、各放送局の利潤最大化行動を考える。(7-3) 式を x_i に関して極大化する1次条件は、(7-2) 式を用いて

$$\frac{\partial \pi_i}{\partial x_i} = \phi_i'(x_i) + \phi_i''(x_i) x_i + z - \sum_{j=1, j \neq i}^{n} (A_{ij} + A_{ji}) x_j = 0 \tag{7-5}$$

となる。一方、総余剰の x_i に関する微分は、(7-1)(7-4) 式より

$$\frac{\partial T(x)}{\partial x_i} = \frac{\partial B(x)}{\partial x_i} + z = \phi_i'(x_i) + z - \sum_{j=1, j \neq i}^{n} (A_{ij} + A_{ji}) x_j \tag{7-6}$$

である。仮定 $\phi_i'' < 0$ を用いて (7-5) と (7-6) を比較することにより、

$$\frac{\partial T(x)}{\partial x_i} > \frac{\partial \pi_i}{\partial x_i} = 0$$

は、明らかである。すなわち、独占的競争均衡 $\partial \pi_i / \partial x_i = 0 \, (i=1, 2, \cdots, n)$ では、$\partial T(x)/\partial x_i > 0$ であり、供給増によって未だ総余剰が増大する状態にある。すなわち、供給が過小である。

次に、便益を示す関数 $\phi_i(x_i)$ を特定化し、どのような場合に供給過小の傾

向が強くなるかを見る。

$$\phi_i(x_i) = g_i x_i^{\beta_i} \qquad (0<\beta_i<1)$$

とおいて、利潤を極大にする供給量 x_i^* を求め、その値を利潤（7-3）式に代入すると、

$$x_i^* = \left[\frac{c_i}{g_i\beta_i^2}\right]^{-\frac{1}{1-\beta_i}} \qquad \pi_i^* + F_i = g_i\beta_i(1-\beta_i)\left[\frac{c_i}{g_i\beta_i^2}\right]^{-\frac{\beta_i}{1-\beta_i}} \qquad (7-7)$$

を得る。ただし、π_i^* は極大化された利潤の値であり、

$$c_i \equiv \sum_{j=1, j \neq i}^{n} (A_{ij} + A_{ji})x_j - z$$

と置いている。ここで、総余剰のなかで放送局 i の寄与分を $\Delta_i T(x)$ とすると、

$$\Delta_i T(x) = T(x_1, x_2, \cdots\cdots, x_n) - T(x_1, x_2, \cdots\cdots, x_i=0, \cdots\cdots, x_n) = \phi_i(x) - c_i x_i - F_i$$

である。同様に $\phi_i(x_i) = g_i x_i^{\beta_i}$ とおいて、$\Delta_i T(x)$ を極大にする供給量 x_i^{**} を求め、その値を $\Delta_i T(x)$ に代入すると、

$$x_i^{**} = \left[\frac{c_i}{g_i\beta_i}\right]^{-\frac{1}{1-\beta_i}} \qquad \Delta_i^{**}T + F_i = g_i(1-\beta_i)\left[\frac{c_i}{g_i\beta_i}\right]^{-\frac{\beta_i}{1-\beta_i}} \qquad (7-8)$$

を得る。ただし、$\Delta_i^{**}T$ は極大化された余剰寄与分の値である。（7-7）左式を（7-8）左式で辺々除すと、

$$\frac{x_i^*}{x_i^{**}} = \beta_i^{\frac{1}{1-\beta_i}} \qquad (7-9)$$

となる。（7-9）式の右辺は β_i の増加関数であるから、β_i の値が小さいと、それだけ独占的競争均衡における供給が総余剰を最大にする最適値に比べて小さいことが示されている。β_i の値が小さい放送は、x_i の値が小さい領域でも $\phi_i(x_i)$ は高い値をとり、少数者から高い評価を受ける。そのような放送について、より大きなバイアスを被ってしまうのである。

さらに、（7-7）右式と（7-8）右式より、

$$\pi_i^* + F_i = \beta_i^{\frac{1}{1-\beta_i}}(\Delta_i^{**}T + F_i) \qquad (7-10)$$

の関係があることが示される。2つの放送局 i と j について、$\beta_i = \beta_j = \beta$ であり、総余剰への寄与分も等しく $\Delta_i^{**}T = \Delta_j^{**}T$ であったとする。(7-10) 式において、i を j に入れ替えた式も成り立つ。すなわち、

$$\pi_j^* + F_j = \beta^{\frac{1}{1-\beta}}(\Delta_i^{**}T + F_j)$$

である。この式を (7-10) 式から辺々を差し引いて、整理すると

$$\pi_i^* - \pi_j^* = \left[1 - \beta^{\frac{1}{1-\beta}}\right](F_j - F_i)$$

となる。この式は固定費の高い放送局は、それだけ均衡利潤が小さくなることを示しており、バイアスが発生する可能性を示している。ここまでの結果により、特定の嗜好を満たす、費用のかかる放送局が提供する番組を排除する方向でバイアスがかかるということが示されている。

さらに、各放送局が対称的であり、便益および費用に差が無いとした場合に、放送局の数とそれぞれの視聴者数の決定を考える[21]。すなわち、$x_i = x$, $\phi_i(x_i) = \phi(x)$, $F_i = F$, $A_{ij} = A$ ($i = 1, 2, \cdots, n, j = 1, 2, \cdots, n$) を仮定して、$(x, n)$ の決定を分析する。価格と、各放送局の利益は (7-2)(7-3) 式より

$$p = \phi'(x) - 2Ax(n-1)$$
$$\pi = px + zx - F = (\phi'(x) - 2Ax(n-1) + z)x - F \qquad (7-11)$$

で与えられる。参入が自由であると、利益が0のところまで放送局が増えるから、長期均衡では

$$(\phi'(x) - 2Ax(n-1) + z)x - F = 0 \qquad (7-12)$$

---

21 オリジナルの Spence and Owen (1977) の論文では、以下の部分で、負の価格を許容するなど特殊な設定で議論を進めている部分があるので、説明を大幅に変更している。しかし、議論の主旨は変わらない。以下では Spence and Owen と異なる形で説明を行っていることを許されたい。

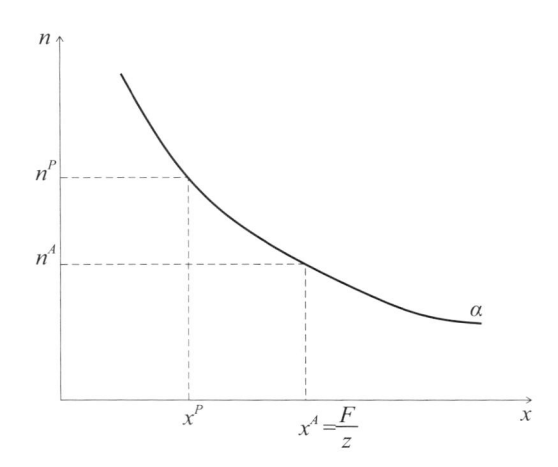

図7-1　有料放送と広告無料放送の均衡

が満たされなければならない。(x, n) 平面を図7-1のとおり、横軸に x をとり、縦軸に n をとって考える。(7-11) 式を x について極大化するための2次条件を考えると、式 (7-12) は図の曲線 α のように右下がりの曲線で示すことができる。

曲線 α 上で、価格が0となる点として、無料広告放送における均衡が与えられる。このとき、収入は広告収入だけなので、当然 $zx - F = 0$ が成立している。この無料広告放送均衡における (x, n) の値を (x^A, n^A) とおくと、

$$\phi'(x^A) - 2Ax^A(n^A - 1) = 0 \qquad zx^A = F$$

である。次に、価格が0であるという制約がなく、有料放送を行っている放送局を考える。(7-5) 式よりこの放送局の利益最大化の行動は、

$$\phi''(x)x + \phi'(x) - 2Ax(n-1) + z = 0 \qquad (7-13)$$

として表される。曲線 α の上で (7-13) 式を満たす点が有料放送の均衡を与える。ここで、(7-13) 式の左辺は需要についての限界利益を示しているが、この式の値を (x^A, n^A) において、すなわち価格0となる値について評価すると、

$$\phi''(x^A)x^A + \phi'(x^A) - 2Ax^A(n^A - 1) + z = \phi''(x^A)x^A + z$$

である。もし、この値が正であれば、価格が負になっても視聴者を増やして広告収入を増やす利益があることを示している。一方、この値が負の値をとると、曲線 α 上の (x^A, n^A) の左側の領域に有料放送の均衡が存在する。ここでは、その点を (x^P, n^P) とする。当然、$x^P < x^A$、$n^P > n^A$ である。

ところで、総余剰 $T(x, n)$ は、

$$T(x, n) = n\phi(x) - Ax^2 n(n - 1) - nF + nzx$$

で表される。この式を (x, n) に関して極大化する 1 次条件は、

$$\phi'(x) - 2Ax(n - 1) + z = 0, \quad \phi(x) - Ax^2(2n - 1) - F + zx = 0 \quad (7-14)$$

である。(7-14) 左式を式 (7-12) と比較することにより、最適点は必ず曲線 α の上側の領域に位置することが示される。この意味で、有料放送においても、無料広告放送においても放送局の数は番組の供給 x に対して過小である。さらに、

$$\phi''(x) \to 0, \quad \phi'(x) \cdot x \to \phi(x)$$

のとき、(7-12)(7-13) 両式は

$$\phi(x) - Ax^2(2n - 2) - F + zx = 0, \quad \phi'(x) - 2Ax(n - 1) + z = 0$$

に近づく。これを (7-14) と比較することにより、有料放送における均衡は総余剰を最大にする最適点と近いことが示唆される。条件 $\phi''(x) \to 0$ は、需要の価格弾力性が大きいことを示す。このとき、有料放送は最適点に近い可能性が高い。さらに、Spence and Owen は A の値が大きくなり、すなわち、放送局間の代替性が大きくなると、最適な放送局数は減少し、無料広告放送が有料放送に比べて望ましい可能性が高くなることなどを説明している。ただ、最適な放送局の数については、定性的な結果が出ないので、Spence and Owen においては実証分析の結果を用いて簡単な推計・評価が行われている。

2-2　Peitz and Valletti（2008）のモデル分析

　Peitz and Valletti（2008）のモデルでは、視聴者の嗜好空間上に、提供する番組を戦略的に位置取りする放送局の行動が描かれている。放送局は、一方で視聴者に放送サービスを提供し、もう一方で広告主に広告機会を提供する。放送局は、視聴者と広告主の仲立ちをする2面市場におけるプラットフォームである。視聴者は自らの嗜好に即して、1つの放送局だけを選択するが、広告主は放送局によらず、利潤機会があれば、重複して広告を出す。ここでの視聴者のように、1つのプラットフォームにのみアクセスする主体をシングル・ホームと呼び、またここでの広告主のように複数のプラットフォームにアクセスする主体をマルチホームと呼ぶ。このモデルのように、片方がシングル・ホームであり、もう片方がマルチホームである2面市場は、競争的ボトルネックと呼ばれている。競争的ボトルネック2面市場のモデルを理解するために重要な性質があるので、最初にこの性質について説明する。

（1）2面市場の分配上の特性

　シングル・ホームの視聴者側から説明を行う。単純化のため、嗜好空間は $[0, 1]$ で示されるとする。視聴者はこの空間に密度1で一様に分布すると考える。放送事業者は2社存在し、嗜好空間上の両端、すなわち、0と1で示される、異なった（差別化された）特性のサービスを提供する。サービスの価格をそれぞれ p_0, p_1 とする。視聴者がそれぞれのサービスを消費した場合、0に位置する事業者のサービスについては K_0 の、1に位置する事業者のサービスについては K_1 の効用が発生するものとする。したがって、それぞれの事業者のサービスを購入・消費することによって、$u_0 = K_0 - p_0$ ないしは $u_1 = K_1 - p_1$ の余剰が発生する。さらに、y で示される嗜好を持つ視聴者が、0と1で示される特性のサービスを消費した場合、その特性は自らの嗜好と一般に異なるので、事業者の位置と自らの嗜好との距離に比例して余剰が減少するものとする。距離1について t だけの割合でこの不効用が発生するものとする。以上により、嗜好空間上の y で示される嗜好を持つ視聴者が、それぞれのサービスを購入・消費することによる余剰は、それぞれ

$$u_0 - ty = K_0 - p_0 - ty \qquad u_1 - t(1-y) = K_1 - p_1 - t(1-y)$$

となる。

それぞれの視聴者はどちらか高い余剰を受けられるサービスを選択する。このとき、それぞれの事業者のシェアは、

$$\frac{1}{2} + \frac{(K_0 - p_0) - (K_1 - p_1)}{2t} \qquad \frac{1}{2} - \frac{(K_0 - p_0) - (K_1 - p_1)}{2t}$$

となる。したがって、それぞれの事業者の利潤を π_0, π_1 とおくと、

$$\pi_0 = \left[\frac{1}{2} + \frac{(K_0 - p_0) - (K_1 - p_1)}{2t}\right] p_0 - C(K_0)$$

$$\pi_1 = \left[\frac{1}{2} - \frac{(K_0 - p_0) - (K_1 - p_1)}{2t}\right] p_1 - C(K_1)$$

である。$C(\cdot)$ は、それぞれの特性のサービスを提供するための費用である。高い効用をもたらすサービスほど、高い費用がかかるものとしている（$C'(\cdot) > 0$）。これらの利潤関数は、

$$\pi_0 = \left[\frac{1}{2} + \frac{u_0 - u_1}{2t}\right](K_0 - u_0) - C(K_0) \qquad \pi_1 = \left[\frac{1}{2} - \frac{u_0 - u_1}{2t}\right](K_1 - u_1) - C(K_1)$$

と、書き換えることができる。ここで、2面市場のもう一方の側から、すなわち広告主から、視聴者あたり Γ の収入が追加的に得られるものとする。この収入の金額は、視聴者の選択には影響を与えないので、例えば放送局 0 の収益は

$$\pi_0 = \left[\frac{1}{2} + \frac{u_0 - u_1}{2t}\right](K_0 - u_0 + \Gamma) - C(K_0)$$

となる。

この利潤関数をそれぞれ最大化する均衡を考える。放送局 0 については、極大化の 1 次条件は

$$\frac{\partial \pi_0}{\partial u_0} = \frac{1}{2t}(K_0 - u_0 + \Gamma) - \left[\frac{1}{2} + \frac{u_0 - u_1}{2t}\right] = 0$$

$$\frac{\partial \pi_0}{\partial K_0} = \left[\frac{1}{2} + \frac{u_0 - u_1}{2t}\right] - C'(K_0) = 0$$

である。この1次条件は対称均衡を考えると、

$$\frac{1}{2t}(K_0 - u_0 + \Gamma) - \frac{1}{2} = 0 \qquad \frac{1}{2} - C'(K_0) = 0$$

と簡略化される。この1次条件を用いると、最大化された利潤は

$$\pi_0 = \frac{t}{2} - C(K_0^*)$$

と表すことができる。ここで、K_0^* は1次条件右式を満たす K_0 の値である。この利潤の値には、Γ が影響しないことに注意されたい。もう一方の顧客から広告料が収入として入っているにもかかわらず、均衡利潤には影響しない。利潤は、単にシングル・ホームである視聴者をめぐる競争の程度、ここでは t によって表される差別化の程度のみによって決まる。追加的な収入があったとしても、それはすべて競争に費やされてしまうのである。

　放送事業者は、第1に、自らの利潤と顧客である視聴者に与える利益の合計を最大にすることを図る。そのために、効率的な水準の K_0 を選択しようとする。その上で、第2に、競合する事業者との視聴者獲得競争を繰り広げる。その際に、最大化した共同利潤をどのように視聴者と分割すべきかが決まる。視聴者に分け与える利益分が大きいほど（料金を低くすればするほど）、高いシェアを獲得できる。このような形で、利潤最大化問題が解かれるので、ここで確認した性質が表れるのである。

　この性質は、競争的ボトルネック型の2面市場において、特に重要である。広告収入は、視聴者にすべて還元されることになる。また、K_0 の水準をどこまで高めるのかという意思決定は、1次条件に見られるように、視聴者をめぐる競争とは独立である。視聴者に与える余剰と、その費用を考え、最も効率的な水準に与えられる。ここでは、不効用の大きさが距離に比例する場合を説明したが、距離の2乗に比例する場合も、これらの性質は変わらない。

（2）基礎モデル

　視聴者は、（1）のモデルと同様、放送番組に対し先験的な選好を持ってい

る。選好空間を [0, 1] で表したときに、それぞれの視聴者の選好はこの空間上の 1 点、$y(0 \leq y \leq 1)$ で示される。視聴者は、この選好空間上に一様に密度 1 で分布している。放送局は 2 局ある。放送局 1、放送局 2 と呼ぶ。それぞれの放送局は、選好空間上の 1 点を選択し、その点が示す嗜好の番組を提供する。それぞれの位置取りを d_1、$1-d_2$ とする。すなわち、放送局 1 は点 0 から d_1 の距離の点に、放送局 2 は点 1 から d_2 の距離の点に位置する。y に位置する視聴者が放送局 1 の番組を視聴した場合、

$$v - \gamma a_1 - t(y-d_1)^2 - p_1$$

の余剰を受ける。ここで、v は、視聴そのものから受ける効用である。a_1 は、放送局 1 の番組上に附帯する広告量である。視聴者は広告 1 単位あたり γ の不効用を受ける。さらに、$t(y-d_1)^2$ は、嗜好とは距離がある番組を視聴する際の不効用である。不効用は、距離の 2 乗に比例すると仮定されている。t は不効用の大きさを表すパラメータである。最後に p_1 は放送局 1 が視聴者に課す料金である。同様に、a_2、p_2 を放送局 2 の番組に附帯する広告量、料金とそれぞれおくと、それぞれのシェア q_1、q_2 は、

$$q_1 = \frac{1+d_1-d_2}{2} - \frac{\gamma(a_1-a_2)+(p_1-p_2)}{2t(1-d_1-d_2)} \qquad q_2 = 1 - q_1 \quad (7-15)$$

と与えられる。

　一方、広告主は属性で特徴付けられる。属性 w の広告主は消費者＝視聴者が一様に w で評価する財を製造、販売する。販売に際して、この評価に等しい価格を設定するので、余剰をすべて吸収することができる。したがって、消費者に消費活動による余剰は発生しない。広告に接した視聴者は全てこの財を購入する。w は、$[0, w^M]$ において、何らかの分布をなす。また、放送局 i が広告主に課する料金をそれぞれ r_i とおく。このとき、属性 w の広告主が、放送局 i に広告を出したときの利益は、$wq_i - r_i$ である。そのために、$w = r_i/q_i$ より高い属性を持つ広告主しか、放送局 i の広告枠を購入しない。ここで、放送局 i が、総広告数 a_i を供給するためには $w(a_i)$ の属性以上の広告主を確保しなければならないとする。広告主はマルチホームであり、複数の放送局の広告を購入することを排除しない。

放送局には費用が発生せず、放送局 i の利益 π_i は収入と等しい。すなわち、

$$\pi_i = q_i p_i + a_i r_i \qquad (i=1,2) \qquad (7-16)$$

である。ここで、広告料収入 $a_i r_i$ は以下の通り $q_i \rho(a_i)$ と表すことができる。広告量 a_i を供給するためには、属性 $w(a_i)$ 以上の広告主を確保しなければならない。ただし、$w(a_i) \leq w^M$ であるものとする。これは、シェア q_i を所与として、$q_i w(a_i) = r_i$ の料金を課すことによって実現できる。したがって、$a_i r_i = q_i a_i w(a_i)$ となる。$a_i w(a_i) \equiv \rho(a_i)$ とおいて、$a_i r_i = q_i \rho(a_i)$ である。明らかに $\rho(0) = \rho(1) = 0$ である。なぜなら、$\rho(0) = 0 \cdot w(0) = 0$ であり、広告量 0 では広告料収入は無いからであり、また $w(1) = 0$ であり、広告量 1 を確保するためには、すべての広告主すなわち、$w=0$ の広告主にも広告枠を販売しなければならない、そのためには、広告料金を 0 とせざるを得ないので、やはり広告料収入は無いからである。これらを考えあわせて $\rho'(0) > 0 > \rho'(1)$、$\rho''(x) < 0 (0 \leq x \leq 1)$ を仮定する。この変換によって、利潤関数 (7-16) 式は

$$\pi_i = q_i(p_i + \rho(a_i)) \qquad (i=1,2) \qquad (7-17)$$

と書き換えられる。

ゲームのタイミングは、

［第1ステージ］各放送局が位置取り d_i を同時に決める
［第2ステージ］各放送局が広告量 a_i、および視聴料金 p_i を同時に決める
［第3ステージ］広告主と視聴者が、広告枠の購入と視聴契約を行う
［第4ステージ］放送と視聴を行う、広告収入が発生する

である。費用の発生を考えていないので、総余剰は、視聴者が番組視聴によって得られる効用から、個人の嗜好と距離のある番組を視聴したことによる不効用の合計を控除し、さらに広告主が広告によって実現する製品販売利益の合計を加えた値である。最適な状態は、この総余剰を最大化している状態である。

詳しい説明を省くが、個人の嗜好と距離のある番組を視聴したことによる不効用の最小化については、距離の 2 乗に比例する不効用を仮定しているた

め、2社の放送局の位置取りが（1/4, 3/4）となるのが最適である（$d_1 = d_2 =$ 1/4）。対称的である場合（$d_1 = d_2 = d$）について考えると、$0 \leq d \leq 1/4$ のとき、放送局の位置取りが過度に差別化されており、$1/4 < d < 1/2$ のとき、差別化が十分ではなく（多様性が十分でなく）、$d = 1/2$ のとき、番組が重複してしまっている。また、広告を出す広告主の範囲は、$\gamma < w^M$ であるときには $w(a_i) = \gamma$ で与えられる広告主まで、$\gamma \geq w^M$ であるときには $a_i = 0$、すなわち、どの広告主も広告を出さない、となるのが最適である。なぜなら、広告の追加的な拡大によって、$w(a_i)$ の限界利益が広告主に発生するが、一方で γ の不効用をもたらすからであり、どのような a_i の値についても限界利益が不効用をカバーできないときには広告が出ないことが望ましいからである。

(3) 有料放送

放送局は第2ステージにおいて、利潤関数（7-17）式を、視聴シェアの決定式（7-15）式を考慮して、視聴料金 q_i および広告量 a_i に関して最大化する。この最大化問題は、(1)であげた2面市場における空間的競争モデルと同様の構造を持っている。ただし、広告量については、コーナー解になることを考慮しなければならない。実際、極大化の1次条件から、まず

$$\gamma < w^M \text{ のとき } \rho'(a_i) = \gamma \qquad \gamma \geq w^M \text{ のとき } a_i = 0 \qquad (i = 1, 2) \qquad (7-18)$$

を得る。これは、2-2(1) 2面市場の分配上の特性で説明した際の、K_0 の決定問題と同じ性質の解である。2面市場におけるプラットフォームとして、放送局はまず、広告量について放送局と視聴者の共同利益を最大化する。その上で、ライバルの放送局と視聴者獲得競争を行う。したがって、広告料収入はすべてこの競争に費やされる。すなわち、広告料収入は均衡の利潤に影響を与えない。また、（7-18）式は $\gamma < w^M$ のとき、γ の値が大きいほど、広告量は小さくなることを示している。

（7-18）式に示される形で、広告量は固定的に与えられる。この決定は、広告量の社会的に最適な決定、すなわち、「$\gamma < w^M$ であるときには $w(a_i) = \gamma$」という条件と乖離することに注意しなければならない。これは、広告主に発生する利益のすべてを吸収できるわけではないことによる。ただし、不効用

が十分に大きいときの決定「$\gamma \geq w^M$のとき $a_i = 0$」については、最適性が維持されている。

このように、競争構造は2面市場の典型的なケースとして、解釈できるようになる。空間的競争の帰結は不効用が距離の2乗に比例する場合によく知られた性質を持ち、最大差別化が行われる。すなわち、放送局は $d_1 = d_2 = 0$ を選択し、極端に差別化された位置取りをとることになる。

(4) 無料広告放送

無料広告放送の場合には、利潤関数のなかで $q_i p_i$ の部分が無い。したがって、2-2 (1) で説明した典型的な2面市場のモデルが適用されないことになる。視聴料という形で、視聴者とプラットフォームである放送局の間で利益を移転できる場合には、まず共同利益を最大化して、次に利益の分配を考える、という形で利潤最大化が実現した。しかし、視聴料という移転の手段が無いと、この形で最大化ができないのである。

放送局の利潤は単に、

$$\pi_i = q_i \rho(a_i) \qquad (i = 1, 2)$$

となり、この最大化を図るようになる。極大化の1次条件から、$d_1 = d_2 = d$ のとき

$$\frac{\rho_i'(a_i)}{\rho(a_i)} = \frac{\gamma}{t(1-2d)} \qquad (i = 1, 2) \qquad (7-19)$$

という条件を得る。この条件式から、γ の大きさにかかわらず常に $a_i > 0$ が解となることが示される。これは、有料放送の場合と大きく異なる。有料放送の場合には、システムの効率化をもたらす広告量が選択されたが、無料広告放送では、特に広告の不効用 γ の値が大きいとき、過剰供給となる。また、$d \to 1/2$ のとき、(7-19) の右辺の値が大きくなり、$a_i \to 0$ が解となる。すなわち、放送局間の差別化が小さくなり、競争が激しくなると、広告を締め出してまでの競争となる。番組がほとんど差別化されなくなると、広告がもたらす不効用が競争を大きく左右する。そのために、広告量が低下するのである。

放送局は、このように番組内容が同一になるにつれ、広告量を下げるベルトラン型の競争を行う。逆に提供される番組が差別化されればされるほど、視聴者は広告量の差を気にせず自分の嗜好に合った番組を求めるようになる。放送局は視聴者の離反を恐れずに広告量を増やし、収益を増加させることができる。論文では、広告によって発生する不効用の大きさ γ が大きいほど、また嗜好の異なる番組の視聴による不効用の大きさ t が小さいほど、差別化が大きくなる（より端点に近い位置取りが採用される）ことが証明されている。特に、広告の不効用が一定以上大きくなると、差別化が最大になり、位置取りが端点に張り付いてしまうことが示されている。

(5) 広告量と番組の多様性

以上をまとめる。有料放送では、空間的競争の結果、差別化が最大になり、過度の差別化が行われる。無料広告放送では、パラメータの値に依存するが、広告の不効用がそれほど大きくないときには差別化の程度が緩和され、より望ましい水準の差別化が提供される可能性がある。しかし、最適性が実現できる保証は無い。さらに、論文ではこのような差別化を決める位置取りが広告量に与える影響をシミュレーションし、図7-2で示されるように、不効用の大きさが小さいときには有料放送がより望ましい可能性が高いが、ある程度大きくなると無料広告放送がより望ましくなること、しかし、さらに不効用が大きくなると無料広告放送は過大な広告を供給することを示している。

Peitz and Valletti は論文の締めくくりとして、広告の不効用を大きく考慮しなければならない場合、無料広告放送では過大な広告が供給されるので、それを規制することに意味があるかもしれないと述べている。一方で、図7-2で示されているように、有料放送においては常に広告は過小となるので、規制を行う意味は無い。無料広告放送で広告を規制することは収入源を奪うことになるので、何らかの助成措置が必要である。そのような存在として、公共放送が考えられるとしている。しかし、有料放送にこのような措置を行う意味は認められない。したがって、公共放送の代替メディアとして無料広告放送を考える場合には公共放送の意義はあるが、代替メディアが有料

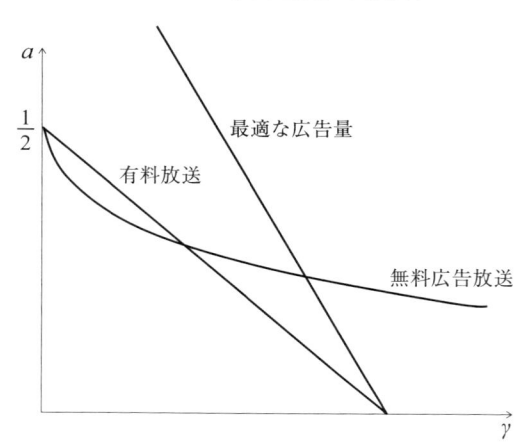

図7-2 広告不効用と広告量

出所：Peitz and Valletti (2008), fig.2, p.958 を一部改変。

放送と位置づけられる場合には、公共放送の存在意義を認めることは難しいと主張している。

2-3　Armstrong (2005) のモデル分析

　Armstrong (2005) は、放送市場を分析するために単純な空間的競争モデルを用いているが、特に番組の品質の決定に関心を持ち、公共放送の存在意義について論じている。すなわち、無料広告放送では、広告収入は視聴数に比例するので、対象となる視聴者は限られていても強く訴えかけることのできる番組が排除されてしまう傾向がある一方、有料放送ではそのような番組の供給には高い料金を設定することができるので、バイアスが緩和されるのではないかと考え、品質の決定を明示的に取り入れたモデルによって説明している。

　視聴者は、前節で紹介した Peitz and Valletti (2008) のモデルと同様、放送番組に対し先験的な選好を持っている。選好空間を $[0, 1]$ で表したときに、それぞれの視聴者の選好はこの空間上の1点、$y(0 \leq y \leq 1)$ で示される。視聴者は、この選好空間上に一様に密度1で分布している。放送局は2局あ

る。放送局 1、放送局 2 と呼ぶ。それぞれの放送局は、選好空間上のそれぞれ 0 と 1 に位置している。すなわち、放送局の提供する番組の特性の戦略的位置取りについては分析されない。2 つの放送局の提供する番組の代替性は、単に嗜好と距離がある番組を視聴する際に受ける不効用の大きさによって決まる。y に位置する視聴者が放送局 i の番組を視聴した場合

$$v_i - \gamma a_i - ty - p_i \ (i=1), \ v_i - \gamma a_i - t(1-y) - p_i \ (i=2)$$

の余剰を受ける。ここで、v_i は視聴そのものから受ける効用であり、a_i は、放送局 i の番組に附帯する広告量である。視聴者は広告 1 単位あたり γ の不効用を受ける。ty および $t(1-y)$ は、嗜好とは距離がある番組を視聴する際の不効用である。不効用は、距離に比例すると仮定される。距離 1 に対して t の不効用が発生すると仮定されている。最後に p_i は放送局 i が課す料金である。それぞれ放送局のシェア q_i は、

$$q_1 = \frac{1}{2} + \frac{(v_1 - v_2) - \gamma(a_1 - a_2) - (p_1 - p_2)}{2t}, \ q_2 = 1 - q_1$$

と与えられる。一方、放送局が品質 v_i の番組を供給するためには、$\delta v_i^2/2$ の費用がかかる。また、広告収入 $R(a_i)$ を得るものとする。

まず、視聴料金を徴収できる有料放送の場合を考える。放送局 i の利潤関数は、

$$\pi_i = \left[\frac{1}{2} + \frac{(v_i - v_j) - \gamma(a_i - a_j) - (p_i - p_j)}{2t}\right](p_i + R(a_i)) - \frac{\delta v_i^2}{2} \quad (i, j = 1, 2, i \neq j)$$

となる。この利潤関数は、2-2（1）で示した空間的競争の基本モデルとやはり同じ構造を持っている。したがって、視聴料金以外の決定は、システムとして効率化されるように、すなわち視聴者との共同利潤が最大化されるように決定される。まず、広告量については、広告収入から広告の不効用を控除した $R(a_i) - \gamma a_i$ が最大化されるように決まる。この 1 次条件は、

$$R'(a_i) = \gamma \quad (i=1, 2)$$

である。また、番組の質はこの放送局を視聴する視聴者の全評価から、制作費用を控除した $v_i/2 - \delta v_i^2/2$ が最大になるように決まる。ここでは、対称均

衡を仮定している。この極大化の1次条件から

$$v_i = \frac{1}{2\delta} \quad (i=1, 2)$$

を得る。放送局の利潤は

$$\pi_i = \frac{t}{2} - \frac{1}{8\delta} \quad (i=1, 2)$$

である。広告収入は、やはりすべて競争に費やされている。したがって、

$$p_i = t - R(n_i) \quad (i=1, 2) \tag{7-20}$$

となる。このため、有料放送において広告が規制される、ないしは視聴者がVTRなどの機器を用いて広告をスキップすることにより広告収入が減少した場合も、放送局の利潤には影響しない。競争に費やされる部分が小さくなるだけである。具体的には、広告料収入が減少した分だけ、視聴料が上がることになる。品質については、その制作費用が計上されている。もし、番組制作費を表すパラメータ δ が上昇した場合、均衡における番組品質の低下に伴って、制作費が低減するから、δ の上昇に伴って、かえって放送局の利潤は増大することになる。

次に、無料広告放送の場合を考える。このときには、2-2（1）のモデルが働かない。各放送局の利潤は、

$$\pi_i = \left[\frac{1}{2} + \frac{(v_i - v_j) - \gamma(a_i - a_j)}{2t}\right] R(a_i) - \frac{\delta v_i^2}{2} \quad (i, j=1, 2, i \neq j)$$

と表せる。この利潤の (a_i, v_i) に関する極大化の1次条件から、

$$\frac{R'(a_i)}{R(a_i)} = \frac{\gamma}{t}, \quad v_i = \frac{R(a_i)}{2t\delta} \quad (i=1, 2)$$

を得る。

この結果を有料放送の場合と比較する。比較のために、有料放送の場合添え字 P を、無料広告放送の場合添え字 A をつける。まず、広告量については、

$$\frac{R'(a^P)}{R(a^P)} = \frac{\gamma}{R(a^P)} > \frac{\gamma}{t} = \frac{R'(a^A)}{R(a^A)} \tag{7-21}$$

という関係が成り立つ。この不等式には、(7-20) 式で示される、有料放送の場合に視聴料が正となるための条件を用いている。(7-21) 式より $a^P < a^A$ となり、有料放送において広告があったとしても無料広告放送における水準より小さいものとなることが示される。また、番組の品質については、

$$v^P = \frac{1}{2\delta} = \frac{t}{2t\delta} > \frac{R(a^A)}{2t\delta} = v^A$$

となる[22]。すなわち、広告無料放送において番組の質は低下する。有料放送の場合には、2-2 (1) のメカニズムにより、視聴者の利益と放送局の利益の合計が最大化されるように品質が決まった。しかし、無料広告放送の場合にはこのメカニズムが働かず、放送局が得られる収入は間接的に広告によるものだけである。そのために、品質の低下が起きるのである。

さらに、論文では、視聴者余剰が明示的に分析され、視聴者の余剰は有料放送で無料広告放送よりも高くなることが示されている。すなわち、有料放送は、無料広告放送に比べてより高い品質の番組が提供されるが、その便益は支払う料金を超えるものであることが示されている。このことから、Armstrong はデジタルの時代になり、有料放送が技術的に可能となったことによって、広告過剰と品質低下という「市場の失敗」の問題は、大分緩和されたのではないか、したがって、以前と同じ水準で公共放送を継続するのは適切ではないと主張している。

公共放送に期待する役割として、特定のジャンルに属する番組の供給という課題があった。公共放送によるそうした特定ジャンルに属する番組供給が、問題の直接の解決になることを否定できないとしても、公共放送が無い状態では実際に供給が実現しないのかという問題も検討しなければならない。Peitz and Valletti (2008) は、有料放送における過大なまで差別化された番組の提供という形で、この問題に民間放送のみでも供給は可能であるという肯定的なインプリケーションを与えている。Armstrong (2005) は、さらに、無料広告放送に比べて有料放送における十分な質を維持した番組の

22　$a^P < a^A$ であることから $R'(a^P) > R'(a^A)$ である。$\gamma = R'(a^P) > R'(a^A) = \gamma R(a^A)/t$ から $R(a^A) < t$ を得る。

提供という形でやはり肯定的なインプリケーションを示しているのである。

3　公共放送の存在と民間放送事業者間の競争

　第2節で紹介した、放送市場を扱う既存の論文は、どれも民間放送事業者の競争の帰結を分析するものである。多様性の提供、視聴者に不効用をもたらす広告の量、さらに適切な質を持った番組の提供における「市場の失敗」の程度を、有料放送と無料広告放送とで比較している。確かに、民間放送事業者のみの競争では最適な状態を実現できないのかもしれない。しかし、公共放送が民間事業者と共存していることが一般的な現在の状態を評価するためには、民間事業者のみの競争の帰結と比べて、公共放送が一定の役割を担っている現在の状態が、より望ましい状態に近づいていると言えるのだろうかという問題を検討しなければならない。

　放送市場において公共放送の存在が与える影響を分析する際に、検討しなければならないのは、放送局による有料放送と無料広告放送との選択、放送局間の差別化をめぐる戦略、さらに放送市場において十分な投資が番組作成に費やされるか、すなわち「質」の高い番組が供給されているかという諸点であることが前節までの考察で明らかになっている。競争市場に公共放送が参入した場合、これらすべてに公共放送の存在が影響を与えると考えなければならない。その効果は、民間放送事業者の戦略的行動に与える影響を詳細に分析して初めて、評価されるものである。

　本節では、特に、Armstrong（2005）が提起した質の高い番組の供給という問題を中心に、公共放送の存在が放送市場に与えている影響について明示的に分析する。すなわち、民間事業者の番組制作に対する投資は競争の結果内生的に決まると考え、公共放送の存在が民間事業者間の競争に与える影響を通して、番組の質にどのような影響を与えるかを分析する。例えば、第1節において、公共放送が質の高い番組を提供することによって、競争の結果、民間放送もより質の高い番組を提供するようになるという議論があることを紹介した。こうした命題は、モデル分析によらなければ論じられない問題で

ある。

　前節最後において、特定のジャンルに属する番組の公共放送による直接供給という課題に対して、Peitz and Valletti（2008）も Armstrong（2005）も、民間事業者によって、有料放送の形で供給可能であるというインプリケーションを示しているとした。本節では、民間事業者のみの競争と、民間事業者に公共放送が加わった場合の帰結とを比較し、この問題を改めて考える。

3-1　モデル[23]

　他のモデルと同じように、視聴者の選好が選好空間［0, 1］上の1点で表されるとする。y の選好を持つ視聴者を属性 y の視聴者と呼ぶ。視聴者は選好空間上に密度1で一様に分布する。1つの番組はこの選好空間上のある部分集合をカバーする。番組 λ が部分集合 σ_λ をカバーすると考える。もし、$y \in \sigma_\lambda$ となる属性 y の視聴者が、この番組を視聴したとしたら効用 η を受ける。η は正の定数である。視聴しない場合には効用は0であり、$y \notin \sigma_{\lambda'}$ となる番組 λ' を視聴しても効用は0である。

　一方、1つの放送局には1周波数が与えられる。放送局は、与えられた周波数を用いて、1つの番組を放送する。番組を制作するためには投資をしなければならない。投資 I によって、選好空間上のある部分集合をカバーするプログラムが1つ産み出される。ただし、視聴空間上のカバーする部分集合の大きさは、投資規模の大きさにより与えられる。すなわち、I の規模の投資によって選好空間上の I の割合の視聴者がカバーされる番組が産出されると考える[24]。放送局には、この投資のために δI^2 だけの費用が発生するものとする。

　ここで、番組がカバーする部分集合は、ランダムに発生すると仮定する。必ずしも、選好空間の特定の部分をカバーする番組が作れるとは限らない。

23　分析モデルについては、Torii（2014）に従って説明する。詳細は当該論文を参照されたい。
24　I だけの大きさの投資によって、産み出される番組を σ とすれば、$\mu(\sigma) = I$ である。ただし、$\mu(\cdot)$ は集合の測度を表す関数であるとする。

単に、投資規模が大きければ大きいほど、多くの視聴者をカバーする番組を作れるというだけである。この仮定により、他のモデルが着目する番組の選好空間上の位置取りという問題を捨象してしまう。このモデルは投資規模の決定に特に着目する。位置取りの問題を捨象すると、モデルの解析が大きく単純化される。このモデルにおいては、より多様な番組は、放送局が番組制作へより大きな規模の投資を行うことによって実現される。投資規模が大きくなればなるほど、嗜好空間においてカバーできる視聴者の範囲が増え、視聴者の期待効用が高まる。この形でのみ、多様性の提供を考えている。

　従来の空間的競争モデルと比べた、このモデルのもう1つの特徴は、自らの嗜好がカバーされる番組を視聴した場合、どの視聴者も同じだけの効用を受けると仮定していることである。これまでのモデルは、全ての番組は特定の嗜好をターゲットとし、そのターゲットとされた嗜好が自分の嗜好に近ければ近いほど効用が高いと仮定している。そのような傾向は存在するのかもしれないが、テレビ視聴においては、他の消費活動に比べて、それほど個人の嗜好と不効用が確固たるものではないのではないかと考えている。テレビは受動的なメディアと位置づけられることが多い（第5章を参照のこと）。第1節で説明した価値財に関する議論も、このような視聴者の嗜好を前提としている。モデルの特性として、この仮定によって大きく影響を受けるのは、視聴者全体の効用を集計した総効用である。従来のモデルでは、番組の視聴率が高いほど、全視聴者の受ける総効用は累積的に増大する。視聴率が高いときには、それだけターゲットとされた嗜好を持つ視聴者が視聴した場合の効用が高くなっている。隣接する嗜好を持つ視聴者の効用も高くなる。それらをすべて集計するので、視聴率が上昇するに伴って、総効用は急激に上昇することになる。一方、ここでの仮定によると、視聴率が上昇するに伴って、総効用は比例的にしか増大しない。

　ここで、まず周波数が1つしか無い場合を考える。この場合、1つの放送局が独占的に番組を供給する。この放送局は、無料広告放送と有料放送という2つのビジネス・モデルを選択できる。まず、無料広告放送を考える（以下では単に広告放送と記述する。前節までに紹介した既存研究では、有料放送も

広告収入を得ているので、広告収入のみに依存するビジネス・モデルとして無料広告放送として区別したが、ここでは有料放送は視聴料収入のみに頼る存在である。そのために、広告放送は無料広告放送のみを意味する)。放送局は番組に広告を組み込むことができる。この広告について、1の視聴者の視聴につき θ の広告収入を得る。ただし、$0<\theta<2\delta$ とする。I の規模の投資により期待される視聴数は I であるから、利益を π とおくと、期待利益は

$$E(\pi) = \theta I - \delta I^2$$

である。ただし、E は期待値をとるオペレータである。$I = \theta/(2\delta) < 1$ で期待利益は最大化され $\theta^2/(4\delta)$ となる。I だけの割合の視聴者が視聴によって効用 η を得る。視聴者の総余剰は $\eta\theta/(2\delta)$ である。ここでは、広告による負の外部効果(不効用)は考えない。

一方、有料放送の場合には、視聴者は、まず放送局と契約した上で視聴を行う。放送局は、視聴者との契約の前に、すでに番組制作のための投資を行っている。視聴者は契約する時点で、放送局がどれだけ投資をしたか知っているものとする。契約の後、番組が確率的に生成される。放送局はこの番組の内容を公表する。視聴者は、番組が自分の嗜好をカバーする場合だけ視聴を行う。広告放送の場合と同様、視聴者は効用 η を得る。ここで、$\eta<2\delta$ を仮定する。視聴者は契約を行っていたとしても、必ずしも視聴を行うとは限らない。自らの嗜好をカバーする番組が放送されない限り、視聴はしない。投資規模を I とすると、放送局と契約する時点で、契約を行った場合の視聴者の期待効用は、ηI である。放送局はこの額を知り、ηI だけの料金を課す。放送局は、I の投資に対して料金 ηI を設定することにより、全視聴者から契約を得る。期待利益は

$$E(\pi) = \eta I - \delta I^2$$

である。$I = \eta/(2\delta) < 1$ で期待利益は最大化され $\eta^2/(4\delta)$ となる。

ここで、視聴者の余剰と放送局の利益の合計により総余剰を定義する。広告放送の場合、視聴者の余剰は $\eta\theta/(2\delta)$ であるから、放送局の利益と合わせて総余剰は $\eta\theta/(2\delta) + \theta^2/(4\delta)$ となる。一方、有料放送の場合は、視聴者の余

剰は0であるから、放送局の利益 $\eta^2/(4\delta)$ がそのまま、総余剰となる。それぞれの総余剰を比較することにより、$\eta-(\sqrt{2}+1)\theta$ の正負により、広告放送と有料放送のどちらが高い総余剰をもたらすかが決まることが示される。すなわち、

$$\frac{\eta^2}{4\delta} \lessgtr \frac{\theta\eta}{2\delta} + \frac{\theta^2}{4\delta} \rightleftarrows \eta \lessgtr (\sqrt{2}+1)\theta$$

である。ところで、放送局がどちらのビジネス・モデルを選択するかは、利潤の大小によるから、$\eta>\theta$ のとき有料放送が、$\theta>\eta$ のとき広告放送が選択される。そのため、広告放送が望ましい場合（$(\sqrt{2}+1)\theta>\eta$）でも、放送局によって有料放送が選択される（$\eta>\theta$）可能性がある。

3-2　民間放送事業者間の競争

　次に、周波数が2つあり、それぞれ別の民間放送事業者によって番組が供給される複占の場合を考える。それぞれの放送局を、放送局1、放送局2と呼ぶ。それぞれの放送局は、広告放送と有料放送のビジネス・モデルのどちらかを選択できる。ゲームの進行は、①放送局がそれぞれビジネス・モデルを選択する；②2社同時に投資を行う。投資は可視的であり、視聴者は投資の規模を知る；③有料放送を選んだ放送局は（同時に）料金 $p_i (i=1, 2)$ を提示する。p_i は、放送局 i の提示する料金である；④有料放送の場合、視聴者は契約を申し込むかどうかを決定する；⑤番組が確率的に生成される；⑥各放送局は番組表を提示する；⑦視聴が行われる。広告放送の場合、同時に広告収入が発生する；である。独占の場合と同様、$2\delta>\theta>0$、$2\delta>\eta>0$ を仮定する。

　これらの競争の過程が結論を理解する上で重要となるので、以下では、両放送局が有料放送と広告放送とを様々な組みあわせで選択したときに、競争の帰結がどうなるかを説明する。まず、両放送局とも有料放送を選択している場合の均衡を考える。有料放送の場合の放送局 i の投資規模を I_i^P とおく。もし視聴者が、1社とのみ契約した場合、期待余剰は $\eta I_i^P - p_i (i=1, 2)$ である。さらに、もう1社とも契約した場合には、期待余剰は $\eta(I_1^P+I_2^P-I_1^P I_2^P)-p_1-p_2$ である[25]。均衡では、これらの余剰が等しくなるので、

の解として、

$$p_1 = \eta I_1^P(1 - I_2^P) \qquad p_2 = \eta I_2^P(1 - I_1^P)$$

を得る[26]。

$$E(\pi_1) = \eta I_1^P(1 - I_2^P) - \delta(I_1^P)^2 \qquad E(\pi_2) = \eta I_2^P(1 - I_1^P) - \delta(I_2^P)^2 \qquad (7-22)$$

となるので、これらを (I_1^P, I_2^P) に関して極大化する1次条件より、

$$I_1^P = I_2^P = \frac{\eta}{2\delta + \eta} < 1 \qquad E(\pi_1) = E(\pi_2) = \frac{\delta \eta^2}{(2\delta + \eta)^2} \equiv \pi^{PP} \qquad (7-23)$$

を得る。この均衡における利潤を π^{PP} とおいている。

次に、両放送局とも広告放送を選択している場合を考える。広告放送の場合の放送局 i の投資を I_i^A とおく。視聴者の嗜好が2つの放送局の番組によって同時にカバーされるとき、同確率で視聴されると仮定する。この仮定により局 i の期待視聴数は、$I_i^A - I_1^A I_2^A / 2 \, (i = 1, 2)$ となる。これにより、放送局 i の期待利益は、

$$E(\pi_1) = \theta \left[I_i^A - \frac{I_1^A I_2^A}{2} \right] - \delta(I_i^A)^2 \qquad (i = 1, 2) \qquad (7-24)$$

---

25 2社と視聴契約を結んだ場合に、自分の嗜好がカバーされる確率は、

$$1 - (1 - I_1^P)(1 - I_2^P)$$

であるので、期待余剰は

$$\eta(1 - (1 - I_1^P)(1 - I_2^P)) - (p_1 + p_2) = \eta(I_1^P + I_2^P - I_1^P I_2^P) - p_1 - p_2$$

となる。なお、視聴に関する意思決定に選択肢があり、どれも同じ余剰を与えるときには、視聴者は最も視聴が多い選択肢を選ぶという仮定をおく。

26 例えば (I_1^P, I_2^P) の投資の下で、もし局1が $p_1 = \eta I_1^P(1 - I_2^P)$, $p_2 = \eta I_2^P(1 - I_1^P)$ より p_1 を微少なだけ高く設定すると、視聴者が局1とのみ契約した場合の期待余剰、および2社と契約した場合の期待余剰のみ低下するので、視聴者は局2のみとの契約を選択し、視聴契約は0となってしまう。p_1 を微少なだけ低く設定しても、視聴者が局1とのみ契約した場合の期待余剰、および両局と契約した場合の期待余剰のみ高くなるので、視聴者は両局と視聴契約を結ぶのは変わらず、契約は増加せずに収入だけ減少してしまう。

となる。これらを (I_1^A, I_2^A) に関して極大化する1次条件より、

$$I_1^A = I_2^A = \frac{2\theta}{4\delta + \theta} < 1 \qquad E(\pi_1) = E(\pi_2) = \frac{4\delta\theta^2}{(4\delta + \theta)^2} \equiv \pi^{AA} \qquad (7-25)$$

を得る。この均衡における利潤を π^{AA} とおいている。

次に、放送局1が有料放送、放送局2が広告放送を選択した場合を考える。それぞれの投資規模を (I_1^P, I_2^A) とおく。視聴者が有料放送を行う放送局1と契約をしない場合の期待余剰は ηI_2^A である一方、放送局1と契約した場合の期待余剰は $\eta(I_1^P + I_2^A - I_1^P I_2^A) - p_1$ である。放送局1はこれらを等しくする水準まで料金を上げるので、

$$p_1 = \eta(I_1^P - I_1^P I_2^A)$$

となる。放送局1が視聴契約をとることを前提すると、局2の視聴数は $I_2^A - I_1^P I_2^A/2$ である。したがって、各放送局の期待利益は

$$E(\pi_1^P) = \eta(I_1^P - I_1^P I_2^A) - \delta(I_1^P)^2$$

$$E(\pi_2^A) = \theta\left[I_2^A - \frac{I_2^A I_1^P}{2}\right] - \delta(I_2^A)^2$$

である。それぞれの期待利益を (I_1^P, I_2^A) に関して極大化する1次条件より、

$$I_1^P = \frac{2\eta(2\delta - \theta)}{8\delta^2 - \theta\eta} < 1 \qquad I_2^A = \frac{\theta(4\delta - \eta)}{8\delta^2 - \theta\eta} < 1$$

を得る。これらを代入して、

$$E(\pi_1^P) = \frac{4\eta^2\delta(2\delta - \theta)^2}{(8\delta^2 - \theta\eta)^2} \equiv \pi^P \qquad E(\pi_2^A) = \frac{\theta^2\delta(4\delta - \eta)^2}{(8\delta^2 - \theta\eta)^2} \equiv \pi^A$$

となる。有料放送と無料放送とが競合する場合に、有料放送で得る期待利益を π^P、広告放送で得る期待利益を π^A とおいている。

各放送局による戦略の選択について、表7-1の形でペイ・オフが決まる。各利益水準の大小関係は、

表7-1 複占モデルのペイ・オフ

ペイ・オフ (放送局1の利益、放送局2の利益)		放送局2の戦略	
		有料放送	広告放送
放送局1の戦略	有料放送	(π^{PP}, π^{PP})	(π^P, π^A)
	広告放送	(π^A, π^P)	(π^{AA}, π^{AA})

$$\pi^{PP} \gtreqless \pi^A \rightleftarrows \pi^{AA} \lesseqgtr \pi^P \rightleftarrows \frac{\eta}{\delta} \gtreqless \frac{4\frac{\theta}{\delta}}{4-\frac{\theta}{\delta}}$$

となる。すなわち、

$$\frac{\eta}{\delta} > \frac{4\frac{\theta}{\delta}}{4-\frac{\theta}{\delta}}$$

のとき、有料放送が支配戦略となり、

$$\frac{\eta}{\delta} < \frac{4\frac{\theta}{\delta}}{4-\frac{\theta}{\delta}}$$

のとき、広告放送が支配戦略となる。有料放送と広告放送が支配戦略となるパラメータの領域は図7-3で示される。

一方、総余剰は視聴者の期待余剰と、両放送局の期待利益の合計として考えたから、

$$SW^{PP} = \frac{\eta^2}{2\delta + \eta} \qquad SW^{AA} = \frac{8\theta\delta(2\delta + \theta)}{(4\delta + \theta)^2}$$

$$SW^{PA} = \frac{\theta^2(\eta^3 + \delta\eta^2 - 8\delta^2\eta + 16\delta^3) - 8\eta\delta^2(3\theta\eta - 4\theta\delta - 2\eta\delta)}{(8\delta^2 - \theta\eta)^2}$$

となる。ここで、SW^{PP}, SW^{AA}, SW^{PA} は、それぞれ両局とも有料放送を選択した場合、両局とも広告放送を選択した場合、片方が有料放送をもう片方が広告放送を選択した場合の、総余剰を示している。それぞれが最大となるパラメータの領域を図示すると、図7-4のようになる。

図7-3 2放送局間の競争における支配戦略

有料放送が
支配戦略

広告放送が
支配戦略

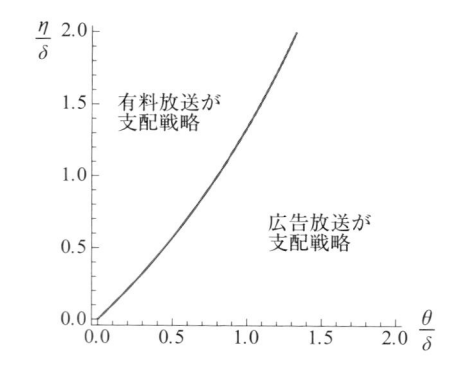

図7-4 2放送局間の競争均衡における総余剰

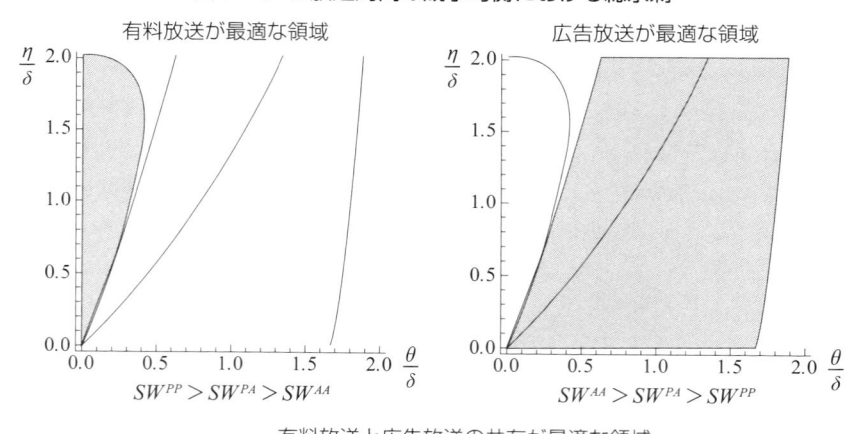

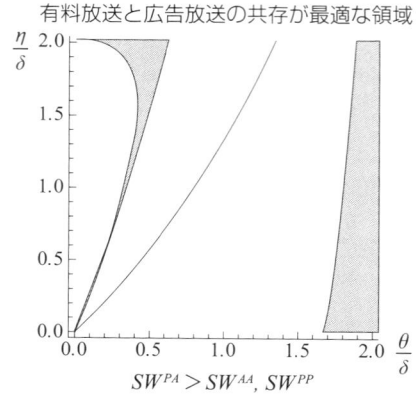

有料放送が最適な領域

$SW^{PP} > SW^{PA} > SW^{AA}$

広告放送が最適な領域

$SW^{AA} > SW^{PA} > SW^{PP}$

有料放送と広告放送の共存が最適な領域

$SW^{PA} > SW^{AA}, SW^{PP}$

これら総余剰の比較から、

① たとえ θ の値が相対的に小さくとも広告放送の存在が望ましいケースがある
② 広告放送が望ましい場合でも、$\eta > \theta$ であると、有料放送が支配戦略となる可能性が高い
③ 有料放送と広告放送の共存が最適である場合も存在するが、均衡となることはない

ということに気づく。総余剰のうち、両放送局の利益の部分は（7-23）（7-25）式より、それぞれ

$$\pi^{PP} = \delta (I_i^P)^2 \qquad \pi^{AA} = \delta (I_i^A)^2 \qquad (7-26)$$

と表せる。すなわち、それぞれの競争によってどれだけ番組制作に投資ができたかが利潤の大きさを決定する。ところで、反応関数は、（7-22）（7-24）式より、それぞれ、例えば放送局1については

$$I_1^P = \frac{\eta}{2\delta}(1 - I_2^P) \qquad I_1^A = \frac{\theta}{2\delta}\left[1 - \frac{I_2^A}{2}\right] \qquad (7-27)$$

となる。もし、視聴効用と広告収入が同程度であり $\eta = \theta$ とすれば、広告放送の方が、ライバルの所与の投資に対して、より大きな規模の投資によって対抗することが示される。すなわち、この意味で広告放送の方が、より強硬な（aggressive）プレーヤーになる。

何故このような差が出るのかを考えてみる。有料放送の場合には、視聴者に課すことのできる料金は、自らの局が視聴者にどれだけ視聴機会を増やすことができたかによって決まる。そのため、投資を増やして視聴を稼ごうとしても、ライバル放送局の番組がカバーするところに重複した場合には、その投資が利益に反映されない。ある選好の視聴者を、ライバル放送局の番組もカバーし、自放送局の番組もカバーした場合、半数が視聴をしてくれたとしても、それによって視聴機会を増やしたことにはならないので、投資を料金増によって回収することが難しいのである。一方、広告放送の場合には、広告料収入は、視聴確率によって決まる。追加的な投資によって視聴を増や

そうとするとき、ライバルの番組がカバーするところに重なった場合でも、実際に得た視聴者の増加、すなわち重なった部分の視聴者の半数については、その増加分が自らの利益に反映される。そのために、有料放送のときに比べて、投資を行うインセンティブが大きい。この結果、広告放送において、放送局はより強硬になるのである。お互いがより強硬になると、より高い投資において均衡する。そのために、総余剰も広告放送でより高い傾向が発生するのである。

お互いがより強硬なプレーヤーである場合には、その分だけ均衡利潤が小さくなる。そのため、互いにより柔和（soft）となる戦略である有料放送を選ぶことが利益となる。このように、有料放送を選択するということは、より柔和なプレーヤーであることにコミットすることにもなる。その結果、総余剰は広告放送で高いにもかかわらず、有料放送が支配戦略となることがあるのである。このように、放送局間の競争がどのようになるかが、均衡における総余剰の大小を決める。したがって、公共放送が存在する場合にも、その効果を評価するためには、民間放送事業者間の競争がどのように変わるかを考えなければならない。

3-3　公共放送が存在する場合

以上の準備の下に、公共放送が存在した場合の、民間事業者間の競争の帰結の違いを分析する。3番目の周波数が存在し、公共放送がこの周波数を用いて番組を供給する。番組が放送されるメカニズムは民間放送と同一であると仮定する。すなわち、費用構造も同じであるし、制作された番組がランダムに視聴者の嗜好をカバーする点についても、民間放送事業者と差がないとする。公共放送には、視聴者から何らかの視聴料が課せられる。しかし、この視聴料は一律に設定されるので、効率性や公共放送の経営に影響を与えないものとする。

I_N をこの公共放送の番組制作への投資規模とする。まず、民間放送事業者が2局とも有料放送を選択しているとする。I_i^P を有料放送を行う放送局 i の投資規模とする。このとき、複占の場合と同じように、競争の帰結を分析すると、均衡においてそれぞれの民間放送事業者の設定する料金と、投資規

模は、

$$p_i = \eta I_i^P (1-I_j^P)(1-I_N) \quad I_i^P = \frac{\eta(1-I_N)}{2\delta + \eta(1-I_N)} \quad (i, j = 1, 2, \ i \neq j) \quad (7-28)$$

となる[27]。この結果により、それぞれの事業者の期待利益は、

$$\pi_i = \frac{\delta \eta^2 (1-I_N)^2}{(2\delta + \eta(1-I_N))^2} \equiv \pi^{NPP} \quad (i=1, 2)$$

となる。この場合の期待利益を π^{NPP} とおいている。

次に、民間放送事業者が2局とも広告放送を選択しているとする。I_i^A を放送局 i の投資規模とする。このとき、放送局 i の期待視聴者数は

$$\frac{I_N I_1^A I_2^A}{3} + \frac{I_N I_i^A (1-I_j^A)}{2} + \frac{(1-I_N) I_1^A I_2^A}{2} + \frac{(1-I_N) I_i^A (1-I_j^A)}{1} \quad (i, j=1, 2, \ i \neq j)$$

である[28]。この視聴者数から得られる期待広告収入と投資費用との差によって決まる利益を最大化する条件から、均衡における投資規模は

$$I_i^A = \frac{3\theta(2-I_N)}{12\delta + \theta(3-2I_N)} \quad (i=1, 2) \quad (7-29)$$

となる。さらに、期待利潤は

$$\pi_i = \frac{9\delta \theta^2 (2-I_N)^2}{(12\delta + \theta(3-2I_N))^2} \equiv \pi^{NAA} \quad (i=1, 2)$$

である。この期待利益の値を π^{NAA} とおいている。

最後に、民間放送事業者の片方が有料放送、もう片方が広告放送を選択している場合を考える。ここでは、放送局1が有料放送、放送局2が広告放送を選択したとする。放送局1の投資は I_1^P で、放送局2の投資は I_2^A で示す。均衡における放送局1の料金は、

---

[27] 視聴者が有料放送を契約せず、公共放送のみを視聴する場合 ηI_N、放送局 i と有料放送視聴の契約をした場合 $\eta(I_N + I_i^P - I_N I_i^P) - p_1$ の、両放送局と有料放送視聴契約を結んだ場合 $\eta(1-(1-I_N)(1-I_1^P)(1-I_2^P)) - p_1 - p_2$ の期待余剰を得る。これらが等しいことより、料金が与えられる。その料金の下で、放送局の期待利益を算出し、期待利益の極大化の1次条件によって投資規模が定まる。
[28] それぞれの項は、順に3局ともにカバーされる視聴者の場合、公共放送と局 i のみによってカバーされる視聴者の場合、両広告放送によってカバーされる視聴者の場合、局 i のみによってカバーされる視聴者の場合に対応している。

$$p_1 = \eta I_1^P (1 - I_N)(1 - I_2^A)$$

となり、投資規模は

$$I_1^P = \frac{(1-I_N)3\eta(4\delta - \theta(2-I_N))}{24\delta^2 - \theta\eta(3 - 5I_N + 2I_N^2)} \qquad I_2^A = \frac{\theta(6\delta(2-I_N) - \eta(3 - 5I_N + 2I_N^2))}{24\delta^2 - \theta\eta(3 - 5I_N + 2I_N^2)}$$

となる[29]。期待利益は、それぞれ

$$\pi_1 = \frac{(1-I_N)^2 9\eta^2 \delta (4\delta - \theta(2-I_N))^2}{(24\delta^2 - \theta\eta(3 - 5I_N + 2I_N^2))^2} \equiv \pi^{NP}$$

$$\pi_2 = \frac{\theta^2 \delta (6\delta(2-I_N) - \eta(3 - 5I_N + 2I_N^2))^2}{(24\delta^2 - \theta\eta(3 - 5I_N + 2I_N^2))^2} \equiv \pi^{NA}$$

である。それぞれの期待利益の値を π^{NP}, π^{NA} とおいている。

3-4 公共放送の存在が民間放送事業者に与える効果

　3-3で示されているとおり、ここで考えている公共放送は、何ら民間放送事業者と変わることがない。費用構造も同じであるし、番組の特性も同じである。単に、3番目の放送事業者と公共放送を位置づけている。民間放送事業者と異なるのは、行動原理が明確ではなく、収入の手段が明示されていないことにおいてである。この事業者の収入は、視聴料によるのか、補助金によるのか、いずれにせよ固定的な移転収入のみを仮定している。そのために、投資費用以外に収支が社会的余剰に表れることが無い。民間放送事業者と異なった行動をとる事業者が、番組に投資を行い、一定の視聴を獲得する。そうした存在が、民間放送事業者の競争に影響を与える。特に、民間放送事

---

[29] 放送局2の期待視聴者数は、$I_2^A(6 - 3I_1^P - 3I_N + 2I_1^P I_N)/6$ である。視聴者が有料放送の局1と契約しない場合（広告放送のみを視聴する）の期待余剰は、

$$\eta(1 - (1-I_N)(1-I_2^P))$$

有料放送局1と契約した場合の期待余剰は、

$$\eta(1 - (1-I_N)(1-I_2^A)(1-I_1^P)) - p_1$$

となる。これを等しくする値として料金 p_1 が与えられる。この下で、それぞれの放送局の期待利益を最大化する1次条件から投資規模が定まる。

業者が提供する放送サービスの質に影響を与えると考え、その効果を分析している。

これまで示した結果から、公共放送の投資規模と、民間放送事業者の投資規模は戦略的代替の関係にあることが明らかである。有料放送を選択しているのか、広告放送を選択しているのかにかかわらず、民間放送事業者が選択する投資規模は、公共放送の投資規模が大きければ大きいほど、後退する。両局とも有料放送を選んでいる場合に、公共放送が無い場合の結果(7-23)式と、公共放送が存在する場合の結果(7-28)式を比べると、公共放送の存在によって、視聴者の効用の大きさを表すパラメータが

$$\eta \to \eta(1-I_N)$$

と置き換えられた場合と同じとなっている。その分だけ、視聴者を獲得する確率が低下するので、投資のインセンティブが低下している。また、両局とも広告放送を選択している場合にも、(7-29)式に示される投資規模を微分することにより、

$$\frac{\partial I_i^A}{\partial I_N} = -\frac{3\theta(12\delta-\theta)}{(12\delta+\theta(3-2I_N))^2} < 0$$

を得る。同様に、投資インセンティブの低下が明らかである。前に示したように、均衡利潤は、実現する投資規模の大きさによって決まるので、均衡利潤も公共放送の存在によって低下する。

このように、公共放送の投資規模が増大すればするほど、民間放送事業者は、有料放送と広告放送のどちらを選択しているかによらず、投資を縮小する。その分、質の低下が避けられない。ただし、投資を縮小する程度は、有料放送と広告放送とで異なる。公共放送の存在しない均衡で示したように、ライバル放送局の投資増が利益に与える影響は、有料放送と広告放送とで異なるからである。有料放送の場合には、視聴者への追加的な視聴機会の提供が評価されて料金が設定される。一方、広告放送の場合には、視聴者への実際の貢献である、視聴実績が評価されて広告収入が定まる。そのため、ライバルの増加ないし投資増は、それが公共放送であるかないかによらず、より有料放送において厳しい影響を与える。

そのために、均衡も影響を受ける。複占の場合と同様に、有料放送と広告放送とを選択することによる利益の間に、

$$\pi^{NP} \gtreqless \pi^{NAA} \quad \rightleftarrows \quad \pi^{NPP} \gtreqless \pi^{NA} \quad \rightleftarrows \quad \frac{\eta}{\delta} \gtreqless \frac{6\frac{\theta}{\delta}(2-I_N)}{(1-I_N)\left[12 - 3\frac{\theta}{\delta} + I_N\frac{\theta}{\delta}\right]}$$

という関係がある。すなわち、

$$\frac{\eta}{\delta} - \frac{6\frac{\theta}{\delta}(2-I_N)}{(1-I_N)\left[12 - 3\frac{\theta}{\delta} + I_N\frac{\theta}{\delta}\right]}$$

の値の正負によって、有料放送が支配戦略になるか、広告放送が支配戦略になるかが決まる。しかも、

$$\frac{\partial}{\partial I_N} \frac{6\frac{\theta}{\delta}(2-I_N)}{(1-I_N)\left[12 - 3\frac{\theta}{\delta} + I_N\frac{\theta}{\delta}\right]} = \frac{6\frac{\theta}{\delta}\left[12 - \frac{\theta}{\delta}(5 - 4I_N + I_N^2)\right]}{(1-I_N)^2\left[12 - 3\frac{\theta}{\delta} + I_N\frac{\theta}{\delta}\right]^2} > 0$$

であるので、公共放送が投資規模を大きくすればするほど、広告放送が支配戦略となる領域が増大する（図7-5）。このため、例えば、それまで民間放送事業者が有料放送を選択していたとしても、公共放送が投資を拡大させると、ある時点で一斉に広告放送に移行する事態も考えられる。逆に、それまで民間放送事業者が広告放送を選択していたとしても、ネット広告の割合が増えて広告収入の減少が進む場合、ある時点で一斉に有料放送に移行する事態も考えられる。この場合、公共放送の投資規模が大きいときには、その傾向が緩和されるだろう。

さらに、総余剰への影響を考える。公共放送が存在する場合、総余剰 SW は

$$SW \equiv (\eta(1-(1-I_1)(1-I_2)(1-I_N)) - p_1 - p_2) - \delta(I_N)^2 + \pi_1 + \pi_2$$

と定義される。右辺第1項は、3局による放送によって視聴者がカバーされる確率を下に期待される視聴による余剰であり、第2項は公共放送の投資費用、第3項以後は民間放送事業者の利益である。

総余剰が第3の放送局の存在によって、増大するとは限らない。ここでは、

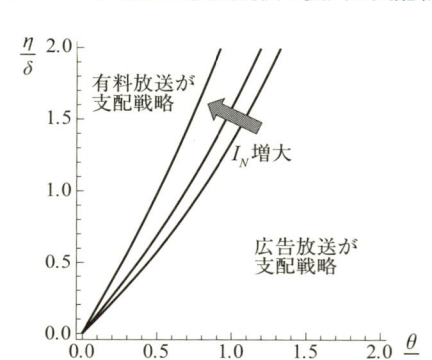

図7-5　公共放送の投資規模の拡大と支配戦略

（グラフ：縦軸 η/δ、横軸 θ/δ。「有料放送が支配戦略」「I_N増大」「広告放送が支配戦略」）

　放送局の存在によって番組制作に投資が必要であるという以外の固定費を考えていない。しかも、番組制作の投資費用は2次関数を想定しているので、投資規模が小さいとき、この投資費用は十分に小さくなる。一方で、発生する便益は、視聴者の嗜好がカバーされる領域の拡大によるので、投資規模の1次関数で拡大する。したがって、第3の放送局の存在により、総余剰の増大が期待される。それにもかかわらず、必ずしも総余剰は増大するとは限らない。

　総余剰は、公共放送による追加的な視聴機会の提供だけで変化するわけではない。公共放送による番組制作費への投資拡大は、放送市場における競争を通して、民間放送事業者の投資規模に影響を与える。前に確認したように、それぞれの投資規模は互いに戦略的代替の関係にあった。そのため、公共放送の投資拡大は、民間放送事業者の投資を縮小させる。この効果の大きさによって、公共放送の存在がかえって総余剰を低減させることがあるのである。

　実際、民間放送事業者が広告放送を選択している場合に、公共放送の投資が総余剰に与える影響を、$I_N=0$ において評価すると

$$\left.\frac{\partial SW}{\partial I_N}\right|_{I_N=0} = \frac{192\eta\delta^3 + \theta(\theta^2(\eta+8\delta) + 4\theta\delta(5\eta-24\delta) - 144\eta\delta^2)}{3(4\delta+\theta)^3} \quad (7-30)$$

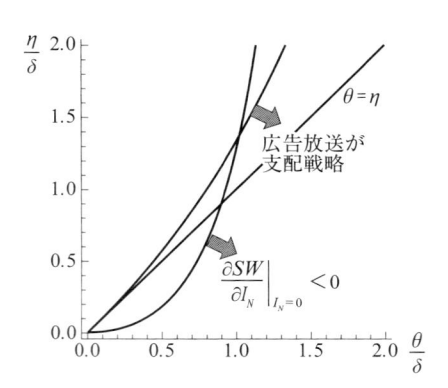

図7-6　総余剰に対する公共放送の貢献

（図：縦軸 $\frac{\eta}{\delta}$、横軸 $\frac{\theta}{\delta}$、$\theta = \eta$ の直線、広告放送が支配戦略の領域、$\left.\frac{\partial SW}{\partial I_N}\right|_{I_N=0} < 0$ の領域）

となる。総余剰は公共放送の投資規模に対して凹関数であるから、$I_N = 0$ において、(7-30) 式の値が負となると、$I_N = 0$ すなわち、公共放送が存在しない場合が最適となる。この値は、θ の値が η の値に比して十分に大きいと、負の値をとる。

図7-6は (7-30) 式の値が負となる領域を示している。図では複占において広告放送が支配戦略となる領域もあわせて示している。このように、(7-30) 式の値が負の値をとる領域は、広告放送が支配戦略となる領域のなかで大きな部分を占めている。すなわち、複占の場合に広告放送が選択されるとき、$I_N = 0$ が望ましい可能性、すなわち公共放送の存在によってかえって総余剰が低下する可能性が一定程度ある。そうした場合、公共放送が存在することによって、民間放送事業者は十分な投資ができず、その分だけ十分な多様性を提供できないでいるのである。

逆に、θ の値が十分に小さい場合、公共放送の存在は総余剰に貢献する。民間放送事業者ではもともと十分な投資ができないので、公共放送が参入することによって提供される視聴機会の増大が、民間放送事業者の貢献の減少を上回るのである。また、民間放送事業者が有料放送を選択している場合に、公共放送の投資が総余剰に与える影響を、同様に $I_N = 0$ において評価すると

$$\left.\frac{\partial SW}{\partial I_N}\right|_{I_N=0} = \frac{4\eta\delta^2}{(\eta+2\delta)^2} > 0 \qquad (7-31)$$

となる。すなわち、複占において有料放送が選択されるときには常に $I_N>0$ が望ましい。したがって、公共放送の存在が総余剰に貢献する。この結果は、Peitz and Valletti（2008）の結論とは異なっている。Peitz and Valletti は公共放送の存在意義を、広告放送の過剰な広告提供という行動にあると考えた。そのため、公共放送の代替メディアが有料放送である場合には、公共放送の存在に意義を見出し難いとした。ここでは、有料放送が代替メディアであるときには、視聴機会の増加という形で公共放送に貢献が認められるという意味において、存在意義があると考えている。

なお、本モデルでは、3番目の放送局が参入することで総余剰が低下する可能性が示されているが、この結果は公共放送の性格を持つ放送局が3番目に参入するというモデル構成に依存するわけではない。第1節で独占的競争均衡について説明したように、たしかに総余剰が低下する局面でも、市場に参入が生じることがある。過剰参入の状態である。（7-31）式で示しているように、有料放送が採用されている場合、3番目の放送局の参入によって総余剰は増大する。前に示しているように、本モデルでは固定費を仮定せず、しかも投資費用は2次関数を仮定しているので、微少の投資により必ず正の利益を確保できる。そのため、常に総余剰を増大させる参入が可能な状態である。つまり、周波数が3しか無いというのが制約になっているのみであり、過剰参入の状態ではない。それでもなお、民間放送事業者の競争の様子によっては、第3の放送局が参入することに総余剰が低下する局面が存在することが示されているのである。このモデルでは、3番目の放送局が存在し、一定の視聴を獲得していても、それが必ずしも総余剰に貢献しているとは限らないことが示されている。

本章では理論モデルを用いた分析からもたらされた示唆を中心に議論を展開している。公共放送の存在については十分な実証分析に基づいて議論を進めなければならない。ただ、もし現在、公共放送が十分に高い質の番組を提供し、それに比して民間放送では十分な投資ができず番組の質に問題があるという認識があったとしても、それは公共放送の存在意義を直接に証明していることにはならないということを再確認したい。本節で分析されたように、公共放送の番組制作への投資は、民間放送事業者の投資の減退の原因と

なっている可能性がある。公共放送が十分な投資をすればするほど、民間放送事業者は公共放送の影響がより小さい広告放送を選択する傾向がある。日本で他の国に比べて有料放送の普及が遅れているとすれば、それが原因であるかもしれない。もし、公共放送の投資が現在に比べて縮小されている場合には、民間放送によって十分に質の高い放送が実現する可能性を否定できない。

　もし、そのような状況に放送市場があったとすれば、Armstrong（2005）が主張するように、公共放送は特定のジャンルの番組の放送のみを行い、規模をできるだけ小さくするという政策も考慮する必要があるだろう。その場合には、民間放送事業者の投資に影響を及ぼすことなく、視聴者に対してより多くの視聴機会を提供するメディアであり続けるのではないか。様々な産業において、公的部門の民営化が進んでいる。しかし、公共放送の場合、より一般の民間放送事業者と重なるジャンル・内容の番組が提供されると、それだけ民間放送事業者の投資インセンティブを削いでしまうだろう。その結果、総余剰がかえって低下してしまう可能性を考えねばならない。

4　品質維持の政策

　第3節では、特に民間放送事業者が提供する番組の「質」に与える効果に着目して、公共放送の存在について考察した。第4節では、供給する財の「質」が重要である場合に、公共放送の経営体にどのように品質を維持させるべきかをやはりモデル分析を用いて議論する。

　ここまでの分析において明らかなように、放送事業の場合、特に番組品質の維持という課題が重要である。予算が削減されると品質の維持が難しいかもしれない。一方で、費用に制約をおかずに、質の維持を求めるのは、非営利組織の経営効率において問題がある。本節で示すように、利益を考慮した経営を求める場合には、特に品質を維持させることが難しい。どのような形で経営体に品質の維持を保証させるのが適当かをここで分析する。通常、自然独占性が予想される産業への公的規制は、いかに事業者の意思決定を制御するかということについて、多くの場合プリンシパル・エージェント・モデ

ルの枠組みのなかで分析される。本節の分析でもその枠組みを超えることはないが、事業者の戦略的行動を前提としつつ、より望ましい成果をもたらすための政府の戦略を考察する。

4-1 モデル

　政府と何らかの事業会社をそれぞれプレーヤーとするゲームを考える。ここでは、もちろん事業会社として、公共放送を運営する経営主体を考えている。しかし、このモデルは、広く「質」が重要である経営主体に対して適用が可能であるので、以下では単に事業会社という一般的な表現を用いる。政府が選択できる戦略は事業会社に認可する料金水準であり、事業会社が選択できる戦略は、供給するサービスの品質であるとする。

　政府のペイ・オフは、サービスの供給によって生み出される消費者余剰と事業会社の利益とからなる。消費者余剰は料金水準が低いほど、またサービス品質が高いほど大きい。一方、事業会社の利益は、サービス品質が抑制され、高い料金水準が設定されるところで最大化される。ただし、事業会社の利益は政府のペイ・オフにおいて、消費者余剰に比べて割り引いて反映される。そのため、政府のペイ・オフは、比較的料金水準が低く、サービス品質が高いところで最大化される。その点を超えてサービス品質を高めると、事業会社の利益低下の効果が消費者余剰増大の効果を上回るため、政府のペイ・オフは低下してしまう。また料金水準が低すぎても、事業会社の利益低下の効果が、消費者余剰増大の効果を上回るため、政府のペイ・オフは低下する。事業会社の選択する品質の各水準に対して、政府の反応関数は図7-7のように右上がりになる。すなわち、事業会社が供給するサービスの品質が高いほど、政府のペイ・オフを最大にする料金水準は高い。なぜなら、供給されるサービスの品質が高いほど、需要関数と費用関数の両方とも上方に位置するようになる。このとき、最適な料金も高くなるからである。

　一方事業会社のペイ・オフは、そのまま事業会社の利益による。事業会社の利益は料金水準が独占的価格に高く設定されているとき最大化される。高い品質はそれだけ需要を高めるが、同時にコストも高くなるので何らかの水準において最適点がある。政府が規制する料金水準の下で、事業会社の反応

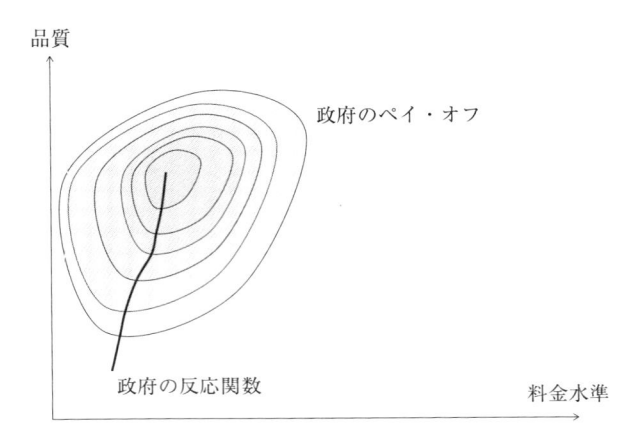

図7-7 政府のペイ・オフと反応関数

関数は図7-8のように、やはり右上がりの曲線になると考えられる。すなわち、政府が規制する料金水準が高いほど、事業会社の利益を最大にする品質水準も高い。事業会社の提供するサービス品質は、品質の上昇による限界的需要増大効果と限界的費用上昇が一致するところで定まる。料金が高く、供給あたりのマージンが大きいほど、追加的な品質の上昇によって生じる需要増による収入増が大きくなり、より高い品質を供給するインセンティブが大きくなるから右上りの反応関数となるのである。

以上の関係は需要関数や費用関数を簡単な形で特定することによって確認できる。サービスに対する線形需要関数として

$$p = A + \lambda q - kQ$$

を仮定する。ただし、p、Q、qはそれぞれサービスの料金、供給量、および品質を示すものとする。Aおよびλ、kは定数である。また、サービスの供給費用としては供給量に比例する

$$Q(h_0 + hq^2)$$

を仮定する。また、均衡で正の供給量を保証するため、$A > h_0$を仮定する。

図7-8　事業会社のペイ・オフと反応関数

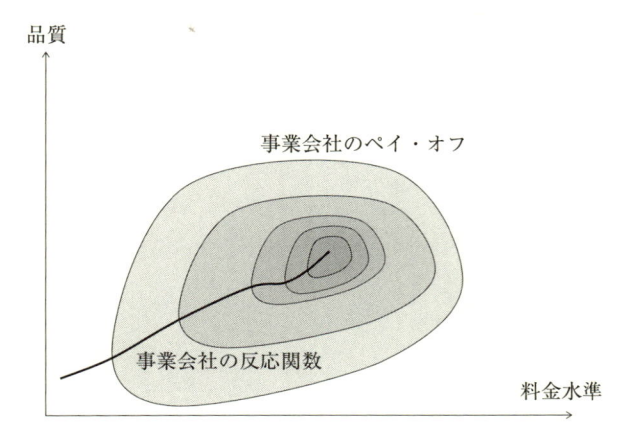

ここで、h_0、h は定数である。このとき、サービスの料金 p と品質 q が与えられると、消費者余剰 CS および事業会社の利益 π は、それぞれ

$$CS = \frac{(A + \lambda q - p)^2}{2k} \qquad \pi = \frac{(p - h_0 - hq^2)(A + \lambda q - p)}{k} \quad (7-32)$$

となる。政府のペイ・オフ G は

$$G = CS + w\pi = \frac{(A + \lambda q - p)^2}{2k} + w\frac{(p - h_0 - hq^2)(A + \lambda q - p)}{k} \quad (7-33)$$

である。ただし、$w(1 \geq w > 1/2)$ は定数である。

以上の設定の下で、まず政府のペイ・オフ（7-33）の値は

$$p = \frac{(3w-2)\lambda^2 - 4(1-w)hA + 4wh_0 h}{4h(2w-1)} \qquad q = \frac{\lambda}{2h}$$

において最大化され、反応関数は

$$p = \frac{w(h_0 + hq^2) - (1-w)(A + q\lambda)}{2w - 1} \quad (7-34)$$

となる。政府の反応関数はペイ・オフが最大化される点の近傍において q について増加関数である。

次に、事業会社のペイ・オフ（7-32）右式は、

$$p = \frac{3\lambda^2 + 4hA + 4h_0 h}{8h} \qquad q = \frac{\lambda}{2h}$$

において最大化される。事業会社の反応関数を、p について表すと

$$p = \frac{(h_0 + 3hq^2)\lambda + 2hqA}{\lambda + 2hq} \qquad (7-35)$$

であり、この式の右辺を q で微分すると、

$$\frac{2\lambda h(A - h_0 + 3q_0(\lambda + hq_0))}{(\lambda + 2hq)^2} > 0$$

となるので、この反応関数も q について増加関数である。

$w=1$ のとき、政府の反応関数はペイ・オフを最大にする1次条件から $p = h_0 + hq^2$ となる。事業会社の反応関数（7-35）式の右辺からこの右辺 $h_0 + hq^2$ を控除すると、差は

$$\frac{2hq((A + \lambda q) - (h_0 + hq^2))}{\lambda + 2hq} > 0$$

であるから、事業会社の反応関数の方がより右方に位置する。したがって、w が1に十分に近いときは、やはり事業会社の反応関数が政府の反応関数より右方に位置する。このように、2つの反応関数の位置関係はおおよそ図7-9のようになる。

4-2　品質に関連づけた料金制度の可能性

図7-9に示されているように、政府と事業会社のそれぞれの戦略は、互いに、一方がより高い水準を選択すると、もう一方も高い水準で応えるという、戦略的補完の関係にある[30]。政府が事業会社の設定する料金に上限を定めるのは、戦略的補完のときに、リーダーとなる行為と見なすことができる。一般に戦略的補完の下では、リーダーとなる場合の利得はフォロアーとなる場合の利得より小さい。図7-9で、政府が価格を p_w の水準に規制したとする。このとき、事業会社は自らの反応関数の上でWを選ぶ。この点における政府のペイ・オフは低い水準にとどまっている。これが、戦略的補完の下

30　Bulow, Geanakoplos and Klemperer（1985）.

第 7 章　公共放送　301

図 7-9　政府と事業会社の反応関数の位置関係

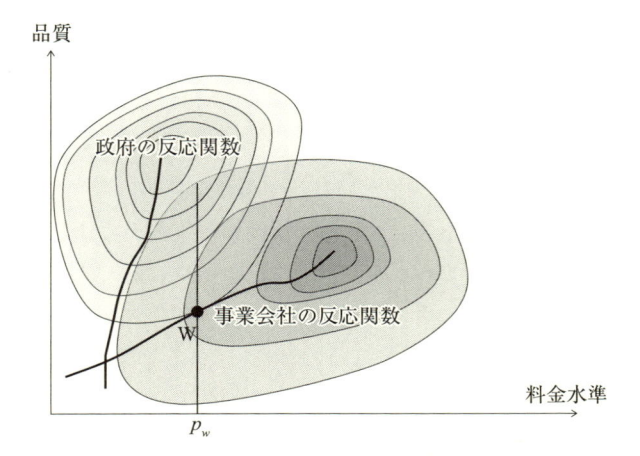

図 7-10　品質に関連付けた料金規制

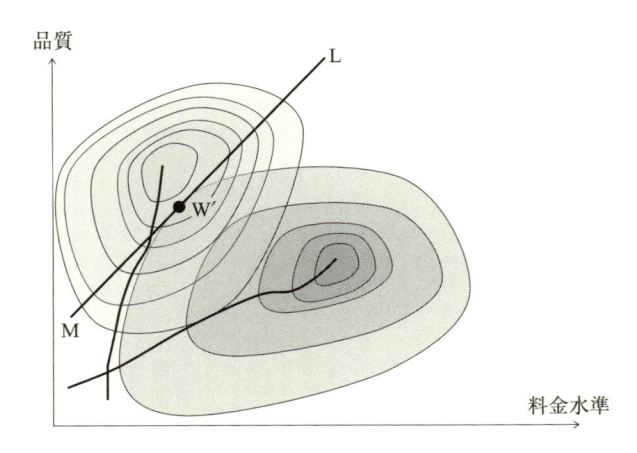

で、リーダーとなる政策をとったことによる帰結である。政府がペイ・オフを改善できる余地は未だ大きい。

　単に、品質の最低基準を示すことも有効ではないのは明らかである。品質の最低基準を示したとしても、事業会社は自らの反応関数の下で、最適な点を選択するだけだから、図 7-9 の W 点以上のペイ・オフを政府は求めることはできない。

ここで、数値例を示す。需要関数や費用構造が前述のとおり特定されているとする。各パラメータが

$$A = 10 \quad h_0 = 1 \quad h = 0.02 \quad \lambda = 0.2 \quad w = 1 \quad k = 1$$

であるとする。このとき、政府のペイ・オフは $(p, q) = (1.5, 5.0)$ で最大化され、最大値は 45.125 である。また同じ点で事業会社のペイ・オフは $w = 1$ という設定を反映して 0 となる。これは社会的余剰を最大にするとき、価格と限界費用が一致するためである。費用構造は供給量に対して線形なものを仮定していたことを思い起こされたい。一方、事業会社のペイ・オフは $(p, q) = (6.25, 5.0)$ で最大化され、最大値は 22.5625 である。同じ点で政府のペイ・オフは約 33.8 となる。政府が料金規制によってリーダーとなり、事業会社の反応関数の上で最適点を選択できるとする。このとき政府が選ぶ点（図 7-9 における W 点）では、$(p, q) = (0.68, 2.11)$ であり、ペイ・オフは 41.05 である。もし、政府がフォロアーとなれた場合には、政府の反応関数上では常に限界費用価格形成が選択されているので、この場合事業会社にとっては、政府の反応関数上の点はすべて無差別である。政府のペイ・オフは最大で 45.125 となる。

一般には、供給されるサービスの品質が観測可能でかつ立証可能な場合、政府が品質に応じた価格メニューをオファーし、事業会社が選択をすることができれば、より望ましい帰結を期待できる。図 7-10 のような状況において、品質に応じた価格メニュー LM を設定することができれば、事業会社は W′ 点を選ぶであろう。このとき、政府は、リーダーとなった場合に比べて、高いペイ・オフを獲得できる可能性がある。前述の数値例に即して計算すると、例えば政府が $p = 1.2 + 0.15q$ という品質に関連づけたメニューを設定できたとすると、事業会社が選択する点は $(p, q) = (1.77, 3.82)$ であり、政府のペイ・オフは 44.74、事業会社のペイ・オフは 4.33 という成果を達成できる。この成果は政府がリーダーとなった場合よりも高く、事業会社もより高い利益をあげている。

しかし、一般には品質を観測することは難しく、契約に明記することができないことが多い。そのために、政府規制のもとでの事業会社の対応がマル

チタスク・エージェントの問題をはらんでしまいがちであると指摘されている（Dewatripont, Jewitt and Tirole（2000））。すなわち、事業会社の行動にバイアスが発生しやすい。それでも、何らかのメニューを示し、事業会社に選択させる方法は有効である。

　公共放送の場合にも、何らかの品質基準に基づいた料金認可を行うことによって、十分な質の番組の供給が実現できるよう導くことが可能であろう。単に品質基準を示すだけでは、問題の解決にならないことは前に示したとおりである。しかし、品質基準を認可料金に関連づけることによって、総余剰を改善する余地があるかもしれない。また、Hargreaves Heap（2005）は、公共放送の成果指標を作成することの重要性を強調しており、試みが行われてことを説明している。

　第1節において、「市場の失敗」について議論をまとめたときに、民間放送事業者による適切な番組供給の可能性があるとしたら、問題は公共放送の相対的な事業効率性であると説明した。非営利事業の事業効率性は、特におかれている環境に大きく左右されることが知られている。裁量的に公共放送に影響を与えようとすることが望ましくないのは当然であるが、品質水準に基づいた予算認可の透明な枠組みにしたがって、経営努力する方向を示すことによって、事業効率化を促すことは重要であろう。

初出一覧

　以下の論文を基に、記号の整合性を確保したりやデータを新しいものに入れ替えるなど、大幅に加筆・修正した。第 7 章は書き下ろしである。

第 1 章
宍倉学・春日教測（2009）「放送市場の実証分析」林敏彦・根岸哲・依田高典編『情報通信の政策分析――ブロードバンド・メディア・コンテンツ』第 4 章、NTT 出版、pp. 71-94

第 2 章
春日教測・近藤勝則・宍倉学（2007）「有料放送市場におけるプラットフォーム間競争」『公益事業研究』研究ノート、第 58 巻第 4 号、pp. 63-72

第 3 章
曽黎・宍倉学・春日教測（2008）「地上放送のデジタル化と新機器の需要に関する分析――テレビ受信機の事例」『情報通信学会誌』第 26 巻第 2 号、pp. 67-76
宍倉学・春日教測（2008）「有料放送市場におけるチャンネル数とプラットフォーム間競争――間接ネットワーク外部性と互換性の影響」神戸大学紀要『国民経済雑誌』第 198 巻第 5 号、pp. 29-45
宍倉学・春日教測（2008）「間接ネットワーク効果を考慮した消費者行動分析――放送市場における多様性と加入行動との関係」『公益事業研究』第 60 巻第 3 号、pp. 41-51

第 4 章
宍倉学・春日教測（2007）「放送市場の競争構造の分析――最適多様性水準の達成」日本経済政策学会編『経済政策ジャーナル』第 4 巻第 2 号、pp. 63-66
Kasuga, N. and M. Shishikura (2006) "Determinants of Profit in the Broadcasting Industry: Evidence from Japanese Micro Data," *Information Economics and Policy*, 18 (2), pp. 216-228.

第 5 章
春日教測・阿萬弘行・森保洋（2014）「メディア情報と利用者行動」日本民間放送連盟・研究所編『スマート化する放送――ICT の革新と放送の変容』第 6 章、三省堂（近刊）

第 6 章
春日教測（2011）「放送市場の多面性と規制に関する考察――ドイツ規制制度からの示唆」『情報通信学会誌』第 29 巻第 1 号、pp. 43-55

参考文献

〔欧文〕

Ackerberg, D. (2003) "Advertising, Learning, and Consumer Choice in Experience Good Markets: An Empirical Examination," *International Economic Review*, 44 (3), pp. 1007–1040.

Adda, J. and M. Ottaviani (2005) "The Transition to Digital Television," *Economic Policy*, 20 (41), pp. 160–209.

AGF (2008) *Infobroschüre*, Fubruar.

ALM (2008) *Staatsvertrag für Rundfunk und Telemedien,* Dezember.

―――― (2009a) *Jahrbuch 2008*, April.

―――― (2009b) *ALM Prorammbericht 2008*, Dezember.

Aman, H. (2011) "Firm-specific Volatility of Stock Returns, the Credibility of Management Forecasts, and Media Coverage: Evidence from Japanese firms," *Japan and the World Economy*, 23 (1), pp. 28–39.

Aman, H., N. Kasuga and H. Moriyasu (2012) "The Mass Media Effects on the Stock Market in Japan," mimeo.

Andersson, K., K. Fjell and Ø. Foros (2004) "Are Interactive TV-Pioneers and Surfers Different Breeds? Broadband Demand and Asymmetric Cross-Price Effects," *Review of Industrial Organization*, 25, pp. 295–316.

Anderson, S., D. Strömberg and J. Waldfogel eds. (2014) *Handbook of Media Economics, forthcoming.*

Anderson, S. and S. Coate (2000) "Market Provision of Public Goods: The Case of Broadcasting," NBER Working Paper, No. 7513.

Anderson, S. and J. Gabszewicz (2005) "The Media and Advertising: A Tale of Two-Sided Markets," Center for Economic Policy Research Discussion Paper Series.

Armstrong, M. (2005) "Public Service Broadcasting," *Fiscal Studies*, 26 (3), pp. 281–299.

―――― (2006) "Competition in Two Sided Markets," *Rand Journal of Economics*, 37, pp. 668–691.

Armstrong, M. and H. Weeds (2005) "Public Service Broadcasting in the Digital World," Industrial Organization 0507010, EconWPA.

Asai, S. (2005) "Efficiency and Productivity in the Japanese Broadcasting Market," *Keio Communication Review*, 27, pp. 89–98.

Bagwell, K. (2001) "The Economics of Advertising, Introduction," mimeo.

Bailey, J. (1998) "Electronic Commerce: Prices and Consumer Issues for Three Products: Books, Compact Discs, and Software," DSTI/ICCP/IE, 98 (4), Final.

Bates, B. (1993) "Concentration in Local Television Markets," *Journal of Media Economics*, 6 (3), Fall, pp. 3–19.

BBC (1996) *Extending Choice in the Digital Age*, May.
Beard, T., R. Ekelund Jr., G. Ford and R. Saba (2001) "Price-quality Tradeoffs and Welfare Effects in Cable Television Markets," *Journal of Regulatory Economics*, 20 (2), pp. 107-123.
Beard, T., R. Saba, G. Ford and R. Hill (2005) "Fragmented Duopoly: A Conceptual and Empirical Investigation," *Journal of Business*, 78 (6), pp. 2377-2396.
Beebe, J. (1977) "Institutional Structure and Program Choices in Television Markets," *The Quarterly Journal of Economics,* 91 (1), pp. 15-37.
Belleflamme, P. and M. Peitz (2010) *Industrial Organization: Market and Strategies*, Cambridge University Press.
Bental, B. and M. Spiegel (1995) "Network Competition, Product Quality, and Market Coverage in the Presence of Network externalities," *The Journal of Industrial Economics*, 43 (2), pp. 197-208.
Berry, S. and J. Waldfogel (1999a) "Public Radio in the United States: Does it Correct Market Failure or Cannibalize Commercial Stations?" *Journal of Public Economics*, 71 (2), pp. 189-211.
―――― (1999b) "Mergers, Station Entry, and Programming Variety in Radio Broadcasting," National Bureau of Economic Research Working Paper, No. 7080, April.
―――― (2001) "Do Mergers Increase Product Variety? Evidence from Radio Broadcasting," *The Quarterly Journal of Economics*, 116 (3), pp. 1009-1025.
Besanko, D., J. Dube and S. Gupta (2003) "Competitive Price Discrimination Strategies in a Vertical Channel Using Aggregate Retail Data," *Management Science*, 49 (9), pp. 1121-1138.
Besen, S. (1976) "The Value of Television Time," *Southern Economic Journal*, 42 (3), pp. 435-441.
Besley, T. and R. Burgess (2002) "The Political Economy of Government Responsiveness: Theory and Evidence from India," *The Quarterly Journal of Economics*, 117 (4), pp. 1415-1451.
Bollapragada, S., M. Bussieck and S. Mallik (2002) "Scheduling Commercial Videotapes in Broadcast Television," *Operations Research*, 52 (5), pp. 679-689.
Broadcasting Research Unit (1985) *The Public Service Idea in British Broadcasting*, Broadcasting Research Unit.
Brown, A. (1996) "Economics, Public Service Broadcasting, and Social Values," *Journal of Media Economics,* 9 (1), pp. 3-15.
Brown, K. and P. Alexander (2005) "Market Structure, Viewer Welfare, and Advertising Rates in Local Broadcast Television Markets," *Economics Letters*, 86 (3), pp. 331-337.
Brynjolfsson, E. and M. Smith (2000) "Frictionless Commerce ? A Comparison of Internet and Conventional Retailers," *Management Science*, 46 (4), pp. 563-585.
Bulow, J., J. Geanakoplos and P. Klemperer (1985) "Multimarket Oligopoly: Strategic Substitutes and Strategic Complements," *Journal of Political Economy*, 93 (3), pp. 488-511.

Bundeskartellamt (2009a) *The Bundeskartellamt in Bonn: Organizatios Tasks and Activities,* April., SZ offsetdruck-Verlag.

──────── (2009b) *Antitrust Enforcement by the Bundeskartellamt: Areas of Focus in 2007/2008,* December, SZ offsetdruck-Verlag.

Busse, J. and T. Green (2002) "Market Efficiency in Real Time," *Journal of Financial Economics*, 65 (3), pp. 415-437.

Cancian, M., A. Bills and T. Bergstrom (1995) "Hotelling Location Problems with Directional Constraints: An Application to Television News Scheduling," *Journal of Industrial Economics*, 43 (1), pp. 121-124.

Carroll, D., and D. Lamdin (1993) "Measuring Market Response to Regulation of the Cable TV Industry," *Journal of Regulatory Economics*, 5 (4), pp. 385-399.

Chiang, C. and K. Brian (2011) "Media Bias and Influence: Evidence from Newspaper Endorsements," *Review of Economic Studies,* 78 (3), pp. 66-97.

Chipty, T. (1995) "Horizontal Integration for Bargaining Power: Evidence from the Cable Television Industry," *Journal of Economics and Management Strategy*, 4 (2), pp. 375-397.

Chou, C. and O. Shy (1990) "Network Effects without Network Externalities," *International Journal of Industrial Organization*, 8 (2), pp. 259-270.

──────── (1995) "Do Consumers Gain or Loss when More People Buy the Same Brand," *European Journal of Political Economy*, 12 (2), pp. 309-330.

Church, J. and N. Gandal (2005) "Platform Competition in Telecommunications," Chapter 4, in S. K. Majumdar, I. Vogelsang and M. E. Cave eds., *Handbook of Telecommunications Economics: Technology Evolution and the Internet*, Vol. 2, North-Holland, Elsevier B. V.

Clements, M. and H. Ohashi (2005) "Indirect Network Effects and the Product Cycle: Video Games In The U.S., 1994-2002," *Journal of Industrial Economics*, 53 (4), pp. 515-542.

Clements, M. and S. Brown (2006) "The Satellite Home Viewer Improvement Act: Price and Quality Impact of Direct Broadcast Satellite Companies' Provision of Local Broadcast Stations," *Telecommunications Policy*, 30 (2), pp. 125-135.

Clemons, E., I. Hann and L. Hitt (2002) "Price Dispersion and Differentiation in Online Travel: An Empirical Investigation," *Management Science*, 48 (4), pp. 534-549.

Coase, R. (1950) *British Broadcasting: A Study in Monopoly*, Longmans, Green and Co.

──────── (1966) "The Economics of Broadcasting and Government Policy," *American Economic Review*, 56 (2), pp. 440-447.

Collins, J., J. Reagan and J. Abel (1983) "Predicting Cable Subscribership: Local Factors," *Journal of Broadcasting*, 27 (2), pp. 177-183.

Crampes, C. and A. Hollander (2005) "Product Specification, Multi-product Screening and Building: The Case of Pay TV," *Information Economics and Policy,* 17 (1), pp. 35-59.

Crampes, C., C. Haritchabalet and B. Jullien (2009) "Advertising, Competition and Entry in Media Industries," *Journal of Industrial Economics,* 57 (1), pp. 7-31.

Crandall, R. (1972) "FCC Regulation, Monopsony and Network Television Program Costs,"

Bell Journal of Economics and Management Science, 3 (2), pp. 483-508.

Crawford, G. (2000) "The Impact of the 1992 Cable Act on Household Demand and Welfare," *RAND Journal of Economics*, 31 (3), pp. 422-449.

De Fraja, G. and F. Delbono (1989) "Alternative Strategies of a Public Enterprises in Oligopoly," *Oxford Economic Papers*, 41 (2), pp. 302-312.

Delaney, L. and F. O'Toole (2004) "Irish Public Service Broadcasting: A Contingent Valuation Analysis," *Economic and Social Review*, 35 (3), pp. 321-335.

DellaVigna, S. and E. Kaplan (2007) "The FOX News Effect: Media Bias and Voting," *The Quarterly Journal of Economics*, 119 (1), pp. 189-221.

Dewatripont, M., I. Jewitt and J. Tirole (2000) "Multitask Agency Problems: Focus and Task Clustering," *European Economic Review*, 44 (4-6), pp. 869-877.

Di Tella, R. and F. Ignacio (2011) "Government Advertising and Media Coverage of Corruption Scandals," *Review of Economic Studies,* October, 3 (4), pp. 119-151.

Dixit, A. and J. Stiglitz (1977) "Monopolistic Competition and Optimum Product Diversity," *The American Economic Review*, 67 (3), pp. 297-308.

DLM (2010) *Interstate Treaty on Broadcasting and Telemedia,* in the Version of the 13th Amendment to the Interstate Broadcasting Treaties.

Dörr, D. (1993) Konzentrationstendenzen im Bereich des Rundfunks und ihre Rechtsprobleme, ZUM, 112f.

Doyle, C. (1998) "Programming in a Competitive Broadcasting Market: Entry, Welfare and Regulation," *Information Economics and Policy*, 10 (1), pp. 23-39.

Dukes, A. (2004) "The Advertising Market in a Product Oligopoly," *Journal of Industrial Economics*, 52 (3), pp. 327-348.

Earnhart, D. (2001) "Combining Revealed and Stated Preference Methods to Value Environmental Amenities at Residential Locations," *Land Economics,* 77 (1), pp. 12-29.

Economides, N. (1996) "The Economics of Networks," *International journal of Industrial Organization,* 14 (6), pp. 673-699.

Ekelund, R., G. Ford, and J. Jackson (1999) "Is Radio Advertising a Distinct Local Market? An Empirical Analysis," *Review of Industrial Organization*, 14 (3), pp. 239-256.

———— (2000) "Are Local TV Market Separate Markets?" *International Journal of the Economics of Business*, 7 (1), pp. 79-97.

Ekelund, R., G. Ford and T. Koutsky (2000) "Market Power in Radio Markets: An Empirical Analysis of Local and National Concentration," *Journal of Law and Economics*, 43 (1), pp. 157-184.

Emmons, W. and R. Prager (1997) "The Effect of Market Structure and Ownership on Prices and Services Offerings in the US Cable Television Industry," *RAND Journal of Economics*, 28 (4), pp. 732-750.

Engelberg, J. and C. Parsons (2011) "The Causal Impact of Media in Financial Markets," *Journal of Finance*, 66 (1), pp. 66-97.

Enikolopov, R., M. Petrova and E. Zhuravskaya (2011) "Media and Political Persuasion: Evidence from Russia," *American Economic Review*, 101 (7), pp. 3253-3285.

European Commission (1997) *Green Paper on the Convergence of the Telecommunications, Media and Information Technology Sectors, and the Implications for Regulation*, COM (97) 623.

——— (2013) *Green Paper Preparing for a Fully Converged Audiovisual World: Growth, Creation and Values*, COM (2013) 231 final.

Fang, L. and J. Peress (2009) "Media Coverage and the Cross-section of Stock Returns," *The Journal of Finance*, 64 (5), pp. 2023-2052.

Farrell, J., C. Shapiro, R. Nelson and R. Noll (1992) "Standard Setting in High-Definition Television," *Brookings Papers on Economic Activity, Microeconomics*, Vol. 1992, pp. 1-93.

Fisher, F., J. McGowan and D. Evans (1980) "The Audience-Revenue Relationship for Local Television Stations," *Bell Journal of Economics*, 11 (2), pp. 694-708.

Fournier, G. (1986) "The Determinants of Economic Rents in Television Broadcasting," *The Antitrust Bulletin*, 31 (4), pp. 1045-1066.

Fournier, G., and D. Martin (1983) "Does Government-Restricted Entry Produce Market Power? New Evidence from the Market for Television Advertising," *Bell Journal of Economics*, 14 (1), pp. 44-56.

Ford, G. and J. Jackson (1997) "Horizontal Concentration and Vertical Integration in the Cable Television Industry," *Review of Industrial Organization*, 12 (4), pp. 501-518.

Gal-Or, E. and A. Dukes (2003) "Minimum Differentiation in Commercial Media Markets," *Journal of Economics & Management Strategy*, 12 (3), pp. 291-325.

Gentzkow, M. (2006) "Television and Voter Turnout," *Quarterly Journal of Economics*, 121 (3), pp. 931-972.

Gentzkow, M. and J. Shapiro (2010) "What Drives Media Slant? Evidence from U. S. Daily Newspapers," *Econometrica*, 78 (1), pp. 35-71.

Gentzkow, M., J. Shapiro and M. Sinkinson (2011) "The Effect of Newspaper Entry and Exit on Electoral Politics," *American Economic Review*, 101 (7), pp. 2980-3018.

Gentzkow, M., J. Shapiro and D. Stone (2014) "Media Bias in the Marketplace : Theory," in S. Anderson, D. Strömberg and J. Waldfogel eds., *Handbook of Media Economics*, forthcoming.

George, L. and J. Woldfogel (2008) "National Media and Local Political Participation: The Case of the New York Times," R. Islam ed., *Information and Public Choice: From Media Markets to Policy Making*, Chap. 3, World Bank, pp. 33-48.

Goettler, R. and R. Shachar (2001) "Spatial Competition in the Network Television Industry," *Rand Journal of Economics*, 32 (4), pp. 624-656.

Goolsbee, A. and A. Petrin (2004) "The Consumer Gains from Direct Broadcast Satellites and The Competition with Cable TV," *Econometrica*, 72 (2), pp. 351-381.

Green, P. and V. Srinivasan (1990) "Conjoint Analysis in Marketing Research: New Developments and Directions," *Journal of Marketing*, 54 (4), pp. 3-19.

Greenberg, E. (1969) "Television Station Profitability and FCC Regulatory Policy," *Journal of Industrial Economics*, 17 (3), pp. 210-238.

Greve, R. (1995) "Jumping Ship: The Diffusion of Strategy Abandonment," *Administrative Science Quarterly*, 40 (3), pp. 444-473.

―――― (1996) "Patterns of Competition: The Diffusion of a Market Position in Radio Broadcasting," *Administrative Science Quarterly*, 41 (1), pp. 29-60.

Groseclose, T. and J. Milyo (2005) "A Measure of Media Bias," *The Quarterly Journal of Economics*, 120 (4), pp. 1191-1237.

Gupta, S., D. Jain, and M. Sawhney (1999) "Modeling the Evolution of Markets with Indirect Network Externalities: An Application to Digital Television," *Marketing Science*, 18 (3), pp. 396-416.

Hagiu, A. (2008) *Platforms, Pricing, Commitment and Variety in Two-sided Markets*, VDM Verlag.

Hal, R. Varian (2005) *Intermediate Microeconomics: A Modern Approach*, 7th ed., W. W. Norton & Company.（佐藤隆三監訳（2007）『入門ミクロ経済学 [原著 第 7 版]』勁草書房）

Hargreaves Heap, S. (2005) "Television in a Digital Age: What Role for Public Service Broadcasting?" *Economic Policy*, 41, January, pp. 111-157.

Havenner, A. and T. Hazlett and Z. Leng (2001) "The Effects of Rate Regulation on Mean Returns and Non-Diversifiable Risk: The Case of Cable Television," *Review of Industrial Organization*, 19 (2), pp. 149-164.

Hazlett, T. (1996) "Cable Television Rate Deregulation," *International Journal of the Economics of Business*, 3 (2), pp. 145-163.

―――― (1997) "Prices and Outputs under Cable TV Reregulation," *Journal of Regulatory Economics*, 12 (2), pp. 173-195.

Hazlett, T. and M. Spitzer (1997) *Public Policy toward Cable Television: The Economics of Rate Controls*, Cambridge, MIT Press.

Hensher, D., J. Rose and W. Greene (2005) *Applied Choice Analysis: A Primer*, Cambridge University Press.

Hoekyun, A. and B. Litman (1997) "Vertical Integration and Consumer Welfare in the Cable Industry," *Journal of Broadcasting & Electronic Media*, 41 (4), pp. 453-477.

Hotelling, H. (1929) "Stability in Competition," *The Economic Journal,* 39, March, pp. 41-57.

Huberman, G. and T. Regev (2001) "Contagious Speculation and a Cure for Cancer: A Nonevent that Made Stock Prices Soar," *Journal of Finance,* 56 (1), pp. 387-396.

Ishii, A., H. Arakaki, N. Matsuda, S. Umemura, T. Urushidani, N. Yamagata and N. Yoshida (2012) "The 'Hit' Phenomenon: A Mathematical Model of Human Dynamics Interactions as a Stochastic Process," *New Journal of Physics*, 14, June, 063018.

Jaffe, A. and D. Kanter (1990) "Market Power of Local Cable Television Franchises: Evidence from the Effects of Deregulation," *Rand Journal of Economics*, 21 (2), pp. 226-234.

Karikari, J., S. Brown and A. Abramowitz (2003) "Subscriptions for Direct Broadcast Satellite and Cable Television in the US: An Empirical Analysis," *Information Economics and Policy*, 15 (1), pp. 1-15.

Kasuga, N. and M. Shishikura (2006) "Determinants of Profit in the Broadcasting Industry: Evidence from Japanese Micro Data," *Information Economics and Policy*, 18 (2), pp. 216-228.

Kasuga, N., M. Shishikura and M. Kondo (2008) "Platform Competition in Pay-TV Market," *Kobe University Economic Review*, 53, pp. 57-68.

KEK (2000) *Fortschreitende Medienkonzentration im Zeichen der Konvergenz*, VISTAS Der Medienverlag.

――――― (2003) *Sicherung der Meinungsvielfalt in Zeiten des Umbruchs*, VISTAS Der Medienverlag.

――――― (2007) *Crossmediale Verflechtungen als Herausforderung für die Konzentrationskontrolle*, VISTAS Der Medienverlag.

――――― (2009) *Zwölfter Jahresbericht, Berichtszeitraum* 1. Juli 2008 bis 30. Juni 2009.

――――― (2010) *Auf dem Weg zu einer medienübergreifenden Vielfaltssicherung*.

Kim, Y., and F. Meschke (2011) "CEO Interviews on CNBC," SSRN eLibrary.

Kind, H., T. Nilssen and L. Sørgard (2005) "Advertising on TV: Under- or Overprovision?" Working paper, No. 2005, 15, University of Oslo.

――――― (2009) "Business Models for Media Firms: Dose Competition Matter for How They Raise Revenue?" *Marketing Science*, 28 (6), pp. 1112-1128.

――――― (2010) "Price Coordination in Two-Sided Markets: Competition in the TV Industry," *CESifo Working Paper*, No. 3004, Category11, Industrial Organisation.

Kwoka, J. (1979) "The Effect of Market Share Distribution on Industry Performance," *Review of Economics and Statistics*, 61 (1), pp. 101-109.

Lancaster, K. (1966) "A New Approach to Consumer Theory," *Journal of Political Economy*, 74, April, pp. 132-157.

Larcinese, V., R. Puglisi and J. Snyder (2011) "Partisan Bias in Economic News: Evidence on the Agenda-Setting Behavior of U.S. Newspapers," *Journal of Public Economics*, 95 (9), pp. 1178-1189.

Law, S. (2002) "The Problem of Market Size for Canadian Cable Television Regulation," *Applied Economics*, 34, (1), pp. 87-99.

Levin, H. (1964) "Economic Effects of Broadcast Licensing," *Journal of Political Economy*, 72, April, pp. 151-162.

Livingston, J., D. Ortmeyer, P. Scholten and W. Wong (2008) "Empirically Testing for Indirect Network Externalities in the LCD Television Market", Working Paper #08-40, November, Bentley University.

Louviere, J. and G. Woodworth (1983) "Design and Analysis of Simulated Consumer Choice or Allocation Experiments: An Approach Based on Aggregate Date," *Journal of Marketing Research*, 20, November, pp. 350-367.

Madden, G. and M. Simpson (1996) "A Probit Model of Household Broadband Service Subscription Intentions: A Regional Analysis," *Information Economics and Policy*, 8 (31), pp. 249-267.

Madden, G., M. Simpson and S. Savage (2002) "Broadband Delivered Entertainment

Services: Forecasting Australian Subscription Intentions," *The Economic Record*, 78 (243), pp. 422-432.

Maier, N. and M. Ottaviani (2006) "Switching to Digital Television: Business and Public Policy Issues," S. Greenstein ed., *Standard and Public Policy*, Cambridge University Press, pp. 345-371.

Mankiw, G., and M. Whinston (1986) "Free Entry and Social Inefficiency," *Rand Journal of Economics*, 17 (1), pp. 48-58.

Martin, C. (1996) "Public Service Broadcasting in the United Kingdom," *The Journal of Media Economics*, 9 (1), pp. 17-30.

Martin, S. (1993) *Advanced Industrial Economics*, Blackwell

Mayo, J. and Y. Otsuka (1991) "Demand, Pricing, and Regulation: Evidence form the Cable TV Industry," *RAND Journal of Economics*, 22 (3), pp. 396-410.

McFadden, D. (1974) "Conditional Logit Analysis of Qualitative Choice Behavior," in P. Zarembka, ed., *Frontiers in Econometrics*, Academic Press, pp. 105-142.

―――― (1978) "Modeling the Choice of Residential Locations," in A. Karlqvist, L. Lundqvist, F. Snickars and J. Weibull eds., *Spatial Interaction Theory and Planning Models*, North Holland, pp. 75-96.

Mizuno, T. and T. Watanabe (2010) "A Statistical Analysis of Product Prices in Online Market," *The European Physical Journal*, B 76, pp. 501-505.

Nilssen, T. and L. Sørgard (1998) "Time Schedule and Program Profile: TV news in Norway and Denmark," *Journal of Economics & Management Strategy*, 7 (2), pp. 209-235.

Noam, E. (1985) "Economics of Scale in Cable Television: A Multiproduct Analysis," in E. M. Noam ed., *Video Media Competition: Regulation, Economics, and Technology*, New York, Columbia University Press.

Noll, R., M. Peck and J. McGowan (1973) *Economic Aspects of Television Regulation*, Brookings Institution.

OECD (2003) *Media Mergers*, DAFFE/COMP 16, OECD, Geneva.

Open Network Provision Committee (2002) "The 2003 Regulatory Framework for Electronic Communications: Implications for Broadcasting," Working Document, 14 June.

Owen, B. and S. Wildman (1992) *Video Economics*, Harvard University Press.

Papandrea F. (1997) "Modelling Television Programming Choices," *Information Economics and Policy*, 9 (3), pp. 203-218.

Peitz, M. and T. Valletti (2008) "Content and Advertising in the Media: Pay-tv versus Free-to-air," *International Journal of Industrial Organization*, 26 (4), pp. 949-965.

Petrin A. and K. Train (2003) "Omitted Product Attributes in Discrete Choice Model," NBER Working Paper, 9452.

Prager, R. (1992) "The Effects of Deregulating Cable Television: Evidence from the Financial Markets," *Journal of Regulatory Economics*, 4 (4), pp. 347-363.

Revelt, D. and K. Train (1998) "Mixted Logit with Repeated Choices: Household's Choices of Appliance Efficiency Level," *Review of Economics and Statistics*, 80 (4), pp. 647-657.

Rochet, J. and J. Tirole (2003) "Platform Competition in Two-Sided Markets," *Journal of European Economic Association*, 4 (4), pp. 990-1029.

Rosen, S.（1974）"Hedonic Prices and Implicit Markets: Product Differentiation in Pure Competition," *Journal of Political Economy*, 82 (1), pp. 34-55.

Rubinovitz, R. (1993) "Market Power and Price Increases for Basic Cable Service since Deregulation," *RAND Journal of Economics*, 24 (1), pp. 1-18.

Rust, R. and N. Eechambadi (1989) "Scheduling Network Television Programs: A Heuristic Audience Flow Approach to Maximize Audience Share," *Journal of Advertising*, 18 (2), pp. 11-18.

Rysman, M. (2004) "Competition Between Networks: A Study of the Market for Yellow Pages," *Review of Economic Studies*, 71 (2), pp. 483-512.

Salop, S. (1979) "Monopolistic Competition with Outside Goods," *The Bell Journal of Economics*, 10 (1), pp. 141-156.

Schmidt, S. (2001) "Market Structure and Market Outcomes in Deregulated Rail Freight Markets," *International Journal of Industrial Organization*, 19 (1-2), pp. 99-131.

Seldon, B. and C. Jung (1993) "Derived Demand for Advertising Messages and Substitutability Among the Media," *The Quarterly Review of Economics and Finance*, 33 (1), pp. 71-86.

Seldon, B., R. Todd Jewell and D. O'Brien (2000) "Media Substitution and Economies of Scale in Advertising," *International Journal of Industrial Organization*, 18 (8), pp. 1153-1180.

Shapiro, C. and H. Varian (1998) *Information Rules*, Harvard Business School Press.（千本倖生監訳・宮本喜一訳（2000）『「ネットワーク経済」の法則』IDGコミュニケーションズ）

Shy, O. (2001) *The Economics of Network Industries*, Cambridge University Press.（吉田和男監訳（2003）『ネットワーク産業の経済学』シュプリンガー・フェアラーク東京）

Smith, M., J. Bailey and E. Brynjolfsson (2002) "Understanding Digital Markets: Review and Assessment," in E. Brynjolfsson and B. Kahin eds., *Understanding the Digital Economy*, MIT Press, pp. 99-136.

Snyder, J. and D. Strömberg (2010), "Press Coverage and Political Accountability," *Journal of Political Economy*, 118 (2), pp. 355-408.

Spence, M. (1976) "Product Selection, Fixed Costs, and Monopolistic Competition," *The Review of Economic Studies,* 43 (2), pp. 217-235.

Spence, M. and B. Owen (1977) "Television Programming, Monopolistic Competition, and Welfare," *Quarterly Journal of Economics*, 91 (1), pp. 103-126.

Steiner, P. (1952) "Program Patterns and Preference and the Workability of Competition in Radio Broadcasting," *Quarterly Journal of Economics*, 66 (2), pp. 194-233.

Strömberg, D. (2004) "Radio's Impact on Public Spending," *The Quarterly Journal of Economics*, 119 (1), pp. 189-221.

Sutton, J. (1991) *Sunk Costs and Market Structure,* MIT Press.

Takeda, F. and H. Yamazaki (2006) "Stock Price Reactions to Public TV Programs on Listed Japanese Companies," *Economics Bulletin*, 13 (7), pp. 1-7.

Tetlock, P., M. Saar-Tsechansky and S. Macskassy (2008) "More than Words: Quantifying Language to Measure Firms' Fundamentals," *The Journal of Finance*, 63 (3), pp. 1437-1467.
Torii, A. (2014) "Public Service Broadcasting and Quality," mimeo.
Varian, H., J. Farrell and C. Shapiro (2004) *The Economics of Information Thechnology: An Introduction*, Cambridge University Press.
Waterman, D. and A. Weiss (1996) "The Effects of Vertical Integration between Cable Television Systems and Pay Cable Networks," *Journal of Econometrics*, 72 (1-2), pp. 357-395.
Webbink, D. (1973) "Regulation, Profits, and Entry in the Television Broadcasting Industry," *Journal of Industrial Economics*, 21 (2), pp. 167-176.
Wise, A. and K. Duwadi (2005) "Competition between Cable Television and Direct Broadcast Satellite: The Importance of Switching Costs and Regional Sports Networks," *Journal of Competition Law and Economics*, 1 (4), pp. 679-705
Wittink, D. (2004) "Forecasting with Conjoint Analysis," S. Armstrong ed., *Principles of Forecasting: A Handbook for Researchers and Practitioners*, 4th printing, pp. 147-168.

〔和文〕
青木昌彦・安藤晴彦編著（2002）『モジュール化──新しい産業アーキテクチャの本質』東洋経済新報社
浅井澄子（2004）『情報産業の統合とモジュール化』日本評論社
荒井宏祐（1995）『テレビメディアの融合──コスト・ベネフィット分析を中心に』創樹社
石井健一（2003）『情報化の普及過程』学文社
市川芳治（2008）「欧州における通信・放送融合時代への取り組み──コンテンツ領域：『国境なきテレビ指令』から『視聴覚メディアサービス指令』へ」『慶應法学』10 号、pp. 273-297
─────（2010）「公共サービス放送に対する国家補助ルールの適用に関するコミュニケーション（欧州委員会通達）の改正について（上）（中）（下）」『国際商事法務』第 38 巻第 2 号、pp. 179-187；第 38 巻第 3 号、pp. 372-378；第 38 巻第 4 号、pp. 504-510
稲葉馨（2005）「ドイツにおける独立規制機関」岸井大太郎・鳥居昭夫編著『公益事業の規制改革と競争政策』第 1 章、法政大学出版会、pp. 23-40
植田康孝・高橋秀樹・三友仁志（2004）「放送業界における規模の経済性の検証」『情報通信学会学会誌』第 21 巻第 2 号、pp. 46-52
内山隆（1996）「地上波民放の経営的ネットワークの現状」『慶應義塾大学新聞研究所年報』第 46 号、pp. 119-146
NHK 編（2013）『NHK 年鑑 2013』NHK 出版
NHK 放送文化研究所編（2010）『NHK データブック 世界の放送』日本放送出版協会、pp. 169-178

―――――（2011）『データブック 国民生活時間調査2010』日本放送出版協会

大石明夫「移動体通信の普及動向と加入需要及び通話支出の分析」郵政研究所月報

太田勝敏（2002）「非集計行動モデルの理論展開――ロジットモデルを中心として」土木学会編『非集計モデルの理論と実際』pp. 12-32

大場吾郎（2004）「米国における直接衛星放送の成長とケーブルテレビの新機軸――米国多チャンネル・メディア市場分析報告」『情報通信学会誌』Vol. 22、pp. 31-43

―――――（2009）『アメリカ巨大メディアの戦略――グローバル競争時代のコンテンツ・ビジネス』ミネルヴァ書房

大村達也（1997）「有料放送による多チャンネル化と最適多様化の問題」郵政研究所編『有料放送市場の今後の展望』第3章、日本評論社、pp. 125-146

小田切宏之（2001）『新しい産業組織論――理論・実証・政策』有斐閣

音好宏・日吉昭彦・莫廣瑩（2008）「テレビ番組の放映内容と放映の「多様性」――地上波放送のゴールデンタイムの内容分析調査」『コミュニケーション研究』第38号、pp. 49-79

音好宏・日吉昭彦・中田絢子（2010）「テレビ番組の放映内容と放映の「多様性」（その2）――地上波放送とBS放送のゴールデンタイムの内容分析調査」『コミュニケーション研究』第40号、pp. 15-41

春日教測（2010）『ドイツおよび英国における放送分野の規制等の実態に関する調査報告書』第2章、公正取引委員会経済取引局調整課、pp. 5-41

―――――（2012）「放送産業における市場と規制」日本民間放送連盟・研究所編『ネット・モバイル時代の放送――その可能性と将来像』第4章、学文社、pp. 85-108.

春日教測・宍倉学（2004）「我が国放送産業の市場構造と利潤」『公益事業研究』第55巻第3号、pp. 19-31

―――――（2005）「地上波広告放送をめぐる実証分析の展望」長崎大学経済学部紀要『経営と経済』第84巻第4号、pp. 87-108

春日教則・近藤勝則・宍倉学（2007）「有料放送市場におけるプラットフォーム間競争」『公益事業研究』研究ノート、第58巻第4号、公益事業学会編、pp. 63-72

片平秀貴（1984）「多属性消費者選択モデル」『経済学論集』第50巻第2号、pp. 2-18

上条昇・外薗博文（1998）「細分化・分極化・多様化の傾向を示す視聴者行動」『郵政研究所月報』1998年5月号、pp. 53-81

川越敏司編著（2013）『経済学に脳と心は必要か？』河出書房新社

木村幹夫（1998）「地上デジタル放送（テレビ）シミュレーション」『デジタル時代の民放経営 2010年に向けた経営対応策を探る』第2章、日本民間放送連盟研究所

―――――（2004）「デジタル放送の普及要因の分析」第21回情報通信学会大会個人研究発表原稿、6月

越川洋（2002）「米ケーブル産業の集中化と規制緩和――FCCのケーブル所有規則の違憲判決を中心に」『NHK放送文化調査研究年報46』

佐々木勉（2003）「EUにおける放送と電気通信の融合化政策」『郵政研究所月報』第16巻第3号（通巻第174号）、pp. 57-89

塩谷さやか（2006）「ケーブルテレビ事業における広域化・規模拡大策の実正分析および公的支援策改革の基本的方向性」『公益事業研究』第58巻第1号、pp. 35-46

宍倉学・春日教測（2007）「放送市場の競争構造の分析――最適多様性水準の達成」『経済政策ジャーナル』第 4 巻第 2 号、日本経済政策学会編、pp. 63-66
────（2008）「有料放送市場におけるチャンネル数とプラットフォーム間競争――間接ネットワーク効果と互換性の影響」『国民経済雑誌』第 198 巻第 5 号、pp. 29-45
────（2009）「放送市場の実証分析」林敏彦・根岸哲・依田高典編『情報通信の政策分析』第 4 章、NTT 出版、pp. 71-94
宍倉学・春日教測・鳥居昭夫（2006）「多メディア・多チャンネル化と放送市場の将来――有料放送加入の分析」『経済政策ジャーナル』日本経済政策学会編、pp. 60-63
島崎哲彦（1997）『21 世紀の放送を展望する――放送のマルチメディア化と将来の展望に関する研究』学文社
清水直樹（2008）「情報通信法構想と放送規制をめぐる論議」『レファレンス』第 694 号、pp. 61-76
菅谷実（1997）『アメリカのメディア産業政策――通信と放送の融合』中央経済社
菅谷実・清原慶子編（1997）『通信・放送の融合』日本評論社
菅谷実・中村清編著（2000）『放送メディアの経済学』中央経済社
杉内有介（2007）「問われる公共放送の任務範囲とガバナンス――EU の競争政策とドイツ公共放送」『放送研究と調査』第 57 巻第 10 号、NHK 放送文化研究所、pp. 36-47
────（2009a）「ドイツ公共放送、デジタル時代の任務範囲明確化へ」『放送研究と調査』第 59 巻第 2 号、NHK 放送文化研究所
────（2009b）「ケーブル大国ドイツが直面するデジタル化の隘路」『放送研究と調査』第 59 巻第 12 号、NHK 放送文化研究所、pp. 32-45
────（2010）「ドイツ州メディア監督機関――連邦的規制と共同規制」『放送研究と調査』第 60 巻第 11 号、NHK 放送文化研究所、pp. 72-85
鈴木健二（2004）『地上テレビ局は生き残れるか――地上波デジタル化で揺らぐ「集中排除原則」』日本評論社
鈴木秀美（2000）「ドイツの放送制度改革」『放送の自由』第 3 部、信山社、pp. 155-300
────（2012）「新放送法における放送の自由――通販番組問題を中心として」『企業と法創造』第 8 巻第 3 号、pp. 3-15
鈴木秀美・山田健太・砂川浩慶編著（2009）『放送法を読みとく』商事法務
総務省（2003）「放送政策研究会最終報告」
────（2006）『情報通信白書 平成 18 年度版』ぎょうせい
────（2011）『我が国の情報通信市場の実態と情報流通量の計量に関する調査研究結果（H21 年度）』
────（2013）『情報通信白書 平成 25 年版』日経印刷
────（2014）『衛星放送の現状』
総務省情報通信政策局（2005, 06, 07）『地上デジタル・テレビ放送に関する浸透度調査の結果』報道資料
総務省情報通信政策研究所（2005）『テレビ視聴についてのアンケート報告書』7 月
総務省郵政研究所（2001）『多チャンネル時代の視聴者行動に関する調査研究』
曽黎・宍倉学・春日教測（2008）「地上放送のデジタル化と新機器の需要に関する分析――テレビ受信機の事例」『情報通信学会誌』第 26 巻第 2 号、pp. 67-76.

曽黎・柘植隆宏（2005）「携帯電話市場におけるスイッチングコストの計測——コンジョイント分析による大学生のWTP調査を通して」『経済政策ジャーナル』第3巻第1号、日本経済政策学会編、pp. 75-89

デジタルコンテンツ協会編著（2013）『デジタルコンテンツ白書2013』デジタルコンテンツ協会

電通『日本の広告費』各年版（http://www.dentsu.co.jp/books/ad_cost/index.html）

電通総研（2002）『米国におけるメディア・コンテンツ産業競争政策の動向調査報告書（改訂版）』

─────編（2014）『情報メディア白書2014』ダイヤモンド社

東京大学社会情報研究所編（1993）『多チャンネル化と視聴行動』東京大学出版会

友宗由美子・原由美子・重森万紀・高橋佳恵（2000）「テレビをめぐるステーションイメージの諸相」『放送研究と調査』7月号、NHK放送文化研究所、pp. 2-25

鳥居昭夫（1997）「有料放送による多チャンネル化と最適多様化の問題」郵政研究所編『有料放送市場の今後の展望』第4章、日本評論社、pp. 147-174

内閣府（2014）『消費動向調査』（http://www.esri.cao.go.jp/jp/stat/shouhi/menu_shouhi.html）

中村彰宏（2002）「高所得者はテレビを見ているか——地上波放送と有料放送の視聴時間に関する分析」『情報通信学会誌』Vol. 20, No. 1, pp. 115-124

中村清（2007）「インターネット時代における公共サービス放送の経済分析」『電気通信普及財団・研究調査報告書22号』電気通信普及財団、pp. 61-69

─────（2009）「集中度の計測について」メディア集中に関する研究会第8回議事要旨（http://www.jotsugakkai.or.jp/operation/study/shuchu.html）

中村美子（2008a）「世界の公共放送のインターネット展開第2回 イギリス・BBC」『放送研究と調査』第58巻第10号、pp. 2-16

─────（2008b）「デジタル時代の公共放送モデルとは——イギリスBBCの特許状更新議論を終えて」『NHK放送文化研究所年報』第52巻、pp. 99-139

西土彰一郎（2004）「メディアの融合と自由——市場の機能性と表現の自由の交錯」『情報通信学会誌』第21巻第4号、pp. 53-64

─────（2011）「メディア環境の変容と公共放送」『放送の自由の基層』第5章、信山社、pp. 140-210

西野泰司・戸村栄子（1993）「多チャンネル型ケーブルテレビはどう見られているのか」『放送研究と調査』93年12月号、pp. 26-31, 62-69

日経広告研究所編（2013）『広告白書2013』日経広告研究所

新田哲郎（2011）「フランス・公共放送改革2年——財源と組織改編で揺れる改革の道筋」『放送研究と調査』第61巻第2号、pp. 28-38

日本民間放送連盟編（2007）『放送ハンドブック【改訂版】』日経BP社

─────『日本民間放送年鑑』各年、コーケン出版

日本民間放送連盟研究所編（2000）『デジタル放送産業の未来』東洋経済新報社

根岸毅・堀部政男編（1994）『放送・通信新時代の制度デザイン——各国の理念と実態』日本評論社

橋元良明（2011）『日本人の情報行動2010』東京大学出版会

濱岡豊（2000）「有料放送需要の未来」日本民間放送連盟研究所編『デジタル放送産業の

未来』第 4 章、東洋経済新報社
濱岡豊・里村卓也 (2009)『消費者間の相互作用についての基礎研究──クチコミ、e クチコミを中心に』慶應義塾大学出版会
浜田純一 (1990)「プレスの自由の「制度的理解」について」『メディアの法理』第 1 部 I、日本評論社、pp. 3-60
林敏彦編著 (2003)『情報経済システム』NTT 出版
原麻里子・柴山哲也 (2011)『公共放送 BBC の研究』ミネルヴァ書房
舟田正之 (2011)『放送制度と競争秩序』有斐閣
舟田正之・長谷部恭男編 (2001)『放送制度の現代的展開』有斐閣
外薗博文 (1999)「多様化・競合時代の放送需要構造」『郵政研究所月報』No. 127
堀木卓也 (2012)「2011 年放送法等改正の概要」日本民間放送連盟・研究所編『ネット・モバイル時代の放送──その可能性と将来像』第 6 章、学文社、pp. 130-147
松村敏弘 (2005)「混合寡占市場の分析とゲーム理論」今井晴夫・岡田章編『ゲーム理論の応用』勁草書房、pp. 53-79
水野貴之・渡辺努 (2008)「オンライン市場における価格変動の統計的分析」『経済研究』第 59 巻第 4 号、pp. 317-329
みずほコーポレート銀行 (2002)「多メディア時代の放送産業の成長戦略──デジタル化のインパクト」『みずほ産業調査』No. 2
三藤利雄 (1995)「多局化とテレビ放送収入」『マス・コミュニケーション研究』No. 46、pp. 113-127
────(1998)『コミュニケーション技術と社会』北樹出版
蓑葉信弘 (2003)「公共放送の危機」『BBC イギリス放送協会 第二版』第 5 章、東信堂、pp. 99-118
諸藤絵美 (2012)「浸透するタイムシフト視聴の現在──「メディア利用の生活時間調査」から (1)」『放送研究と調査』第 62 巻第 10 号、pp. 2-14
諸藤絵美・渡辺洋子 (2011)「生活時間調査からみたメディア利用の現状と変化──2010 年国民生活時間調査より」『放送研究と調査』第 61 巻第 6 号、pp. 48-57
安江則子 (2011)「EU における視聴覚メディア政策と公共放送──市場と文化の間で」『立命館国際地域研究』第 33 号、pp. 13-28
山下東子 (1999)「デジタル・テレビ受像器の普及過程についての研究」『情報通信学会年報 (平成 10 年度)』情報通信学会編、pp. 35-45
────(2000)「デジタル放送受信器の未来──十年普及説の検証」日本民間放送連盟研究所編『デジタル放送産業の未来』東洋経済新報社、pp. 137-160
郵政省 (1996)『融合メディアの新時代』読売新聞社
郵政省郵政研究所編 (1997)『有料放送市場の今後の展望』日本評論社
和田聡子 (2011)「EU 競争政策の歴史的背景と特徴」『EU とフランスの競争政策』第 3 章、NTT 出版、pp. 69-97
渡邊一昭 (2010)「深化する EU の競争評価」『Nextcom』Vol. 1、Spring、pp. 22-39

索引

あ
アーカイブ　259
　　──視聴　19
アクセス
　　──指令　209
　　──網　43
暗号化　250

い
委託放送事業者　16
一律負担　70
一階条件　105
一般放送　26
イベント・スタディ　194
印刷メディア　23
因子分析　188
インセンティブ　140
インフラ　38

う
ウインドウ戦略　124
請負契約　21

え
衛星基幹放送　3
衛星放送　i, 171
映像情報　3

お
欧州
　　──委員会　206
　　──規制庁グループ　208
　　──司法裁判所　243
汚職追及　199
音声情報　3

か
外部効果　ii, 38, 258
価格

　　──差別　53, 55
　　──戦略　85
過小供給　176
過剰供給　176
価値財　39, 257-259
合併規制　222
加入シェア　79
株価　195
間接ネットワーク効果　38, 95
完全情報　186

き
議会選挙　199
基幹放送　26
技術標準　206
規制　203
　　──緩和　12
規模の経済性　42, 167
強制加入　70
行政指導　24
競争
　　──政策　228
　　──法　232
協調の失敗　120, 140
協定書　236
業務協定　6
共有　136
　　──地の悲劇　45
金銭的外部効果

く
空間的競争　254
クォーター制　205
クラブ　51
　　──財　ii, 44, 50
グリーン・ペーパー　213
クロスオーナーシップ　9
クロスネット局　7
クロスメディア所有規制　26

け

経営委員会　17
経験財　39
ケーブルテレビ　i, 172
結合
　——供給　97, 109
　——サービス　95
　——利潤　105
県域免許　6
限界支払意思　144
限界費用　42, 64
顕示選好理論　188
言論の自由　46

こ

広域化　12
行為者率　179
公共
　——財　i, 45, 250
　——的価値　234
　——放送　i, iii, 2,
　——放送負担税　244
広告　i, 149
　——価格　153
　——効果　152, 168
　——市場　ii
　——収入　109
　——収入型　168
　——収入型メディア　167
　——需要　176
　——主　169
　——媒体　168, 169
　——放送　2
公正取引委員会　21
公的
　——規制　247
　——負担金　19
効率性仮説　75
効率的事情仮説　196
合理的投票者　198
互換性　41
顧客管理　16
国民生活時間調査　179

国家援助規制　233
国境のないテレビ指令　204
固定効果モデル　164
固定費用　64
コングロマリット　37
混合寡占　231
混合ロジットモデル　143
コンジョイント分析　113
コンテンツ　ii, 21, 149

さ

在京キー局　8
最少差別化定理　170, 255
再生産効果　39
再送信　11
再販売価格維持制度　33
差別化　159, 190
サミュエルソン条件　51, 251
三段階審査　241

し

時間消費性　149
事業効率性　249, 303
市場
　——画定　223
　——参入規制　207
　——シェア　207
　——支配　207
　——支配力　80
　——支配力仮説　75
　——の失敗　i, 38, 245-250
　——の多面性　40
　——メカニズム　43
下請け　21
視聴覚
　——政策　204
　——メディアサービス指令　210
視聴者
　——獲得競争　39
　——保護　205
視聴率　19
　——モデル　218
私的便益　39

支配的地位　229
支払
　——意思　169
　——義務化　19
市民性の涵養　258
ジャーナリズム　47
社会的便益　39
州間協定　215, 218
収入構成　158
周波数　23
　——制約　249
受信
　——許可料　236
　——契約　16
　——端末　97
　——料　2
受像機　1
出資モデル　218
需要の2面性　41
準キー局　8
条件付きロジットモデル　143
消費
　——の強制性　151
　——の非競合性　49
情報
　——財　1, 68, 152
　——財の共有　79
　——財の複製　69
　——社会サービス　206
　——消費　197
　——伝達　187
　——の非対称性　53
　——流通　197
所有規制　213
シングル・ホーム　266
人工衛星　16
新聞
　——・雑誌
　——広告掲載基準　47
　——広告倫理綱領　47
　——販売綱領　47
　——報道　193
　——倫理綱領　47

す
スイッチング・コスト　42, 86
スクランブル　205
　——放送　14
スペース・ケーブルネット構想　12

せ
成果指標　303
制作委託費　21
制度設計　203
接触時間　180
占拠率　218
専門放送　3
戦略
　——的代替関係　156
　——的補完　300
　——的補完関係　156

そ
総合編成　3
総合放送　3
双方向サービス　19
総務大臣　23
総量規制　211
即時消費性　43
ソフト

た
代替財　42
タイムシフト視聴　183
多元性　9
多チャンネル化　71
多面市場　149
多様性　9, 175, 176
　構造的——　220
　内容的——　220
端末　1

ち
地域性　9
知識財　1
地上デジタル放送　9
地上波放送　1

索引　323

中継器　13
中継局　10, 13
直接ネットワーク効果　38
著作権　21

つ
ツイッター　191
通信・放送の融合
通信衛星　1, 12

て
デジタル化　249-252
デプス　201
電気通信　25
電子
　——書籍　33
　——新聞　31
　——通信　207
伝送手段　1
電波
　——三法　23
　——の希少性　4
　——法　24
　——料　8

と
投票
　——行動　189
　——率　193
等量消費　65, 95
　——性　49
特殊法人　23
独占
　——禁止法　213
　——的競争　252
　——放送権　205
　——力　42
都市型ケーブルテレビ　11
特許状　236

な
内省的固定費用　253, 258
内部化　42, 106

内容規制　24
「ながら」視聴　181
難視聴　13, 71

に
二元体制　241
二次利用　21
2段階ゲーム　173
日本新聞協会　47
日本民間放送連盟　47
2面市場　149, 251, 255, 266
ニュース　195
　——協定　6
任意業務　17
認証指令　208
認定放送持株会社　9

ね
ネット・チェンジ　9
ネットワーク
　——・メディア
　——・メディア産業　i
　——化　6, 167
　——加盟　167
　——協定　6
　——効果　38

の
ノンリニア型　211

は
ハード　ii, 108
　——・ソフト分離　26
　——とソフト　120
ハーフィンダール指数　160
バイアス　192
配信　16
パッケージ化　16
発信国原則　204
範囲の経済性　42
番組
　——制作　i, 20, 205
　——多様性　249, 250

――重複の問題　257
――調和原則　24
――配信　14
――プログラム　175
――編成　175
――編成準則　23
――編成スケジュール　175
バンドリング戦略　121
バンドワゴン現象　259

ひ

ピーコック委員会　236
非競合性　43, 250
必須業務　17
ビッド・アスク・スプレッド　201
非排除
　――財　250
　――性　43
非要求型　204
表現の自由　23
費用逓減性　46
評判　40
表明選好　113

ふ

ファンダメンタルズ　195
不確実性　258
付属議定書　233
負の効用　173
プラスのフィードバック効果　150
プラットフォーム　16, 120, 256
ブランド　40
フリーライド問題　45
ブロードバンド　21
ブログ　191
プロダクト・プレースメント　211
プロモーションメディア　29
分担金　8
分配上の特性　266
分離供給　97, 104, 109

へ

平成新局　5

ベルトラン競争　75
偏向　192
返品率　33
変量効果モデル　164

ほ

放送
　――衛星　1
　――の暗号化　251
　――のデジタル化　109, 110
　――番組編集の自由　24
　――普及基本計画　4
　――法　6
　――倫理基本綱領　47
　――倫理・番組向上機構　47
報道の自由　46
ホールド・アップ問題　21
補完財　38, 95
補完性　ii, 43
補助金　206
ボトルネック独占　44

ま

マスト・キャリー　209
マスメディア　28, 180
　――集中排除原則　3
マッチング　151
マルチホーム　266

み

未成年者保護　205
見逃し視聴　19
民間放送4局化　8
民業圧迫　25
民主主義　45

む

無線局　23
　――免許　4

め

メディア
メリット財　259

免許　23

も
目的外法定業務　17

ゆ
融合問題　206
有線放送　1
有料
　──収入型　169
　──放送　2, 76
ユニバーサル・サービス　245
　──指令　209

よ
世論　46
　──形成　188

ら
ラインナップ　41
ランダム・デュープリケーション理論　181
ランダムウォーク　191

り
リアルタイム視聴　183
リーチ　6
リスボン条約　232
リニア型　210
流動性　201
利用者市場
倫理　45

れ
連邦カルテル庁　222

ろ
労働者派遣契約　21
ローカル局　8
ロックイン戦略　122

わ
枠組み指令　208

アルファベット
AGF　219
ALM　214
ANN　6
ARD　216
Axel Springer　225
BBC　204
BS
　──デジタル放送　15
　──放送　1
CATV　11
CNBC　199
CS
　──デジタル放送　15
　──放送　1
EC条約　206
efficiency hypothesis　75
EU
　──閣僚理事会　204
　──機能条約　232
FNN　6
France Télévision　243
i2010　210
IP化　44
JNN　6
KDG　228
KEK　214
market power hypothesis　75
MCR　182
MSO　12, 71
NHK　2
NNN　6
NTT　27
OFCOM　214
Orion　229
ProSiebenSat. 1 Meddia　225
RTL　242
SMP事業者　207
SSNIPテスト　223
TF1　243
TXN　6
UHF　4
ZDF　216

執筆者紹介

春日教測（かすが　のりひろ）
　甲南大学経済学部教授
　1993年東京大学経済学部卒業、1996年イェール大学大学院修士課程修了、2005年横浜国立大学大学院博士課程修了。博士（経済学）。1993年郵政省（現総務省）入省、長崎大学助教授、神戸大学大学院准教授、近畿大学准教授を経て、2013年より現職。専門は、産業組織論、公共経済学。
　主な業績：『ネット・モバイル時代の放送』（共著、学文社、2012年）、「放送市場の多面性と規制に関する考察──ドイツ規制制度からの示唆」『情報通信学会誌』第29巻第1号（2011年）、"Determinants of Profit in the Broadcasting Industry: Evidence from Japanese Micro Data," *Information Economics and Policy* 18(2), (co-authored, 2006)

宍倉　学（ししくら　まなぶ）
　長崎大学経済学部准教授
　1995年早稲田大学社会科学部卒業、1998年早稲田大学大学院経済学研究科修士課程修了、2006年慶應義塾大学大学院商学研究科博士課程修了。博士（商学）。1999年郵政省（現総務省）入省後、2012年より現職。専門は、産業組織論、公共経済学。
　主な業績：「電気通信産業における規制改革の応用一般均衡分析──ユニバーサルサービスのシミュレーション」『公益事業研究』第54巻第2号（共著、2002年）、「有料放送市場におけるチャンネル数とプラットフォーム間競争──間接ネットワーク効果と互換性の影響」神戸大学経済経営学会編『国民経済雑誌』第198巻第5号（共著、2008年）、"An Estimation of Marginal WTP for Variety in the Broadcasting Platform," *The Smart Revolution towards the Sustainable Digital Society: Beyond the Era of Convergence* (co-authored, forthcoming) ほか。

鳥居昭夫（とりい　あきお）
　中央大学経済学部教授
　1976年東京大学理学部卒業、1983年東京大学大学院経済学研究科単位取得退学。博士（経済学）（京都大学）。城西大学助教授等を経て、1996年横浜国立大学経営学部教授、2012年同名誉教授。専門は、産業組織論、公的規制論。
　主な業績：*Industrial Efficiency in Six Nations* (co-authored, MIT Press, 1992)、『日本産業の経営効率』（NTT出版、2001）、「情報、卸および流通経路」（日本商業学会優秀論文賞、『流通研究』No.45, 2008）ほか。

ネットワーク・メディアの経済学

2014 年 7 月 31 日　初版第 1 刷発行

著　者─────春日教測・宍倉　学・鳥居昭夫
発行者─────坂上　弘
発行所─────慶應義塾大学出版会株式会社
　　　　　　〒 108-8346　東京都港区三田 2-19-30
　　　　　　TEL〔編集部〕03-3451-0931
　　　　　　　 〔営業部〕03-3451-3584〈ご注文〉
　　　　　　　 〔　〃　〕03-3451-6926
　　　　　　FAX〔営業部〕03-3451-3122
　　　　　　振替 00190-8-155497
　　　　　　http://www.keio-up.co.jp/
装　丁─────後藤トシノブ
組　版─────ステラ
印刷・製本──中央精版印刷株式会社
カバー印刷──株式会社太平印刷社

　　　　　　©2014　Norihiro Kasuga, Manabu Shishikura, Akio Torii
　　　　　　Printed in Japan　ISBN 978-4-7664-2158-3

慶應義塾大学出版会

企業 契約 金融構造

オリバー・ハート 著
鳥居昭夫 訳

契約論の〈新古典〉邦訳成る。著者が中心となって発展させてきた不完備契約論を自らサーベイし、企業の境界と企業金融の分野へ視座を与える名著。不完備契約理論を適用し多様な問題について理論の発展方向に関する視座を与える。

A5判／上製／324頁
ISBN978-4-7664-1717-3
C3033
本体3,200円

◆主要目次◆

序

第Ⅰ部 企業を理解する
第1章 既存の企業理論
第2章 所有権アプローチ
第3章 所有権アプローチの諸問題
第4章 不完備契約モデルの基礎に関して

第Ⅱ部 金融構造を理解する
第5章 金融契約と負債の理論
第6章 公開企業における資本構成の決定
第7章 破産手続き
第8章 公開企業における議決権構造

表示価格は刊行時の本体価格（税別）です。

慶應義塾大学出版会

ブロードバンド市場の経済分析

田中辰雄・矢﨑敬人・村上礼子 著

データに基づく計量分析が明らかにする IT 情報通信市場の特性と成果。新たに創出された市場の競争政策の在り方について、特に今後の光ファイバーの普及に向けての示唆を提供する。

A5判／上製／220頁
ISBN978-4-7664-1483-7
C3033
本体3,800円

◆主要目次◆
序　　　本書の目的と構成
第1章　ブロードバンド市場の概観
第2章　ADSLの普及要因
第3章　ネットワーク効果とスイッチングコストの理論
第4章　ネットワーク外部性とスイッチングコスト
　　　　──IP電話でひとり勝ちが起こりうるか
第5章　回線種別変更のスイッチングコスト
第6章　ADSL、CATV、FTTHのモード間競争
第7章　光ファイバー普及に向けての課題
[資料]　アンケート実施要項

表示価格は刊行時の本体価格（税別）です。

慶應義塾大学出版会

運輸・交通インフラと民力活用
PPP／PFIのファイナンスとガバナンス

山内弘隆編著　財政赤字のもとでの交通社会資本の抜本的な再整備に、2011年 PFI 法改正の成果をいかに取り入れるか。経済理論に基づく基礎知識から、日本の現状と課題、イギリスとアジアの状況と事例紹介、国際研究動向まで、理論に基づく実務を意識して解説。　◎3,600 円

公共の経済・経営学
市場と組織からのアプローチ

山内弘隆／上山信一編著　経済学と経営学の双方の立場から、公共の問題解決方法を提示。経済原則と経営改革を重視する自治体ガバナンスの新しい潮流を明らかにする実践的テキスト。医療、教育、道路、空港、河川、農業の 6 つの分野から最新のケースを紹介。　◎3,400 円

表示価格は刊行時の本体価格（税別）です。